高职高专"十一五"规划教材

无机及分析化学

WUJI JI
FENXI HUAXUE

孙成　王和才　主编

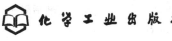

·北京·

本教材是根据相关专业职业岗位对化学知识和技能的实际需求，由高等职业技术学院资深教师编写而成。全书共分十章，包括溶液和胶体、化学平衡原理及四大平衡、物质结构及生命元素、定量分析的误差及数据处理、四大滴定分析法和吸光光度法。每章还配备了知识目标、能力目标、本章要点、知识链接等内容。

本书为高职高专非化学化工类专业"无机及分析化学"课程教材，适用于环境、农林、食品、生物、卫检、制药等有关专业，也可供其他相近专业参考使用。

为更好地突出高职高专教育的应用性和实践性，培养学生的技术应用能力和综合实践素质，《无机及分析化学实验》单独开课，相应的配套教材另成一册。

图书在版编目（CIP）数据

无机及分析化学/孙成，王和才主编. —北京：化学工业出版社，2010.3（2022.9重印）
高职高专"十一五"规划教材
ISBN 978-7-122-07550-5

Ⅰ.无… Ⅱ.①孙…②王… Ⅲ.①无机化学-高等学校：技术学院-教材②分析化学-高等学校：技术学院-教材 Ⅳ.①O61 ②O65

中国版本图书馆CIP数据核字（2010）第008519号

责任编辑：李植峰　杨　宇　　　　　　文字编辑：王　琪
责任校对：边　涛　　　　　　　　　　装帧设计：史利平

出版发行：化学工业出版社（北京市东城区青年湖南街13号　邮政编码100011）
印　　装：天津盛通数码科技有限公司
787mm×1092mm　1/16　印张11¾　字数270千字　2022年9月北京第1版第10次印刷

购书咨询：010-64518888　　　　　　　售后服务：010-64518899
网　　址：http://www.cip.com.cn
凡购买本书，如有缺损质量问题，本社销售中心负责调换。

定　价：23.00元　　　　　　　　　　　　　　　　　　　　版权所有　违者必究

"高职高专'十一五'规划教材★农林牧渔系列"
建设委员会成员名单

主 任 委 员 介晓磊
副主任委员 温景文 陈明达 林洪金 江世宏 荆　宇 张晓根
　　　　　　　窦铁生 何华西 田应华 吴　健 马继权 张震云
委 　 　 员 （按姓名汉语拼音排列）

边静玮	陈桂银	陈宏智	陈明达	陈　涛	邓灶福	窦铁生	甘勇辉	高　婕	耿明杰
官麟丰	谷凤柱	郭桂义	郭永胜	郭振升	郭正富	何华西	胡繁荣	胡克伟	胡孔峰
胡天正	黄绿荷	江世宏	姜文联	姜小文	蒋艾青	介晓磊	金伊洙	荆　宇	李　纯
李光武	李彦军	梁学勇	梁运霞	林伯全	林洪金	刘俊栋	刘　莉	刘　蕊	刘淑春
刘万平	刘晓娜	刘新社	刘奕清	刘　政	卢　颖	马继权	倪海星	欧阳素贞	潘开宇
潘自舒	彭　宏	彭小燕	邱运亮	任　平	商世能	史延平	苏允平	陶正平	田应华
王存兴	王　宏	王秋梅	王水琦	王晓典	王秀娟	王燕丽	温景文	吴昌标	吴　健
吴郁魂	吴云辉	武模戈	肖卫苹	肖文左	解相林	谢利娟	谢拥军	徐苏凌	徐作仁
许开录	闫慎飞	颜世发	燕智文	杨玉珍	尹秀玲	于文越	张德炎	张海松	张晓根
张玉廷	张震云	张志轩	赵晨霞	赵　华	赵先明	赵勇军	郑继昌	周晓舟	朱学文

"高职高专'十一五'规划教材★农林牧渔系列"
编审委员会成员名单

主 任 委 员 蒋锦标
副主任委员 杨宝进 张慎举 黄　瑞 杨廷桂 胡虹文 张守润
　　　　　　　宋连喜 薛瑞辰 王德芝 王学民 张桂臣
委 　 　 员 （按姓名汉语拼音排列）

艾国良	白彩霞	白迎春	白永莉	白远国	柏玉平	毕玉霞	边传周	卜春华	曹　晶
曹宗波	陈传印	陈杭芳	陈金雄	陈　璟	陈盛彬	陈现臣	程　冉	褚秀玲	崔爱萍
丁玉玲	董义超	董曾施	段鹏慧	范洲衡	方希修	付美云	高　凯	高　梅	高志花
弓建国	顾成柏	顾洪娟	关小变	韩建强	韩　强	何海健	何英俊	胡凤新	胡虹文
胡　辉	胡石柳	黄　瑞	黄修奇	吉　梅	纪守学	纪　瑛	蒋锦标	鞠志新	李碧全
李　刚	李继连	李　军	李雷斌	李林春	梁本国	梁称福	梁俊荣	林　纬	林仲桂
刘革利	刘广文	刘丽云	刘贤忠	刘晓欣	刘振华	刘振湘	刘宗亮	柳遵新	龙冰雁
罗　玲	潘　琦	潘一展	邱深本	任国栋	阮国荣	申庆全	石冬梅	史兴山	史雅静
宋连喜	孙克威	孙雄华	孙志浩	唐建勋	唐晓玲	陶令霞	田　伟	田伟政	田文儒
汪玉琳	王爱华	王朝霞	王大来	王道国	王德芝	王　健	王立军	王孟宇	王双山
王铁岗	王文焕	王新军	王　星	王学民	王艳立	王云惠	王中华	吴俊琢	吴琼峰
吴占福	吴中军	肖尚修	熊运海	徐公义	徐占云	许美解	薛瑞辰	羊建平	杨宝进
杨平科	杨廷桂	杨卫韵	杨学敏	杨　志	杨治国	姚志刚	易　诚	易新军	于承鹤
于显威	袁亚芳	曾饶琼	曾元根	战忠玲	张春华	张桂臣	张怀珠	张　玲	张庆霞
张慎举	张守润	张响英	张　欣	张新明	张艳红	张祖荣	赵希彦	赵秀娟	郑翠芝
周显忠	朱雅安	卓开荣							

"高职高专'十一五'规划教材★农林牧渔系列"建设单位

（按汉语拼音排列）

安阳工学院	河西学院	青海畜牧兽医职业技术学院
保定职业技术学院	黑龙江农业工程职业学院	曲靖职业技术学院
北京城市学院	黑龙江农业经济职业学院	日照职业技术学院
北京林业大学	黑龙江农业职业技术学院	三门峡职业技术学院
北京农业职业学院	黑龙江生物科技职业学院	山东科技职业学院
本钢工学院	黑龙江畜牧兽医职业学院	山东理工职业学院
滨州职业学院	呼和浩特职业学院	山东省贸易职工大学
长治学院	湖北生物科技职业学院	山东省农业管理干部学院
长治职业技术学院	湖南怀化职业技术学院	山西林业职业技术学院
常德职业技术学院	湖南环境生物职业技术学院	商洛学院
成都农业科技职业学院	湖南生物机电职业技术学院	商丘师范学院
成都市农林科学院园艺研究所	吉林农业科技学院	商丘职业技术学院
	集宁师范高等专科学校	深圳职业技术学院
重庆三峡职业学院	济宁市高新技术开发区农业局	沈阳农业大学
重庆水利电力职业技术学院	济宁市教育局	沈阳农业大学高等职业技术学院
重庆文理学院	济宁职业技术学院	
德州职业技术学院	嘉兴职业技术学院	苏州农业职业技术学院
福建农业职业技术学院	江苏联合职业技术学院	温州科技职业学院
抚顺师范高等专科学校	江苏农林职业技术学院	乌兰察布职业学院
甘肃农业职业技术学院	江苏畜牧兽医职业技术学院	厦门海洋职业技术学院
广东科贸职业学院	金华职业技术学院	仙桃职业技术学院
广东农工商职业技术学院	晋中职业技术学院	咸宁学院
广西百色市水产畜牧兽医局	荆楚理工学院	咸宁职业技术学院
广西大学	荆州职业技术学院	信阳农业高等专科学校
广西职业技术学院	景德镇高等专科学校	延安职业技术学院
广州城市职业学院	丽水学院	杨凌职业技术学院
海南大学应用科技学院	丽水职业技术学院	宜宾职业技术学院
海南师范大学	辽东学院	永州职业技术学院
海南职业技术学院	辽宁科技学院	玉溪农业职业技术学院
杭州万向职业技术学院	辽宁农业职业技术学院	岳阳职业技术学院
河北北方学院	辽宁医学院高等职业技术学院	云南农业职业技术学院
河北工程大学	辽宁职业学院	云南热带作物职业学院
河北交通职业技术学院	聊城大学	云南省曲靖农业学校
河北科技师范学院	聊城职业技术学院	云南省思茅农业学校
河北省现代农业高等职业技术学院	眉山职业技术学院	张家口教育学院
	南充职业技术学院	漳州职业技术学院
河南科技大学林业职业学院	盘锦职业技术学院	郑州牧业工程高等专科学校
河南农业大学	濮阳职业技术学院	郑州师范高等专科学校
河南农业职业学院	青岛农业大学	中国农业大学

《无机及分析化学》编写人员

主编　孙　成（扬州环境资源职业技术学院）

　　　　王和才（苏州农业职业技术学院）

编者（按姓名笔画排列）

　　　　丁敏娟（南通农业职业技术学院）

　　　　王一萍（江苏畜牧兽医职业技术学院）

　　　　王和才（苏州农业职业技术学院）

　　　　孙　成（扬州环境资源职业技术学院）

　　　　唐　迪（江苏农林职业技术学院）

　　　　蒋云霞（南通农业职业技术学院）

主审　钟国清（西南科技大学）

序

当今,我国高等职业教育作为高等教育的一个类型,已经进入到以加强内涵建设、全面提高人才培养质量为主旋律的发展新阶段。各高职高专院校针对区域经济社会的发展与行业进步,积极开展新一轮的教育教学改革。以服务为宗旨,以就业为导向,在人才培养质量工程建设的各个侧面加大投入,不断改革、创新和实践。尤其是在课程体系与教学内容改革上,许多学校都非常关注利用校内、校外两种资源,积极推动校企合作与工学结合,如邀请行业企业参与制定培养方案,按职业要求设置课程体系;校企合作共同开发课程;根据工作过程设计课程内容和改革教学方式;教学过程突出实践性,加大生产性实训比例等,这些工作主动适应了新形势下高素质技能型人才培养的需要,是落实科学发展观、努力办人民满意的高等职业教育的主要举措。教材建设是课程建设的重要内容,也是教学改革的重要物化成果。教育部《关于全面提高高等职业教育教学质量的若干意见》(教高〔2006〕16号)指出"课程建设与改革是提高教学质量的核心,也是教学改革的重点和难点",明确要求要"加强教材建设,重点建设好3000种左右国家规划教材,与行业企业共同开发紧密结合生产实际的实训教材,并确保优质教材进课堂。"目前,在农林牧渔类高职院校中,教材建设还存在一些问题,如行业变革较大与课程内容老化的矛盾、能力本位教育与学科型教材供应的矛盾、教学改革加快推进与教材建设严重滞后的矛盾、教材需求多样化与教材供应形式单一的矛盾等。随着经济发展、科技进步和行业对人才培养要求的不断提高,组织编写一批真正遵循职业教育规律和行业生产经营规律、适应职业岗位群的职业能力要求和高素质技能型人才培养的要求、具有创新性和普适性的教材将具有十分重要的意义。

化学工业出版社为中央级综合科技出版社,是国家规划教材的重要出版基地,为我国高等教育的发展做出了积极贡献,曾被新闻出版总署领导评价为"导向正确、管理规范、特色鲜明、效益良好的模范出版社",2008年荣获首届中国出版政府奖——先进出版单位奖。近年来,化学工业出版社密切关注我国农林牧渔类职业教育的改革和发展,积极开拓教材的出版工作,2007年底,在原"教育部高等学校高职高专农林牧渔类专业教学指导委员会"有关专家的指导下,化学工业出版社邀请了全国100余所开设农林牧渔类专业的高职高专院校的骨干教师,共同研讨高等职业教育新阶段教学改革中相关专业教材的建设工作,并邀请相关行业企业作为教材建设单位参与建设,共同开发教材。为做好系列教材的组织建设与指导服务工作,化学工业出版社聘请有关专家组建了"高职高专'十一五'规划教材★农林牧渔系列建设委员会"和"高职高专'十一五'规划教材★农林牧渔系列编审委员会",拟在"十一五"期间组织相关院校的一线教师和相关企业的技术人员,在深入调研、整体规划的基础上,编写出版一套适应农林牧渔类相关专业教育的基础课、专业课及相关外延课程教材——"高职高专'十一五'规划教材★农林牧渔系列"。该套教材将涉及种植、园林园艺、畜牧、兽医、水产、宠物等专业，于2008~2009年陆续出版。

  该套教材的建设贯彻了以职业岗位能力培养为中心，以素质教育、创新教育为基础的教育理念，理论知识"必需"、"够用"和"管用"，以常规技术为基础，关键技术为重点，先进技术为导向。此套教材汇集众多农林牧渔类高职高专院校教师的教学经验和教改成果，又得到了相关行业企业专家的指导和积极参与，相信它的出版不仅能较好地满足高职高专农林牧渔类专业的教学需求，而且对促进高职高专专业建设、课程建设与改革、提高教学质量也将起到积极的推动作用。希望有关教师和行业企业技术人员，积极关注并参与教材建设。毕竟，为高职高专农林牧渔类专业教育教学服务，共同开发、建设出一套优质教材是我们共同的责任和义务。

介晓磊

2008年10月

  化学课程的改革是近年来高等职业技术院校教学内容和课程体系改革的一项重要任务。我们根据多年的教学经验及高职高专院校人才培养的要求，将原来的无机化学和分析化学课程合并为无机及分析化学课程，制订出具有高职特色的《无机及分析化学》课程教学大纲。该课程体系既继承了无机化学理论知识的基础性和科学性，又突出了分析化学实验技能的应用性，减少了教学中的重复和脱节现象，使教学内容简捷、自然、流畅，更利于教与学。

  本书为高职高专非化学化工类专业"无机化学及分析"课程教材，适用于高等职业技术学院、高等专科学校农林、食品、生物、卫检、制药、环保等有关专业的教学，也可供其他相近专业参考使用。

  本书的编写人员由高等职业技术学院具有中、高级职称的教师组成，他们具有扎实的专业理论和丰富的高职教学经验。教材的编写原则是"必需、适用、够用、实用"，不过分强调化学学科知识的系统性，以适当降低理论难度，强化实践技能的培养，服务于专业，体现高等职业教育的特点。每章还配备了知识目标、能力目标、相关的知识链接，便于拓宽学生的知识面，提高学生的学习兴趣。

  为更好地突出高职高专教育教学的应用性和实践性，培养学生的技术应用能力和综合实践素质，《无机及分析化学实验》单独开课，配套教材另成一册。

  本书由孙成、王和才担任主编。编写的具体分工为：王和才编写第一章、第二章；王一萍编写第三章、第四章；孙成编写第五章、第六章；唐迪编写第七章、第八章；丁敏娟编写第九章；蒋云霞编写第十章。

  全书由孙成、王和才统稿，西南科技大学钟国清教授对全书进行了审定。在本书的编写和出版过程中，一直得到有关院校和化学工业出版社的大力支持，在此一并表示感谢！由于时间仓促和编者水平有限，不妥之处在所难免，敬请各位专家、读者提出宝贵意见。

编 者

2010 年 1 月

目录

第一章 溶液和胶体 ... 1

第一节 溶液的基本概念 ... 1
一、分散系 ... 1
二、溶液浓度的表示方法 ... 2
三、有关溶液浓度的计算 ... 4

第二节 稀溶液的依数性 ... 6
一、溶液的蒸气压下降 ... 6
二、溶液的沸点升高 ... 7
三、溶液的凝固点降低 ... 8
四、溶液的渗透压 ... 9

第三节 胶体溶液 ... 10
一、胶体溶液 ... 10
二、胶体的性质 ... 11
三、胶体的结构 ... 13
四、溶胶的稳定性和聚沉作用 ... 13
五、高分子溶液 ... 14

本章要点 ... 15
习题 ... 15
知识链接 溶液标签的书写内容及格式 ... 16

第二章 化学反应速率和化学平衡 ... 18

第一节 化学反应速率 ... 18
一、反应速率的表示方法 ... 18
二、化学反应速率理论 ... 19
三、影响化学反应速率的外界因素 ... 20

第二节 化学平衡 ... 23
一、可逆反应与化学平衡 ... 23
二、化学平衡常数 ... 23
三、化学平衡的移动 ... 25
四、有关化学平衡的计算 ... 26

本章要点 ... 27
习题 ... 28
知识链接 化学家吕·查德里 ... 29

第三章 原子结构和分子结构 ·········· 30

第一节 原子结构与元素周期表 ·········· 30
一、原子核外电子的运动状态 ·········· 30
二、原子核外电子的排布 ·········· 33
三、元素周期律与元素周期表 ·········· 34

第二节 分子结构 ·········· 37
一、离子键 ·········· 37
二、共价键 ·········· 38
三、杂化轨道理论和分子的几何构型 ·········· 40
四、分子间力和氢键 ·········· 40

本章要点 ·········· 42
习题 ·········· 43
知识链接 化学家鲍林 ·········· 44

第四章 重要的生命元素 ·········· 45

第一节 概述 ·········· 45
一、必需元素 ·········· 45
二、不确定元素 ·········· 46
三、有毒元素 ·········· 47

第二节 s区元素 ·········· 47
一、概述 ·········· 47
二、氢 ·········· 48
三、钠和钾 ·········· 48
四、钙和镁 ·········· 48

第三节 p区元素 ·········· 48
一、概述 ·········· 48
二、硼族元素 ·········· 49
三、碳族元素 ·········· 49
四、氮族元素 ·········· 49
五、氧族元素 ·········· 50
六、卤族元素 ·········· 50

第四节 d区和ds区元素 ·········· 50
一、概述 ·········· 50
二、铜、银、金 ·········· 51
三、锌、镉、汞 ·········· 51
四、钒、铬、锰 ·········· 51
五、铁、钴、镍 ·········· 52

本章要点 ·········· 52
习题 ·········· 53
知识链接 化学元素与癌症 ·········· 53

第五章 分析化学概论 ·········· 55

第一节 分析化学的任务和分类 ·········· 55
一、分析化学的任务 ·········· 55

  二、分析方法的分类 ……………………………………………………………………… 55
  三、定量分析的一般程序 …………………………………………………………… 56
 第二节 定量分析的误差 ………………………………………………………………… 57
  一、误差的来源及分类 ……………………………………………………………… 57
  二、误差的表示方法 ………………………………………………………………… 58
  三、误差的减免 ……………………………………………………………………… 60
 第三节 有效数字及运算规则 …………………………………………………………… 61
  一、有效数字及其运算规则 ………………………………………………………… 61
  二、可疑数据的取舍 ………………………………………………………………… 62
 第四节 滴定分析法概述 ………………………………………………………………… 63
  一、滴定分析法概述 ………………………………………………………………… 63
  二、滴定分析法的分类 ……………………………………………………………… 64
  三、滴定分析法对滴定反应的要求 ………………………………………………… 64
  四、常用的滴定方式 ………………………………………………………………… 64
  五、标准溶液和基准物质 …………………………………………………………… 65
  六、标准溶液浓度的表示方法 ……………………………………………………… 66
  七、滴定分析法的计算 ……………………………………………………………… 66
  八、滴定分析计算示例 ……………………………………………………………… 67
 本章要点 ……………………………………………………………………………………… 68
 习题 …………………………………………………………………………………………… 69
 知识链接 滴定分析法的发展 ……………………………………………………………… 70

第六章 酸碱平衡和酸碱滴定法 …………………………………………………………… 72

 第一节 弱电解质的离解平衡 …………………………………………………………… 72
  一、一元弱酸的离解平衡 …………………………………………………………… 72
  二、一元弱碱的离解平衡 …………………………………………………………… 74
  三、多元弱酸的离解平衡 …………………………………………………………… 74
 第二节 水的离解和溶液的酸碱性 ……………………………………………………… 75
  一、水的离解平衡与离子积常数 …………………………………………………… 75
  二、溶液的酸碱性和pH值 ………………………………………………………… 76
  三、盐类的水解 ……………………………………………………………………… 76
  四、两性物质溶液的pH值 ………………………………………………………… 78
 第三节 缓冲溶液 ………………………………………………………………………… 79
  一、同离子效应 ……………………………………………………………………… 79
  二、缓冲溶液 ………………………………………………………………………… 79
 第四节 酸碱质子理论 …………………………………………………………………… 81
  一、酸碱的定义 ……………………………………………………………………… 81
  二、酸碱反应的实质 ………………………………………………………………… 82
 第五节 酸碱指示剂 ……………………………………………………………………… 82
  一、酸碱指示剂的变色原理 ………………………………………………………… 82
  二、酸碱指示剂的变色范围 ………………………………………………………… 83
  三、混合指示剂 ……………………………………………………………………… 83
 第六节 酸碱滴定的基本原理 …………………………………………………………… 84
  一、一元强酸（碱）的滴定 ………………………………………………………… 84
  二、一元弱酸（碱）的滴定 ………………………………………………………… 86

    三、多元酸（碱）的滴定 ··· 88
  第七节　酸碱滴定法的应用 ··· 89
    一、标准酸碱溶液的配制和标定 ··· 89
    二、应用实例 ··· 90
 本章要点 ··· 92
 习题 ··· 93
  知识链接　电离学说的创立者阿仑尼乌斯 ··· 95

第七章　沉淀溶解平衡和沉淀滴定法 ··· 96

  第一节　溶度积原理 ··· 96
    一、沉淀溶解平衡和溶度积 ··· 96
    二、溶度积与溶解度的关系 ··· 97
  第二节　沉淀的生成和溶解 ··· 97
    一、溶度积规则 ··· 97
    二、沉淀的生成 ··· 99
    三、分步沉淀 ··· 100
    四、沉淀的溶解 ··· 100
    五、沉淀的转化 ··· 102
  第三节　沉淀滴定法 ··· 102
    一、沉淀滴定法概述 ··· 102
    二、莫尔法 ··· 103
    三、佛尔哈德法 ··· 103
    四、法扬斯法 ··· 104
 本章要点 ··· 105
 习题 ··· 106
  知识链接　草酸与草酸钙结石 ··· 107

第八章　氧化还原平衡和氧化还原滴定法 ··· 109

  第一节　氧化还原的基本概念 ··· 109
    一、氧化数 ··· 109
    二、氧化还原反应 ··· 110
  第二节　氧化还原反应方程式的配平 ··· 111
    一、氧化数法 ··· 111
    二、离子-电子法 ··· 111
  第三节　电极电势 ··· 112
    一、原电池 ··· 112
    二、电极电势 ··· 113
    三、影响电极电势的因素 ··· 115
  第四节　电极电势的应用 ··· 117
    一、判断氧化剂和还原剂的相对强弱 ··· 117
    二、判断氧化还原反应进行的方向 ··· 117
    三、确定氧化还原反应进行的程度 ··· 118
    四、判断氧化还原反应进行的次序 ··· 118
    五、选择合适的氧化剂和还原剂 ··· 119
  第五节　氧化还原滴定原理 ··· 119

一、氧化还原滴定法概述 119
　　二、氧化还原滴定曲线 119
　　三、氧化还原指示剂 120
　第六节　常用的氧化还原滴定法 120
　　一、高锰酸钾法 120
　　二、重铬酸钾法 122
　　三、碘量法 122
　本章要点 125
　习题 126
　知识链接　燃料电池 128

第九章　配位平衡和配位滴定法 130

　第一节　配位化合物的概念 130
　　一、配合物的定义 130
　　二、配合物的组成 130
　　三、配合物的命名 131
　第二节　配位平衡 132
　　一、配位平衡 132
　　二、配离子的稳定常数 132
　　三、影响配位平衡的因素 133
　第三节　螯合物 134
　　一、螯合物的组成 134
　　二、螯合物的稳定性 134
　　三、EDTA 及其配合物 135
　第四节　配位滴定法 139
　　一、配位滴定法概述 139
　　二、配位滴定原理 139
　　三、金属指示剂 141
　　四、提高配位滴定选择性的方法 142
　　五、配位滴定法的应用 144
　本章要点 145
　习题 146
　知识链接　配位学说的创立 147

第十章　吸光光度法 149

　第一节　吸光光度法的基本原理 149
　　一、光的基本性质 149
　　二、光的选择性吸收 150
　　三、吸收光谱曲线 151
　　四、光吸收定律 151
　第二节　显色反应与测量条件的选择 152
　　一、对显色反应的要求 152
　　二、显色反应条件的选择 153
　　三、吸光光度法的误差 153
　　四、测量条件的选择 154

第三节 吸光光度法的方法和仪器 ································ 155
 一、目视比色法 ·· 155
 二、光电比色法 ·· 155
 三、分光光度法 ·· 156
 四、分光光度计 ·· 156
 五、分析方法 ·· 158
第四节 吸光光度法的应用 ·· 159
 一、磷的测定 ·· 159
 二、铁的测定 ·· 159
 三、铬的测定 ·· 159
本章要点 ·· 160
习题 ·· 161
知识链接 导数分光光度法与流动注射光度分析法 ················ 162

附录 ·· 163
 附录一 常见弱酸、弱碱的离解常数 ···································· 163
 附录二 难溶化合物的溶度积常数（18℃） ······················· 164
 附录三 标准电极电势（25℃） ·· 165
 附录四 金属配合物的稳定常数（25℃） ··························· 167
 附录五 国际原子量表 ·· 168
 附录六 常见化合物的分子量 ··· 169

参考文献 ·· 171

第一章 溶液和胶体

知识目标

理解分散系的概念，了解分散系的分类及其特点。掌握溶液各种浓度的表示方法及有关计算，理解稀溶液的依数性及其产生的原因，掌握应用稀溶液的依数性计算溶质摩尔质量的方法。了解胶体的制备方法和胶体的结构特征，掌握胶体的重要性质，理解胶体性质与其结构的关系，了解影响胶体稳定性和胶体凝聚的因素。

能力目标

能熟练进行溶液各种浓度间的相互换算；能掌握溶液配制和溶胶制备的方法，熟练掌握有关溶液配制和溶胶制备的相关操作；能用稀溶液依数性的有关知识解释一些实际问题，并能结合专业进行一些与专业有关的应用。

溶液作为物质存在的一种重要形式广泛存在于自然界，对于生物的生命现象、人们的日常生活和工农业生产，都具有十分重要的实际意义。生物赖以生存的养分、水分和其他所需的成分常常是形成溶液后才能被有效吸收。生物体内的各种生理、生化反应，日常生活中遇到的各种物质的化学变化也大都是在溶液体系中才能得以实现。此外，工农业生产和科学研究的顺利进行也与溶液有着密不可分的关系。为此，应学习和了解有关溶液的一些基本知识，训练和掌握溶液配制及应用的一些基本技能。

第一节 溶液的基本概念

一、分散系

自然界中，物质除了以气态、液态和固态形式单独存在外，还经常以混合物的形式存在。一种或多种物质分散在另一种物质中形成的混合物体系，称为分散系。比如，生活中的饮用水、牛奶，植物病菌害防治时喷洒的农药，建筑行业常用的混凝土，冶炼工业产生的各种粉尘等，都属于分散系。分散系中，被分散的各种物质称为分散质，接纳分散质的物质称为分散剂。作为分散质或分散剂的物质并无绝对，在一个分散系中的分散质可能是另一个分散系中的分散剂；同样，一个分散系中的分散剂也可能是另一个分散系中的分散质。例如，乙醇分子分散在水中形成的乙醇水溶液中，乙醇是分散质；碘分子分散在乙醇中形成的碘酒溶液中，乙醇是分散剂。因此，通常认为，分散质在分散系中一般处于分割的不连续的状态，而分散剂则处于连续的状态。

分散系中的分散质和分散剂可以是液体，也可以是固体或气体状态。例如，洁净的空气分散系中无论是分散质还是分散剂都是气体状态，而布满粉尘的空气分散系中，分散质就包括了气体和固体。纯净的水溶液分散系中，分散质和分散剂都是液体，但浑浊的水溶液分散系中，分散质有液体，也有固体。

分散系的某些性质常随分散质颗粒的大小而改变。通常按分散质颗粒的大小将分散剂是液体的液态分散系分为三类（表1-1）：分子（或离子）分散系、胶体分散系和粗分散系。

表1-1 不同分散系的特征和性质

类型	分子(或离子)分散系	胶体分散系		粗分散系
分散质颗粒	原子、离子或小分子	高分子	溶胶	粗粒子
分散质粒径	<1nm	1～100nm		>100nm
分散系性质	均相,稳定体系,扩散快,能透过滤纸、半透膜,形成真溶液	均相,稳定体系,扩散慢,不能透过半透膜,能透过滤纸,形成真溶液	多相,不稳定体系,扩散慢,不能透过半透膜,能透过滤纸,形成真溶液	多相,不稳定体系,扩散很慢或不扩散,较快地下沉,不能透过滤纸和半透膜,形成悬浊液、乳浊液
示例	蔗糖、氯化钠、醋酸水溶液等	蛋白质、核酸水溶液等	$Fe(OH)_3$、As_2S_3、$Al(OH)_3$溶胶等	浑浊江水、牛奶、豆浆等

(1) 分子（或离子）分散系 分散质粒径小于1nm，因分散质粒径很小，不能阻止光线通过，所以溶液是透明的。这种溶液具有高度稳定性，无论放置多久，分散质颗粒不会因重力作用而下沉，不会从溶液中分离出来。分散质颗粒能透过滤纸或半透膜，在溶液中扩散很快，例如盐水溶液或酸碱溶液等。

(2) 胶体分散系 胶体分散系即胶体溶液，分散质粒径大小在1～100nm之间，属于这一类分散系的有溶胶和高分子化合物溶液。由于此类分散系的胶体粒子比低分子分散系的分散质粒径大，而比粗分散系的分散质粒径小，因而胶体分散系的胶体粒子能透过滤纸，但不能透过半透膜。外观上胶体溶液不浑浊，用肉眼或普通显微镜均不能辨别。如蛋白质溶胶、AgCl溶胶就是胶体分散系。

(3) 粗分散系 分散质粒径大于100nm，肉眼或普通显微镜即可观察到分散质颗粒。因颗粒较大，能阻止光线通过，因而外观上是浑浊的，不透明的；不能透过滤纸或半透膜；同时易受重力影响而自动沉降，因此不稳定。常见的粗分散系包括悬浊液（固体分散在液体中——如泥浆）和乳浊液（液体分散在液体中——如牛奶）。

二、溶液浓度的表示方法

溶液是由两种或多种物质形成的分子、离子分散系。溶液中的分散质称为溶质，而分散剂则称为溶剂。以水作为溶剂的溶液称为水溶液，常简称溶液。一定质量或一定体积的溶液中所含溶质的量称为溶液的浓度。国际标准化组织（ISO）、国际理论化学与应用化学联合会（IUPAC）和我国国家标准（GB）都做出相关规定，正确表示各种溶液的浓度是搞好检测工作的基本规范要求之一。常见溶液浓度的表示方法有物质的量浓度、质量浓度、质量分数、质量摩尔浓度、摩尔分数、体积分数和质量体积浓度等。

（一）物质的量浓度

物质的量浓度是指单位体积溶液中所含溶质的物质的量。下式为溶质 B 的物质的量浓度表达式：

$$c_B = \frac{n_B}{V} \tag{1-1}$$

式中，c_B 为溶质 B 的物质的量浓度，国际单位制（SI）单位为 mol/dm^3，常用单位为 mol/L；n_B 为物质 B 的物质的量，SI 单位为 mol；V 为溶液的体积，SI 单位为 dm^3 或 cm^3，常用单位为 L 或 mL。

例如，$c(NaOH)=0.1015mol/L$ 氢氧化钠溶液，小括号内的 NaOH 是指溶液中溶质的基本单元，$c(NaOH)$ 是表示基本单元为 NaOH 的物质的量浓度，等号右边的 0.1015mol/L 表示物质的量浓度的数值为 0.1015 摩尔每升，即每升溶液中含氢氧化钠（$0.1015\times1\times40.00$）克。又如，$c(1/2\ H_2SO_4)=0.2042mol/L$ 硫酸溶液，表示基本单元为 $1/2\ H_2SO_4$ 的物质的量浓度为 0.2042 摩尔每升，即每升溶液中含硫酸（$0.2042\times1\times1/2\times98.00$）克。$c(1/5\ KMnO_4)=0.1000mol/L$ 高锰酸钾溶液，表示基本单元为 $1/5\ KMnO_4$ 的物质的量浓度为 0.1000 摩尔每升，即每升溶液中含高锰酸钾（$0.1000\times1\times1/5\times158.0$）克。

由于使用物质的量单位"mol"时需要注明物质的基本单元，因此，应用物质的量浓度时也必须注明所表示物质的基本单元。

（二）质量浓度

质量浓度是指单位体积溶液中所含溶质的质量。下式为溶质 B 的质量浓度表达式：

$$\rho_B=\frac{m_B}{V} \tag{1-2}$$

式中，m_B 为溶质 B 的质量，kg 或 g；V 为溶液的体积，L 或 mL；ρ_B 为溶质 B 的质量浓度，kg/L 或 g/L 或 mg/mL。

例如，$\rho(Na_2CO_3)=0.5021g/L$ 的碳酸钠溶液，表示该碳酸钠溶液的质量浓度为 0.5021 克每升。$\rho(AgNO_3)=0.1mg/mL$ 的硝酸银溶液，表示 1mL 硝酸银溶液中含 $AgNO_3$ 的质量为 0.1mg。

（三）质量分数

用溶质的质量与溶液的质量之比表示溶液浓度的方法称为质量分数。下式为溶质 B 的质量浓度表达式：

$$w_B=\frac{m_B}{m} \tag{1-3}$$

式中，m_B、m 分别为溶质、溶液的质量，kg 或 g；w_B 为溶质 B 的质量分数，单位为 1 或也可称为无单位。

（四）质量摩尔浓度

1kg 溶剂中包含溶质的物质的量，称为溶液的质量摩尔浓度，其数学表达式为：

$$b_B=\frac{n_B}{m} \tag{1-4}$$

式中，b_B 为溶质 B 的质量摩尔浓度，mol/kg 或 mol/g；n_B 为溶质 B 的物质的量，mol；m 为溶液的质量，kg 或 g。

由于物质的质量不受温度的影响，所以溶液的质量摩尔浓度是一个与温度无关的物理量，通常被用于稀溶液依数性的研究和一些精密的测定中。

（五）摩尔分数

溶质的物质的量与溶液的物质的量之比，称为溶质的摩尔分数。下式为溶质 B 的摩尔分数数学表达式：

$$x_B=\frac{n_B}{n} \tag{1-5}$$

式中，x_B 是溶质 B 的摩尔分数；n_B 是溶质 B 的物质的量，mol；n 是溶液中各种成分总的物质的量，mol。

需要指出的是，对于一个由 A、B 两种组分组成的溶液体系来说，$n=n_A+n_B$，因此，溶质和溶剂的摩尔分数则分别为：

$$x_A=\frac{n_A}{n_A+n_B} \qquad x_B=\frac{n_B}{n_A+n_B}$$

且 $x_A+x_B=1$。

（六）体积分数和质量体积浓度

一定温度和压强下，液态溶质的体积与溶液总体积之比，称为溶质的体积分数。可用下式表达：

$$\varphi_B=\frac{V_B}{V} \tag{1-6}$$

式中，φ_B 为溶质 B 的体积分数；V_B、V 分别为溶质和溶液的体积，L 或 mL。如某消毒用酒精，浓度为 $\varphi_B=75\%$，即该酒精溶液每 100mL 含有 75mL 的乙醇。

当溶质为固体时，为表达方便，也常用质量体积浓度表示，即溶质质量与溶液体积之比。如下式所示：

$$\varphi_B=\frac{m_B}{V} \tag{1-7}$$

式中，m_B 为固态溶质的质量，g。如葡萄糖溶液的浓度为 $\varphi_B=5\%$，表示该溶液每 100mL 中含葡萄糖 5g。

三、有关溶液浓度的计算

（一）溶液中溶质的质量分数的计算

【例 1-1】 将 2g NaOH 完全溶于 18g 水中，求所得溶液中溶质的质量分数。

解：因为 NaOH 直接并完全溶解，故溶质 NaOH 的质量 $m(NaOH)=2g$，溶液的质量 $m=2+18=20g$，则溶质 NaOH 的质量分数为：

$$w_{NaOH}=\frac{2}{2+18}\times100\%=10\%$$

答：所得溶液中溶质 NaOH 的质量分数为 10%。

【例 1-2】 农业上常用 10%～20%的食盐溶液进行选种。若要配制 50kg 12%的食盐溶液，需水和食盐各多少？

解：根据题意，已知溶液的质量 m 为 50kg，溶质 NaCl 的质量分数为 12%或 0.12，则溶液中溶质的质量为：

$$m(NaCl)=mw(NaCl)=50\times12\%=6(kg)$$

即该溶液中所含食盐的质量为 6kg，所需加溶剂（水）的质量为：

$$m-m(NaCl)=50-6=44(kg)$$

答：配制 50kg 12%的食盐溶液需食盐的质量为 6kg，需加水的质量为 44kg。

（二）溶液物质的量浓度的计算

【例 1-3】 分子量为 M 的某物质在室温下的溶解度为 S g/100g 水，此时测得饱和溶液的密度为 ρ g/mL，则该饱和溶液的物质的量浓度为多少？

解：根据题意，该物质的饱和溶液中溶质的质量为 S g，则溶质的物质的量 n 为：

$$n = \frac{S(\text{g})}{M(\text{g/mol})} = \frac{S}{M}(\text{mol})$$

而该溶液的体积则为：

$$V = \frac{(100+S)(\text{g})}{\rho(\text{g/mL})} (\text{L})$$

则该饱和溶液的物质的量浓度为：

$$c = \frac{n(\text{mol})}{V(\text{L})} = \frac{\frac{S}{M}(\text{mol})}{\frac{(100+S)(\text{g})}{\rho(\text{g/mL})}} = \frac{1000\rho S}{M(100+S)}(\text{mol/L})$$

答：该饱和溶液的物质的量浓度为 $1000\rho S/M(100+S)$ mol/L。

【**例 1-4**】 某温度下，22%的硝酸钠溶液 150mL，加 100g 水稀释后浓度变成 14%。求原溶液的物质的量浓度。

解：设原溶液中溶质的质量为 x，则有下列等式成立：

$$x = (100 + x \div 22\%) \times 14\%$$

解方程，得： $x = 38.5$

故原溶液中溶质的物质的量 $n(\text{NaNO}_3)$ 为：

$$n(\text{NaNO}_3) = x \div M(\text{NaNO}_3) = 38.5 \div 85 = 0.463(\text{mol})$$

则原溶液的物质的量浓度为：

$$c(\text{NaNO}_3) = n(\text{NaNO}_3) \div V = 0.463 \div 0.15 \approx 3.087(\text{mol/L})$$

答：原溶液的物质的量浓度约为 3.087mol/L。

（三）溶液配制或溶液稀释的计算

【**例 1-5**】 溶质质量分数为 37%的浓盐酸 50g 稀释成 10%的稀盐酸，需加水多少克？

解：设需加水的质量为 x g，则稀释后溶液的质量为 $(50+x)$g。根据题意，稀释后的盐酸溶液的质量分数为 10%，则得到下列方程式：

$$50\text{g} \times 37\% = (50+x)\text{g} \times 10\%$$

解方程，得： $x = 135\text{g}$

答：需加水 135g。

【**例 1-6**】 将溶质质量分数为 98%，密度为 1.84g/mL 的浓硫酸，稀释为 0.1mol/L 的稀硫酸 250mL，需要量取浓硫酸多少毫升？

解题分析：因溶液稀释前后溶质的物质的量保持不变，故有关系式：$c_1V_1 = c_2V_2$ 成立。其中，c_1 和 V_1、c_2 和 V_2 分别为稀释前后溶液的物质的量浓度和溶液的体积。故只要求出浓硫酸溶液的物质的量浓度则可解题。

浓硫酸的物质的量浓度为：

$$c(\text{H}_2\text{SO}_4) = \frac{\frac{m(\text{H}_2\text{SO}_4)}{M(\text{H}_2\text{SO}_4)}}{V} = \frac{1000V\rho(\text{H}_2\text{SO}_4)w(\text{H}_2\text{SO}_4)}{M(\text{H}_2\text{SO}_4)}$$

即： $$c(\text{H}_2\text{SO}_4) = \frac{1000 \times 1.84 \times 98\%}{98} = 18.4(\text{mol/L})$$

设需要量取浓硫酸 x mL,根据稀释前后溶质的物质的量相等,得到:

$$x \times 18.4 = 0.1 \times 250$$

$$x \approx 1.4 \text{mL}$$

答:需要量取质量分数为 98%,密度为 1.84g/mL 的浓硫酸约 1.4mL。

第二节 稀溶液的依数性

溶液的性质包括两类:一类是与溶液中溶质的性质有关,如溶液的颜色、密度、酸碱性等,不同物质的溶液表现出不同的颜色、不同的密度和不同的酸碱性;另一类则与溶液中溶质的性质无关,仅取决于溶液中溶质颗粒的多少,如溶液的蒸气压、凝固点、沸点、渗透压等。对于难挥发性非电解质的稀溶液来说,其溶液蒸气压、凝固点、沸点和渗透压等性质,均表现出一定的规律性和共同性,即稀溶液的通性。本节内容讨论的就是这类稀溶液的通性,也称稀溶液的依数性。

一、溶液的蒸气压下降

液体(或固体)表面的分子由于热运动而逸出,进入它们上方的空间而形成气相,这个过程称为蒸发,因蒸发产生的蒸气引起对液体(或固体)表面产生的压力称为蒸气压。同时,由于气相中的分子不停地作无规则热运动,一些能量较小的分子碰撞液相(或固相)表面又回到液相(或固相)的过程,称为凝聚。一定温度下,单位面积的液相(或固相)表面上,蒸发为气态的粒子数目与气态粒子凝聚成液体(或固体)的粒子数目相等时,达到蒸发与凝聚的动态平衡,此时的蒸气压,称为在该温度下液体的饱和蒸气压,用符号 p^* 表示。不同物质在不同温度下,有着不同的饱和蒸气压,其饱和蒸气压随温度的升高而增大。表 1-2 为纯水在不同温度时的饱和蒸气压。

表 1-2 纯水在不同温度时的饱和蒸气压

温度/℃	0	20	40	60	80	100	120
饱和蒸气压/kPa	0.61	2.33	7.37	19.92	47.34	101.33	202.65

如果在纯溶剂中加入一定量的非挥发性溶质,溶剂的表面则因部分被溶质颗粒所占据,减少了表面溶剂颗粒的数量,如图 1-1 所示,从而导致逸出溶剂表面的溶剂分子数少于纯溶剂,其蒸气压要比该温度下纯溶剂的饱和蒸气压低。

1887 年,法国物理学家拉乌尔(F. M. Raoult)总结了稀溶液蒸气压下降的规律,并指出,在一定温度下,达到蒸发平衡时,稀溶液的蒸气压为纯溶剂的饱和蒸气压与溶液中溶剂的摩尔分数之积,其数学表达式为:

(a) 纯溶剂   (b) 稀溶液

图 1-1 稀溶液蒸气压下降示意图

$$p = p^* x_A \tag{1-8}$$

式中,p 为稀溶液的蒸气压,Pa 或 kPa;p^* 为纯溶剂的饱和蒸气压,Pa 或 kPa;x_A 为稀溶液中溶剂的摩尔分数。对于两组分的溶液体系来说,因 $x_A + x_B = 1$,故 $x_A = 1 - x_B$,将其代入稀溶液蒸气压数学表达式,得:

$$p = p^*(1-x_B)$$
$$= p^* - p^* x_B$$

上式可转变为：
$$p^* - p = p^* x_B$$

式中，p^*-p 为稀溶液蒸气压的下降值。

稀溶液蒸气压也可用 Δp 表示，则：
$$\Delta p = p^* x_B \tag{1-9}$$

可见，一定温度下，难挥发性非电解质稀溶液的蒸气压下降值与溶质的摩尔分数成正比，通常把这个定律称为拉乌尔定律。溶液越稀，计算结果与实验值越相符，浓溶液无此规律，因此拉乌尔定律只适用于稀溶液。

在很稀的溶液中，拉乌尔定律也可表示为：一定温度下，难挥发性非电解质稀溶液蒸气压的下降值与溶液的质量摩尔浓度成正比。即：
$$\Delta p = K b_B \tag{1-10}$$

式中，K 为蒸气压降低常数。

稀溶液的蒸气压下降对农作物生长过程有着重要的意义，表现为当外界气温突然升高时，植物机体内细胞中可溶物大量溶解，造成了细胞汁液成分的增加，从而达到降低细胞汁液的蒸气压，使水分蒸发速度减慢，表现出一定的抗旱能力。

二、溶液的沸点升高

液态物质的饱和蒸气压随温度的升高而增大，当其饱和蒸气压等于外界大气压时的温度，称为该液态物质的沸点。例如，当外界大气压为 101.325kPa 时，纯水的沸点为 373.15K；高山顶上空气稀薄，外界大气压小于 101.325kPa，纯水的沸点则低于 373.15K。纯水的蒸气压与温度的关系如图 1-2 所示。

可见，纯水的沸点随外界大气压的改变而改变。外界大气压增大，纯水的沸点升高；外界大气压减小，则纯水的沸点升高。

如果在纯水中溶解少量难挥发性非电解质形成稀溶液，由于稀溶液蒸气压的下降，温度

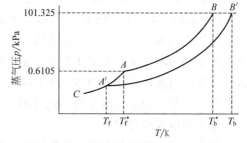

图 1-2 稀溶液沸点升高、凝固点下降曲线
AB 为纯水的蒸气压曲线；$A'B'$ 为稀溶液的蒸气压曲线；AC 为冰的蒸气压曲线

达到 100℃时溶液蒸气压小于 101.325kPa，此时溶液并没达到沸腾。只有继续将温度升高使溶液蒸气压达到 101.325kPa，溶液才沸腾（图 1-2）。即稀溶液的沸点高于 100℃，此现象称为溶液沸点升高。在常压下，海水的沸点高于 100℃就是这个道理。溶液的沸点 T_b 与溶剂的沸点 T_b^* 之差值即为沸点上升值，用 ΔT_b 表示，$\Delta T_b = T_b - T_b^*$。

溶液沸点升高的根本原因是溶液的蒸气压下降，溶液蒸气压的下降仅与溶液的浓度有关，即与溶质颗粒的数目有关，而与溶质的本性无关。拉乌尔总结出稀溶液的沸点升高值 ΔT_b 与溶液浓度的关系为：

$$\Delta T_b = K_b b_B \tag{1-11}$$

式中，K_b 为稀溶液沸点升高常数，不同的溶剂其 K_b 值不同，常用溶剂的 K_b 值见表 1-3。可见，稀溶液沸点的升高与溶液质量摩尔浓度成正比。

表 1-3　常用溶剂的 K_b 值和 K_f 值

溶剂	T_b^*/℃	K_b/(℃·kg/mol)	T_f^*/℃	K_f/(℃·kg/mol)
水	100	0.512	0	1.86
乙酸	118.1	3.07	17	3.90
苯	80.15	2.53	5.5	5.10
环乙烷	81	2.79	6.5	20.2
萘	218	5.80	80	6.9
樟脑	208	5.95	178	40.0

食品生产或天然物质有效成分分离提取过程中，常采用减压（或抽真空）操作进行蒸发，一方面可以降低沸点，另一方面则能避免一些成分因高温发生分解而影响产量或质量。

三、溶液的凝固点降低

固体同样发生蒸发，因此，也有蒸气压，固体的蒸气压同样随温度的升高而增大。冰在不同温度下，有着不同的饱和蒸气压。表 1-4 为冰在不同温度时的饱和蒸气压。

表 1-4　冰在不同温度时的饱和蒸气压

温度/℃	−20	−15	−10	−5	0
饱和蒸气压/kPa	0.11	0.16	0.25	0.40	0.61

一定压强下，物质的固、液两相蒸气压相等时的温度，称为溶液的凝固点。如在 101.33kPa 压强下，纯水和冰在 0℃ 时的蒸气压相等，液、固两相平衡共存，故纯水的凝固点为 0℃。此时，若在冰和水的平衡体系中加入难挥发性非电解质后，由于溶质只溶解到液相中，而不会溶解到固相中，因此液体的蒸气压下降，而冰的蒸气压没有影响。固、液两相的蒸气压又变为不相等，而使体系处于非平衡状态。为了达到固、液两相新的平衡，只有通过降低体系的温度使固相冰的蒸气压下降，因为固相蒸气压随温度的降低而下降，直到与溶液的蒸气压再相等为止（图 1-2），此时的温度称为稀溶液的凝固点。可见，稀溶液的凝固点总是低于纯溶剂的凝固点。

显然，溶液凝固点的下降也是溶液蒸气压下降的必然结果。根据拉乌尔定律，得到稀溶液凝固点的下降值 $\Delta T_f(T_f - T_f^*)$ 与溶液的质量摩尔浓度 m_B 的关系为：

$$\Delta T_f = K_f b_B \tag{1-12}$$

式中，K_f 为溶液凝固点降低常数，其数值与溶质无关，只取决于溶剂。可见，难挥发性非电解质的稀溶液，凝固点下降值与溶液质量摩尔浓度成正比，而与溶质的本性无关。常用溶剂的 K_f 值见表 1-3。

溶液凝固点降低的性质，有广泛的应用。例如，在严寒的冬天，结冰的路面撒上难挥发性非电解质，可以加快冰雪融化的速度；将适量甘油或防冻液加入汽车水箱，可有效防止水箱的冻裂；冬季施工时，为使混凝土在低温下不致冻结，可掺入某些难挥发性非电解质；盐和冰或雪的混合物可用于简易制冷作用，起到果蔬的保鲜作用。

植物自身具有一定的耐寒、抗旱能力，可以用稀溶液蒸气压下降和凝固点降低的原理予以解释。研究表明，当外界温度偏离常温时，无论升高还是降低，在植物机体细胞内都会强烈地生成可溶性物质，比如糖类物质，从而增大了细胞液的浓度。细胞液的浓度越大，它的凝固点越低,因此在0℃时,植物细胞液并没发生冰冻,使植物保持原先的生命活动,表现出一定的耐寒性。另外,细胞液的浓度越大,它的蒸气压越小,蒸发越慢,因此在温度较高时,植物仍能保持水分而表现出一定的抗旱性。

四、溶液的渗透压

溶质在溶剂中溶解,或两种浓度不同的溶液混合在一起时,一方面溶质粒子向溶剂中迁移,另一方面溶剂粒子也发生着类似的相反方向的迁移,当双向迁移达到平衡时,最终则形成浓度均匀的溶液。这种粒子自发地由高浓度向低浓度迁移的现象,称为扩散。如果在两种不同浓度溶液混合时,中间隔着半透膜,又会出现什么情况呢?

所谓半透膜,是一种具有选择性的膜,即选择性地只允许溶剂分子通过,不允许溶质分子通过。如动物的肠衣、膀胱膜、植物的细胞膜、人造羊皮纸、火胶棉等,都具有半透膜的性质。

如图1-3所示,在一个连通容器的两边,分别装入等体积的蔗糖溶液和纯水,中间用半透膜隔开。扩散开始前,连通容器两边液面在同一个高度。扩散开始后,因为只有水分子能够通过半透膜而扩散,蔗糖分子则不能通过半透膜,且蔗糖溶液中含有的水分子数比纯水的水分子少,因而表现为水分子不断地从纯水一边穿过半透膜,向蔗糖溶液方向扩散,从而导致蔗糖溶液一边的液面不断升高,纯水一边的液面不断降低。这种溶剂分子通过半透膜由纯溶剂扩散到溶液中(或由稀溶液渗入浓溶液中)的现象称为渗透。

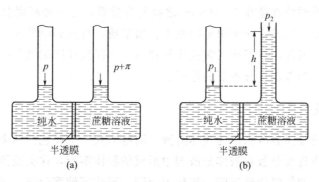

图1-3 渗透实验示意图

随着渗透作用的进行,蔗糖溶液液面与纯水液面之间的高度差引起的液柱压力使蔗糖溶液中的水分子向纯水一边扩散的速度逐渐加快,同时,纯水中的水分子穿过半透膜进入蔗糖溶液的速度则逐渐减慢。渗透进行到一定程度时,体系建立起一个动态平衡,这个平衡称为渗透平衡。渗透平衡时,容器内蔗糖溶液的液面不再上升,纯水液面也不再下降,这种维持半透膜两边蔗糖溶液与纯水之间渗透平衡的压力称为渗透压。渗透压的大小可用连通容器两边液面高度之差(h)来衡量,液面高度差所产生的压力即为该溶液的渗透压。

如果半透膜两边是浓度不同的两种溶液,同样存在渗透现象,直至两边溶液浓度相同达到渗透平衡。凡是溶液都有渗透压,不同浓度的溶液具有不同的渗透压。溶液的浓度越高,溶液的渗透压就越大,也称高渗溶液。相反,溶液的浓度越低,渗透压则越小,也称低渗溶液。渗透压相等的溶液称为等渗溶液。

荷兰物理学家范特霍夫1886年在总结前人实验的基础上指出,难挥发性非电解质稀溶液的渗透压 $\pi(kPa)$ 与溶液物质的量浓度 $c_B(mol/L)$ 和热力学温度 $T(K)$ 成正比,其数学表达式为：

$$\pi = c_B RT \tag{1-13}$$

式中，R 为气体常数，其数值为 $8.314 J/(K \cdot mol)$。可见，一定温度下，难挥发性非电解质稀溶液的渗透压只取决于单位体积溶液中所含溶质的物质的量，即溶质的颗粒数，而与溶质的本性无关。

动植物的细胞膜绝大部分具有半透膜的性能，因此渗透作用对于动植物的新陈代谢有着重大的意义。农作物的生长发育和土壤溶液的渗透压有关，当土壤溶液的渗透压低于细胞液的渗透压时，作物才能不断从土壤中吸收水分和养分，以保证作物的正常生长发育。反之，如果土壤溶液的渗透压高于农作物细胞液的渗透压，作物细胞内的水分就会向外渗透，导致作物细胞枯萎。同样，给农作物喷药或施肥时，浓度不能过高，否则会引起烧苗现象。临床上常用 0.9%（质量分数）的生理盐水和 5%（质量分数）的葡萄糖溶液来作为注射液进行静脉输液，目的就是保证注射液和血液是等渗溶液，否则，会引起血细胞因水分向外渗透而发生胞浆分离或血细胞因大量水分的渗透侵入而引起细胞胀破。海水鱼不能在淡水中存活，淡水鱼则不能生活在海水中，也是由于淡水和海水的渗透压不同，引起鱼体内细胞的膨胀或胞浆分离的缘故。

第三节 胶体溶液

胶体是指分散质颗粒直径在 $1 \sim 100 nm$ 之间的分散系，是一种高度分散的多相不均匀体系。胶体广泛存在于自然界，如土壤里的黏土、腐殖质，自然界中的云、雾、烟，生物体的很多组织都是胶体。因此，学习和了解胶体的知识，掌握胶体性质及其应用，对于工农业生产和进行科学研究，都有着十分重要的作用。

一、胶体溶液

分散剂为液体的胶体分散系称为胶体溶液，简称溶胶。主要包括两类：一类是由难溶于分散剂的固体分散质高度分散在液体分散剂中形成的胶体溶液，这类胶体分散质是由小分子或离子聚集形成的，如氢氧化铁溶胶、氯化银溶胶、硫化亚砷溶胶等；另一类则是由一些高分子化合物溶解在液体分散剂中形成的高分子溶液，这类胶体分散质是单个大分子，因单个分子的直径介于 $1 \sim 100 nm$ 之间，因而属于胶体分散系，如淀粉溶液、蛋白溶液、肥皂水等。

由于胶体分散系是高度分散的多相体系，相与相之间存在界面，习惯上称为表面。分散系的分散度常用比表面积来量度，所谓比表面积是指单位体积分散质的总表面积。如以 V 表示分散质的总体积，单位为 m^3，S 表示分散质的总表面积，单位为 m^2，则比表面积 S_0 为：

$$S_0 = \frac{S}{V}$$

如果分散质粒子是一个立方体，且其边长为 L，则体积为 L^3，总表面积为 $6L^2$，则其比表面积为：

$$S_0 = \frac{S}{V} = \frac{6L^2}{L^3} = \frac{6}{L}$$

可见，L 越小（即粒子越小），比表面积就越大，也就是分散度越大。例如，一个 1cm 的立方体，其总表面积 S 为 $6 \times 10^{-4} m^2$，比表面积 S_0 为 $6 \times 10^2 m^{-1}$。如果将其分成边长为 10^{-7}cm 的小立方体，则其总表面积 S 为 $6 \times 10^3 m^2$，比表面积 S_0 为 $6 \times 10^9 m^{-1}$。可见，表面积增加了 10^7 倍。胶体颗粒的直径在 $10^{-9} \sim 10^{-7}$m 之间，所以，胶体颗粒的比表面积很大，胶体溶液是分散度很高的体系，具有一些特殊的性质。

二、胶体的性质

胶体的许多性质，与其分散质高度分散和多相不均匀的特点有关，主要表现为以下几个方面。

（一）光学性质

若用一束强光照射胶体溶液，可以清晰地从侧面看到溶胶里有一条清晰的"光路"（图1-4），这是胶体粒子对入射光线散射的结果。这种现象称为丁达尔（Tyndall）现象。

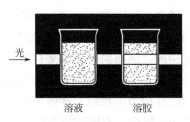

图 1-4　丁达尔现象

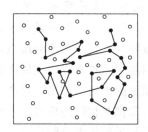

图 1-5　布朗运动

丁达尔效应的产生与介质粒子的大小和入射光的强度有关。当分散系中分散质颗粒直径小于入射光波长时，就能发生光的散射。胶体分散质颗粒的直径在 1~100nm 之间，小于可见光波长（400~760nm）。因此，当可见光通过溶胶时，散射现象十分明显，就形成了侧面看到的清晰"光路"。溶液中溶质分子或离子直径太小，散射现象微弱，因此观察不到丁达尔现象。粗分散系中，分散质颗粒直径太大，对光主要发生反射，因此，也观察不到丁达尔现象。所以丁达尔现象是胶体溶液特有的光学性质，可用以判别溶胶与其他分散系。

（二）动力学性质

在超显微镜下观察胶体溶液，可以看到胶体颗粒的光点不停地作无规则的运动（图1-5），这种运动称为布朗（Brown）运动。

产生布朗运动的原因，是由于胶体分散质颗粒受周围分散剂分子不断撞击的结果。分散质粒子在某一瞬间受到某一方向的撞击较大，而另一瞬间又受到另一方向的撞击较大，因而产生不断改变方向和速率的布朗运动。在溶液分散系中，由于溶质分子或离子颗粒很小，受分散剂分子撞击时，形成高速的热运动，观察不到布朗运动。而在粗分散系中，由于分散质颗粒较大，瞬间受到大量溶剂分子从各个方向的撞击，这些撞击或互相抵消，使撞击效果无法体现，或由于分散质颗粒质量较大，撞击产生的效果也不易觉察，同样也无法观察到布朗运动。

（三）电学性质

外加电场作用下，胶体颗粒在分散剂中作定向移动的现象，称为电泳。如图 1-6 所示，在 U 形电泳管中装入红色的 $Fe(OH)_3$ 溶胶，当插入电极并接通直流电源后，可以看到负极附近红色变深，溶胶界面上升，而正极附近红色变浅，溶胶界面下降。电泳实验现象表明，

Fe(OH)$_3$ 溶胶粒子带正电荷，在电场的作用下向负极移动，而导致负极附近红色变深。如果用金黄色 As$_2$S$_3$ 溶胶做同样的实验，通电后可以观察到正极附近溶胶的颜色变深，负极附近溶胶的颜色变浅，说明 As$_2$S$_3$ 胶体颗粒带负电荷。因此，通过电泳现象可判断胶粒的带电性。

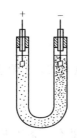

图 1-6 电泳现象

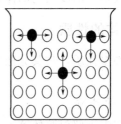

图 1-7 表面质点和内部质点受周围质点作用力情况

（四）胶体的表面吸附作用

组成物质的分子、原子或离子，称为物质的质点，这些质点之间通过相互作用力聚集在一起而形成物质。物质表面的质点，受周围质点作用力的情况与处在物质内部的质点不同。对于物质内部的质点来说，其周围被完全相同的质点所包围，因而同时受到来自周围各个方向且大小相等的作用力作用，这些力相互抵消，结果合力为零。处在物质表面的质点，由于在其周围并非都是相同的质点，因而受到来自各个方向的作用力不相同，这些作用力的结果是产生一个与界面相垂直的合力，即表面作用力，如图 1-7 所示。表面作用力的存在，使得物质表面的质点处在一种力不稳定状态。换句话说，即处在物质表面的质点比处在物质内部的质点能量要高，这种能量称为表面能。显然物质的表面积越大，处在表面的质点则越多，产生的表面作用力越大，物质的表面能也越大。

受物质表面作用力的影响，物质表面以外物相中的粒子聚集到物质表面上的作用，称为物质的表面吸附作用。同样，物质表面作用力越大，或物质的表面能越高，物质的表面吸附作用也越明显。尘封多日的屋子里，家具表面积聚的厚厚灰尘，就是家具表面作用力引起的表面吸附作用结果。

胶体分散系是高度分散的多相体系，其分散质颗粒的直径在 $10^{-9} \sim 10^{-7}$ m 之间，具有极大的表面积和表面能，所以胶体有较强的表面吸附作用。胶体在溶液中的吸附，可分为分子吸附和离子吸附两种情况。

所谓分子吸附，是吸附剂对溶液中非电解质或弱电解质整个分子的吸附作用。其吸附规律表现为：极性吸附剂容易吸附极性的溶质或溶剂分子，非极性吸附剂容易吸附非极性的溶质或溶剂分子。例如，活性炭对溶液脱色、除臭及在防毒面罩中用以清除毒性气体或去除溶液中杂质的作用就是分子吸附的具体体现。

离子吸附是吸附剂对溶液中强电解质的吸附作用，包括离子选择性吸附和离子交换吸附。离子选择性吸附是吸附剂优先选择吸附与自己组成相似的离子。例如，AgI 溶胶是由 AgNO$_3$ 和 KI 发生反应的方法来制备的，制备过程中，如果 KI 过量，则溶液中存在的离子中，I$^-$ 与 AgI 的组成最接近，因此 AgI 优先选择吸附 I$^-$，而使 AgI 胶粒带负电荷。如果制备过程中，AgNO$_3$ 过量，则 AgI 将优先选择吸附 Ag$^+$，而使 AgI 胶粒带正电荷。

离子交换吸附是吸附剂从溶液中吸附某种离子的同时，本身又将另一种带相同电荷的离子释放到溶液中去的过程。例如，农业生产中，给土壤施用铵态氮肥时，土壤胶粒吸附

NH_4^+ 的同时，释放出 K^+、Na^+、Ca^{2+} 等阳离子，即通过交换使得 NH_4^+ 被土壤胶粒蓄存起来，确保土壤吸收养分。值得注意的是，离子交换吸附是不完全的，是一个可逆的过程。

三、胶体的结构

溶胶的性质取决于其内部特殊的结构，根据大量的实验事实，斯特恩（Stern）提出了溶胶的扩散双电层结构。下面以 AgI 溶胶为例，说明溶胶的扩散双电层结构。

AgI 溶胶可用 $AgNO_3$ 和 KI 发生反应的方法来制备，首先 Ag^+ 与 I^- 反应生成 AgI 分子，大量的 AgI 分子聚集成直径为 1~100nm 的颗粒，组成 AgI 溶胶颗粒的核心，故而称为胶核。由于胶核颗粒很小，比表面积很大，因此具有较大的表面吸附作用力。这种表面吸附是离子选择性吸附，优先选择吸附溶液体系中与 AgI 组成相似的离子。如果制备时所用的 $AgNO_3$ 过量，胶核将优先选择吸附溶液中的 Ag^+ 而带上正电荷。反之，如果制备时 KI 过量，胶核则因选择吸附过量的 I^- 而带负电荷，这种使胶核因吸附作用而带上电性的离子称为电位离子。胶核吸附电位离子后成为带电粒子，通过静电作用吸引溶液中带相反电性的离子。溶液中与电位离子带相反电性的离子称为反离子，反离子分布在胶核周围，既有因胶核表面吸附的电位离子的静电引力靠近胶核表面的趋势，又有因其本身的热运动远离胶核表面的趋势。结果，一部分反离子受电位离子的静电引力作用被束缚在胶核表面，与电位离子一起形成吸附层。胶核与电位离子以静电引力作用结合的部分反离子组成的吸附层一起构成胶粒。在吸附层外面，另一部分反离子则松散地分布在胶粒周围形成扩散层。胶粒和扩散层一起称为胶团。由于电位离子所带的电荷数与吸附层和扩散层中反离子所带的电荷数相等且电性相反，因此，胶团是电中性的。

制备时，$AgNO_3$ 过量情况下制得的 AgI 溶胶结构可用下式表示：

$$\{(AgI)_m \cdot nAg^+ \cdot (n-x)NO_3^-\}^{x+} \cdot xNO_3^-$$

胶核　电位离子　反离子　　　反离子

胶核　　　吸附层　　　　扩散层

　　　　胶粒

　　　　　胶团

制备时，KI 过量情况下制得的 AgI 溶胶结构则用下式表示：

$$\{(AgI)_m \cdot nI^- \cdot (n-x)K^+\}^{x-} \cdot xK^+$$

胶核　电位离子　反离子　　反离子

胶核　　　吸附层　　　　扩散层

　　　　胶粒

　　　　胶团

类似地，As_2S_3、$Fe(OH)_3$ 溶胶的胶团结构可表示为：

$$\{[(As_2S_3)_m \cdot nHS^- \cdot (n-x)H^+]\}^{x-} \cdot xH^+$$

$$\{[Fe(OH)_3]_m \cdot nFeO^+ \cdot (n-x)Cl^-\}^{x+} \cdot xCl^-$$

四、溶胶的稳定性和聚沉作用

（一）溶胶的稳定性

溶胶的稳定性表现在两个方面：一是溶胶粒子虽然自身有一定的质量，但并不会因为重力的作用而发生沉降；二是虽然溶胶是一个高度分散的多相分散系，溶胶颗粒之间并不会因为较强的表面吸附作用而发生相互吸附聚沉。溶胶之所以稳定的原因主要有以下几个。

① 动力学稳定性。在溶胶分散系中，溶胶颗粒受周围分散剂分子的不断撞击而不停地作无规则运动，即布朗运动。布朗运动的结果，使溶胶颗粒克服了自身重力的作用带来的影响，因而并不会发生沉降，具有良好的稳定性。

② 聚结稳定性。从溶胶颗粒的特殊结构可以看到，胶粒因吸附电位离子而带上电性，一方面，带电粒子在溶液中都能跟水结合生成水合离子，使胶粒周围形成一层水化膜，在此水化层的保护下，胶粒就难以直接接触，从而阻止了胶粒之间的聚集；另一方面，由于同种胶粒带相同的电荷，相互排斥，因而很难凝聚在一起形成较大的颗粒而发生沉降。

（二）溶胶的聚沉作用

溶胶的稳定性是相对的，一旦其稳定的因素被削弱或消除，溶胶颗粒就会相互聚集在一起，形成较大的颗粒而沉降。这个过程，称为溶胶的聚沉。使溶胶发生聚沉的方法有很多，常见的方法如下。

① 加入电解质。在溶胶中加入少量电解质后，增加了溶液中离子的总浓度，胶粒把更多的带相反电荷的粒子吸引到吸附层内，使得扩散层变薄，并且中和了胶粒所带的电荷，因此，胶粒间的排斥力大为减少，胶粒相互碰撞时相互结合成大颗粒而聚沉。

电解质使溶胶发生聚沉起主要作用的是电解质电离产生的与胶粒带相反电性的离子，因此，离子的价态越高，起聚沉作用的能力越强。例如，$MgSO_4$ 对 $Fe(OH)_3$ 溶胶的聚沉能力要比 KCl 对 $Fe(OH)_3$ 溶胶的凝聚能力强，这是因为对 $Fe(OH)_3$ 溶胶起聚沉作用的是电解质电离产生的阴离子，SO_4^{2-} 比 Cl^- 的聚沉能力更强些。

② 加入带相反电荷的溶胶。将两种电性相反的溶胶混合时，因为溶胶颗粒电性的中和，导致溶胶颗粒之间的聚集而发生沉降。例如，明矾溶于水后，水解形成带正电荷的 $Al(OH)_3$ 溶胶，而天然水中悬浮的胶粒多是带负电荷的，两种胶粒的电性相互中和从而引起聚集沉淀，起到净化水的效果。

③ 加热。加热能使胶粒的运动速率加快，胶粒碰撞机会增多，同时破坏了胶粒四周的水化膜，另外也降低了胶核对电位离子吸附作用，减少了胶粒所带电荷，同样削弱或破坏了溶胶稳定的因素，导致溶胶的聚沉。

可见，几种方法中，虽然情况有所不同，但都起到削弱或破坏胶体稳定性原因的作用，导致溶胶颗粒之间发生聚集，因而引起溶胶的沉降。

五、高分子溶液

（一）高分子溶液的概念

相对分子质量在 1 万以上，甚至高达几百万的化合物溶解在溶剂中形成的溶液，称为高分子溶液。如蛋白质溶液、淀粉溶液等都属于高分子溶液。高分子化合物能自动地分散到适宜的分散剂中形成均匀、稳定的分散系。由于高分子较大，单个分子的直径在 $10^{-9} \sim 10^{-7}$ m 之间，因而具有特殊的性质。

（二）高分子溶液的特性

（1）稳定性 高分子溶液比溶胶稳定，在无菌、溶剂不蒸发的情况下，可以长期放置不沉淀。在稳定性方面它与真溶液相似。高分子溶液之所以稳定的原因是高分子化合物一般具有许多亲水基团，如—OH、—COOH、—NH$_2$ 等，当高分子化合物溶解在水中时，在其表面上牢固地吸引着许多分子形成一层水化膜。

（2）黏度大　高分子溶液的黏度比真溶液或溶胶大得多。这是因为高分子化合物具有线状或分枝状结构，加上高分子化合物高度溶剂化，故黏度较大。高分子溶液的黏度受许多因素的影响，如浓度、温度、时间等。

表 1-5 是高分子溶液和溶胶主要性质异同点的比较。可见，高分子溶液既表现与溶胶相类似的性质，也存在与溶胶不同的性质。

表 1-5　高分子溶液和溶胶主要性质比较

主要性质比较	高分子溶液	溶　胶
相似的性质	分散质颗粒直径 $10^{-9} \sim 10^{-7}$ m 扩散速度慢 不能透过半透膜	
不同的性质	分散质是单个的高分子，与分散剂之间无界面，是均相体系	分散质是许多小分子、原子或离子的聚集体，与分散剂之间有界面，是非均相体系
	丁达尔现象微弱	丁达尔现象明显
	对电解质不敏感，加入大量电解质才聚沉	对电解质敏感，加入少量即发生聚沉
	黏度大	黏度小

本章要点

一、分散系的概念和类型

一种或多种物质分散在另一种物质中形成的混合物体系，称为分散系。按分散质颗粒的大小将分散剂是液体的液态分散系分为三类：分子（或离子）分散系、胶体分散系和粗分散系。

二、溶液浓度的表示方法和计算

一定质量或一定体积的溶液中所含溶质的量称为溶液的浓度。溶液浓度的常用表示方法有：物质的量浓度、质量浓度、质量分数、质量摩尔浓度、摩尔分数、体积分数和质量体积浓度等。

三、稀溶液的依数性

与溶液溶质的性质无关，仅取决于溶液中溶质颗粒的多少的性质，称为稀溶液的依数性，如溶液的蒸气压、凝固点、沸点、渗透压等。稀溶液具有一定的渗透压，与纯溶剂相比，蒸气压下降，沸点升高，凝固点降低。

四、溶胶结构及其性质

分散质颗粒直径在 1～100nm 之间的分散系，称为胶体，是一种高度分散的多相不均匀体系。分散剂是液体的胶体，也称溶胶，溶胶具有特殊的双电层结构，呈现一定的特殊性，如丁达尔现象、布朗运动、电泳现象、表面吸附作用和一定的稳定性等。

习　题

1. 如何用质量分数为 60% 的酒精和 90% 的酒精配制 1500g 75% 的酒精？
2. 计算下列实验室常用试剂的物质的量浓度和摩尔分数：
（1）浓盐酸，含 HCl 37%（质量分数，下同），密度为 1.19g/mL；

(2) 浓硫酸，含 H_2SO_4 98%，密度为 1.84g/mL；

(3) 浓硝酸，含 HNO_3 70%，密度为 1.42g/mL；

(4) 浓氨水，含 NH_3 28%，密度为 0.90g/mL。

3. 将 5g NaCl 溶于 495g 水中，配成 NaCl 溶液的密度为 1.02g/mL。求溶液的质量摩尔浓度、物质的量浓度、摩尔分数各是多少？

4. 101mg 胰岛素溶于 10.0mL 水，该溶液在 25℃ 时的渗透压为 4.34kPa，求：

(1) 胰岛素的摩尔质量；

(2) 溶液的蒸气压下降 Δp（已知在 25℃ 时水的饱和蒸气压为 3.17kPa）。

5. 医学上用的葡萄糖注射液是血液的等渗溶液，测得凝固点下降值为 0.54K，求血液在 310K 时的渗透压是多少？

6. 为制备带负电荷的 AgI 负溶胶，应向 25mL 0.016mol/L 的 KI 溶液中加入多少毫升 0.005mol/L 的 $AgNO_3$ 溶液？

7. 将 12mL 0.01mol/L 的 KCl 溶液和 100mL 0.005mol/L 的 $AgNO_3$ 溶液混合以制备 AgCl 溶胶，则该溶胶在电场中向何极移动？写出胶团结构式。

8. 混合等体积的 0.010mol/L 的 $BaCl_2$ 溶液和 0.008mol/L 的 H_2SO_4 溶液所制得的 $BaSO_4$ 溶胶，当加入 KCl、$MgCl_2$、$K_3[Fe(CN)_6]$ 时，哪一种电解质对此溶胶的聚沉能力最大？哪一种最小？

9. 等压下加热，下列溶液最先沸腾的是（　　）。

A. 5% $C_6H_{12}O_6$ 溶液　　　　　　　　B. 5% $C_{12}H_{22}O_{11}$ 溶液

C. 5%（NH_4）$_2CO_3$ 溶液　　　　　　D. 5% $C_3H_8O_3$ 溶液

10. 当 1mol 难挥发性非电解质溶于 3mol 溶剂时，溶液的蒸气压与纯溶剂的蒸气压之比是（　　）。

A. 1∶4　　　　B. 3∶4　　　　C. 1∶3　　　　D. 4∶3

11. 在温度为 374K 时沸腾的水的压力应为（　　）。

A. 101.325kPa　　　　　　　　　　B. 10kPa

C. 略高于 101.325kPa　　　　　　　D. 略低于 101.325kPa

12. 胶体溶液中，决定溶胶电性的物质是（　　）。

A. 胶团　　　　B. 电位离子　　　　C. 反离子　　　　D. 胶粒

13. 溶胶具有聚结不稳定性，但经纯化后的 Fe(OH)$_3$ 溶胶可以存放数年而不聚沉，其原因是（　　）。

A. 胶体的布朗运动　　　　　　　　B. 胶体的丁达尔效应

C. 胶团有溶剂化膜　　　　　　　　D. 胶粒带电和胶团有溶剂化膜

14. 1mol H 所表示的基本单元是_____，1 mol H_2SO_4、1 mol $\frac{1}{2}H_2SO_4$ 所表示的基本单元分别是_____、_____。

15. 稀溶液的依数性包括_____、_____、_____、_____。

16. 丁达尔效应能够证明溶胶具有_____性质，其动力学性质可以由_____实验证明，电泳和电渗实验证明溶胶具有_____性质。

17. 常压下，海水的沸点_____100℃。（填"<"、"="或">"）

18. 人类不能饮用海水，吃冰激凌不如喝清水消渴，以及海生动物不能在淡水中生存等现象都是与溶液的依数性之一的_____密切相关的。

19. 在寒冷的冬天施工时，常在混凝土中添加外加剂如 $CaCl_2$、NaCl 防冻，所依据的化学原理为_____。

20. 举例说明渗透作用对动、植物生理现象的影响。

知识链接　溶液标签的书写内容及格式

标签格式示例如下：

溶液名称：重铬酸钾标准滴定溶液
浓度：$c(1/6\ K_2Cr_2O_7)=0.6022\text{mol}/L$
介质：水
配制温度：25℃
配制日期：20××-××-××
校核周期：半年
配制者：×××，×××
瓶编号：1#

从上述溶液标签示例中可以看出，用物质的量浓度表示浓度的溶液的标签的书写内容包括以下几项：配制、标定、校验及稀释等都要有详细的记录，且与检测原始记录一样要求。标签内容应包括：溶液名称，浓度类型，浓度值，介质，配制日期，配制温度（指配制时实验室室温），校核周期（或有效期），配制者和配制的同一溶液的瓶编号，注意事项及其他需要注明事项等。介质是水时，可不必标出，介质是其他物质时应予标明。

第二章　化学反应速率和化学平衡

📖 知识目标

了解并掌握化学反应速率的概念、表示方法及反应速率等式，理解浓度、温度和催化剂等因素对化学反应速率影响的原理。能理解化学平衡状态的建立过程，认识化学平衡状态的特征，并能初步判断化学反应是否处于平衡状态。掌握化学平衡移动的规律，理解温度、浓度和压强等因素对化学平衡的影响。

📖 能力目标

熟练掌握并能正确应用化学反应速率的表示方法，能初步运用有效碰撞、活化分子和活化能等概念解释浓度、温度和催化剂等对化学反应速率的影响。能运用浓度、温度和催化剂等因素来达到改变化学反应速率大小的目的。能运用化学平衡的原理熟练进行有关平衡常数和反应转化率方面的计算。能将化学平衡的理论转化为实际生活中的应用，并通过对反应变化规律本质的认识，掌握分析、推理、归纳、总结的能力。

化学反应对于生产实践或科学研究的作用，必须重视两个内容：一是化学反应进行的快慢及影响反应快慢的因素，即反应速率问题；二是反应进行的程度及影响反应进行程度的外界因素，即化学平衡问题。化学反应的动力学和热力学含义。本章主要讨论一定条件下化学反应进行的快慢、反应能够进行的程度，以及外界因素（温度、浓度、压强和催化剂等）的改变对化学反应速率和化学平衡的影响。

第一节　化学反应速率

物质发生化学变化的本质是发生了化学反应，比如酸碱的中和，化肥的失效，物质的燃烧，食物的变质及钟乳石的形成等。可见，有些反应瞬间就能完成，如酸碱中和；有些反应则需要很长时间才能完成，如钟乳石的形成。那么，为什么反应会有快慢呢？化学反应的速率用什么方法可以表达呢？

一、反应速率的表示方法

一定条件下，反应物发生反应转化为生成物的快慢，称为化学反应速率。因此，用单位时间内反应物浓度的减少或生成物浓度的增加来表示化学反应的速率。由于物质浓度的单位常用 mol/L 表示，时间单位根据反应进行的快慢一般用秒(s)、分(min) 或小时(h) 表示，所以化学反应速率的单位是 mol/(L·s)、mol/(L·min) 或 mol/(L·h) 等。

例如，一定条件下，用 N_2 和 H_2 合成 NH_3，其反应式为：

$$N_2(g) + 3H_2(g) \rightleftharpoons 2NH_3(g)$$

若反应开始时（$t=0s$），N_2 的浓度为 2mol/L，2s 后（$t'=2s$），N_2 的浓度为 1.6mol/L，则在 2s 内，该反应的平均速率为 $(2-1.6)\div 2=0.2mol/(L\cdot s)$。可见，单位时间内化学反应平均速率的计算公式可表达为：

$$\bar{v}=\left|\frac{c'-c}{t'-t}\right| \tag{2-1}$$

然而，N_2 和 H_2 合成 NH_3 的反应体系中，反应物除了 N_2 还有 H_2，另外还有生成物 NH_3。那么，用反应体系内其他物质的浓度变化来表示反应速率的结果时，情况又是怎样的呢？

从 N_2 和 H_2 合成 NH_3 的反应方程式中可以看到，在消耗 1mol N_2 的同时消耗了 3mol H_2，反应生成 2mol 的 NH_3。因此若以 H_2 浓度的减少来表示该反应的速率，则该反应的速率为 $0.6mol/(L\cdot s)$；若以 NH_3 浓度的增加来表示该反应的速率，则该反应的速率为 $0.4mol/(L\cdot s)$。由此可见，同一反应的反应速率，用不同物质在单位时间内的浓度改变来表示时，得到的数值是不同的。但是，同一反应体系内的各种物质之间存在一定的量比关系，其数值比等于方程式中各物质的系数比。如上述合成 NH_3 的反应中，分别以 N_2、H_2 和 NH_3 表示反应速率时的数值之比为 1∶3∶2。为了使得不同物质表示同一反应速率时得到相同的数值，有时也可将各个物质表达的反应速率数值除以该物质在反应式中的系数来表达。

化学反应实际进行过程中，反应物浓度的减少或生成物浓度的增加在不同时刻都不相同。即反应过程中，一个反应的速率不是固定不变的。因此单位时间物质浓度的改变所表示的只是该反应在单位时间内的平均速率，为了了解反应进行的实际情况，生产中常常采用反应瞬时速率和平均速率两种方法来表达。所谓瞬时速率是指某一时刻的反应速率，即反应平均速率的极限值，用符号"v"表示。

二、化学反应速率理论

为什么不同反应的反应速率有快有慢呢？为解释这个问题，首先必须了解化学反应的本质。

（一）碰撞理论简介

1918 年，美国科学家路易斯（Lewis）在气体分子运动论的基础上，提出了化学反应速率的碰撞理论。碰撞理论认为：反应物分子之间的相互碰撞是反应进行的必要条件，没有反应物分子之间的碰撞就不可能发生化学反应。分子之间碰撞的次数越多，发生反应的可能性就越大，即反应速率就可能越快。另外，不是每次碰撞都导致分子之间发生反应。事实证明，在反应物分子之间大量的碰撞过程中，只有极少次数碰撞才引起反应的发生，即所谓的有效碰撞。只有有效碰撞的次数越多，反应的速率才越快。

碰撞理论认为：只有具有较高能量的分子相互碰撞，才能表现出比一般分子之间更为强烈的碰撞。分子之间的强烈碰撞才足以破坏原先分子内的化学键，促使反应有效发生。这种具有较高能量的分子，称为活化分子。活化分子具有的最低能量 E' 与反应物分子的平均能量 $E_平$ 之差，称为反应的活化能 E_0。图 2-1 中阴影部分的面积为活化分子的总数，不同反应中

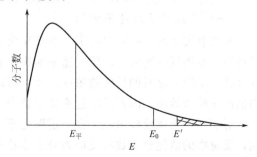

图 2-1 反应物分子能量分布示意图

活化分子的数量并不相同，反应的活化能越小，活化分子的数目越多，反应速率就越快；反之，活化能越大，活化分子的数目越少，反应速率就越慢。

（二）过渡状态理论简介

美国科学家艾林（H. Eyrimg）在总结碰撞理论的基础上，应用近代量子力学和统计力学的方法，于1935年提出了化学反应速率的过渡状态理论。过渡状态理论认为：化学反应不是通过反应物分子之间的简单碰撞就能完成，在反应物转化为生成物的过程中，先经过一个过渡状态，即反应物分子形成活化配合物的中间体。例如，对于物质A与物质BC的反应，反应过程中首先形成一个活化配合物[A⋯B⋯C]中间体，即反应的过渡状态。下式表示活化配合物中间体的形成：

$$A + B-C \longrightarrow [A \cdots B \cdots C] \longrightarrow A-B + C$$
$$\text{活化配合物}$$

形成的活化配合物，其能量比反应物或产物的平均能量都要高，处于不稳定的状态。因此，活化配合物会迅速分解成产物或反应物。图2-2表示物质A与物质BC反应过程中物质势能的变化情况，其中，A、B、C三点分别为反应物、活化中间体（过渡状态）、生成物的平均势能。可见，活化配合物[A⋯B⋯C]过渡状态的平均势能比反应物和生成物的平均势能都要高，形成了一个活化配合物的势能能峰。图2-2中活化配合物的平均势能与反应物平均势能之差E_a称为正反应的活化能，活化配合物的平均势能与生成物平均势能之差E_a'称为逆反应的活化能。能峰越高，活化能越大，反应速率就越慢。

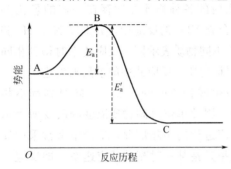

图2-2 反应过程中物质势能示意图

根据过渡状态理论，不同的化学反应因为参加反应的反应物分子及分子内化学键不同，因而具有不同的活化能，反应速率自然就有了快慢。有些反应物分子自身势能较大，反应的活化能较低，所以反应速率较快；有些反应物分子结构较稳定，分子自身的能量较低，反应的活化能较高，因而反应速率较慢。

过渡状态理论在分析化学反应速率时，考虑了反应物分子结构的影响，而碰撞理论则完全忽略了反应物分子自身对化学反应速率的影响。因此，过渡状态理论更具有说服力。

三、影响化学反应速率的外界因素

影响化学反应速率的外界因素主要包括反应物浓度、反应时的温度和催化剂等。

（一）浓度对反应速率的影响

实验事实证明，一定温度下，改变反应物的浓度，对化学反应速率有一定的影响。通常表现为：增加反应物浓度，反应速率加快；减小反应物浓度，则反应速率减慢。对于某一反应来说，反应开始时的反应物浓度最大，所以，反应速率最快。随着反应的不断进行，反应物的浓度越来越小，因而反应速率越来越慢。

对于某一具体反应来说，在一定温度下，反应物分子中活化分子的百分数是一定的，因此，反应物的活化分子数与反应物分子总数成正比。所以，反应物浓度越大，单位体积内活化分子的数量越多，反应速率就越快；反之，反应物浓度越小，单位体积内活化分子的数量越少，反应速率则减慢。

1. 基元反应和非基元反应

化学反应从反应物到最终的生成物所经历的整个过程称为反应历程。除了少数反应外，绝大多数的反应都不是一步即能完成，需要分步进行。反应历程简单，一步即能完成的反应，称为基元反应，如下列反应：

$$2NO_2 \longrightarrow 2NO + O_2$$

$$CO + NO_2 \longrightarrow NO + CO_2$$

$$SO_2Cl_2 \longrightarrow SO_2 + Cl_2$$

反应历程复杂，从反应物到生成物需要经过中间过程逐步才能完成的反应，称为非基元反应，如下列反应：

$$2HIO_3 + 5H_2SO_3 \longrightarrow 5H_2SO_4 + H_2O + I_2$$

其反应历程为：

$$HIO_3 + H_2SO_3 \longrightarrow H_2SO_4 + HIO_2 \tag{1}$$

$$HIO_2 + 2H_2SO_3 \longrightarrow 2H_2SO_4 + HI \tag{2}$$

$$HIO_3 + 5HI \longrightarrow 3H_2O + 3I_2 \tag{3}$$

可见，整个反应经历了三个中间步骤，每个中间步骤都可看成一个基元反应，因此，整个反应可看成是三个基元反应组合的结果，故属于非基元反应。

2. 质量作用定律

1864 年，挪威化学家古尔德堡（G. M. Guldberg）和瓦格（P. Waage）在大量实验的基础上，总结了基元反应的反应速率和反应物浓度之间的定量关系：一定温度下，基元反应的反应速率与反应物浓度幂的乘积成正比，这个定律称为质量作用定律。例如，对于下列基元反应：

$$aA + bB \longrightarrow cC + dD$$

质量作用定律数学表达式为：

$$v = kc_A^a c_B^b \tag{2-2}$$

式中，k 为化学反应速率常数，其数值与反应物浓度无关，但与温度或催化剂有关。一定温度下，基元反应 $CO + NO_2 \longrightarrow NO + CO_2$ 的速率与反应物浓度之间的关系表达为：$v = kc_{CO}c_{NO_2}$；基元反应 $2NO_2 \longrightarrow 2NO + O_2$ 的速率方程式则为：$v = kc_{NO_2}^2$。

需要注意的是以下几项。

（1）质量作用定律只适用于基元反应，不适用于非基元反应。

（2）速率常数 k 是温度的函数，随温度和催化剂的改变而改变。但与反应物浓度的改变无关，即一定的温度和催化剂下，k 值不变。

（3）多相反应中，固体反应物浓度看成不变，作为常数合并至速率常数中，因此在质量作用定律等式中不出现。如反应 $CaCO_3(s) + 2HCl(l) \longrightarrow CaCl_2(l) + CO_2(g) + H_2O(l)$ 的速率方程式为：$v = kc_{HCl}^2$。

（二）温度对化学反应速率的影响

温度对化学反应速率的影响比较明显，在实验室里，通过加热来加快化学反应是人们最常用的手段之一。

从碰撞理论的角度分析，温度的升高加快了反应物分子无规则运动的速度，在反应空间不变的情况下，单位时间内反应物分子之间碰撞的概率得到了增加，同理，有效碰撞次数也随着增加了。有效碰撞次数增加了，反应速率自然就得到了加快。然而，根据气体分子运动论的计算，温度每升高10℃，分子之间碰撞的概率仅增加约2%，有效碰撞次数的增加就更少了，而实际增加的反应速率倍数却一般达到2~4倍，远远超过了2%。显然，温度升高导致反应物分子之间有效碰撞次数的增加并不是加快反应速率的主要因素。

那么，温度的升高，到底为什么会加快反应速率呢？

越来越多的科学家认为，温度的升高，主要是导致一些本来能量不太高的分子通过对热能的吸收，分子自身的能量得以提高，当这些分子的自身能量超过活化能时即转化为活化分子。换句话说，温度的升高导致活化分子的数量明显增加。活化分子多了，反应的速率自然就加快了。只有当反应物分子中活化分子的比例得到较大提高，反应速率才会有明显的加快，因此，温度提高增加了反应物分子中活化分子的数量，才是反应速率加快的主要原因。

1889年，瑞典物理学家、化学家阿仑尼乌斯（S. A. Arrhenius）在总结了大量实验事实的基础上，得到了速率常数与温度的定量关系式：

$$k = Ae^{-E_a/RT} \tag{2-3}$$

式中，k 是反应速率常数；E_a 是反应的活化能，kJ/mol；A 是常数，称为"频率因子"或"前指因子"；R 为气体常数，其数值为8.314J/(K·mol)；T 为热力学温度，K。可见，速率常数 k 与热力学温度 T 成指数关系，温度 T 的微小变化将导致 k 值的较大变化，当活化能 E_a 较大时，k 值的变化更为明显。上式也可写成：

$$\ln k = -\frac{E_a}{RT} + \ln A \tag{2-4}$$

对于给定的化学反应，在一定温度范围内，活化能 E_a 和频率因子 A 均可视为固定值。因此，$\ln k$ 与 T^{-1} 为直线关系。

设温度为 T_1、T_2 时的反应速率常数为 k_1、k_2，则有下式存在：

$$\ln \frac{k_2}{k_1} = \frac{E_a}{R} \left(\frac{1}{T_1} - \frac{1}{T_2} \right) \tag{2-5}$$

【例2-1】 已知反应 $C_2H_5Cl(g) \longrightarrow C_2H_4(g) + HCl(g)$ 的活化能 $E_a = 246.6$ kJ/mol，700K时的速率常数为 6.0×10^{-5} L/(mol·s)，求710K时的速率常数及反应速率增加的倍数？

解：根据下式：

$$\ln \frac{k_2}{k_1} = \frac{E_a}{R} \left(\frac{1}{T_1} - \frac{1}{T_2} \right)$$

将有关数据代入上式，得：

$$\ln \frac{k_2}{6.0 \times 10^{-5}} = \frac{246.6 \times 10^3}{8.314} \left(\frac{1}{700} - \frac{1}{710} \right)$$

$$k_2 = 1.1 \times 10^{-4} \text{ L/(mol·s)}$$

$$k_2/k_1 = 1.8$$

答：710K时的速率常数为 1.1×10^{-4} L/(mol·s)，温度为710K时的速率常数是温度为700K时的速率常数的1.8倍。

根据大量的实验结果，范特霍夫（van't Hoff）总结出了一个经验结论：温度每升高10K，反应速率一般可增加2~4倍。

（三）催化剂对反应速率的影响

能改变化学反应速率而自身的质量、组成和化学性质在反应前后均不发生改变的物质，称为催化剂。催化剂改变化学反应速率的作用称为催化作用。能加快反应速率的催化作用称为正催化；能减慢反应速率的催化作用称为负催化，或称抑制作用。

催化剂对反应速率的影响，是通过改变反应历程、有效降低反应的活化能起作用的，故催化剂对反应速率的影响效果极大。图 2-3 为合成氨反应中，铁催化剂的催化机理示意图，可见，在合成氨反应中，铁催化剂的使用使反应的历程发生了改变。

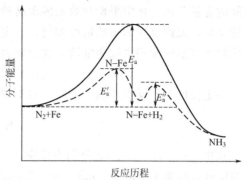

图 2-3　催化剂对反应速率的影响机理

图 2-3 中虚线表示铁催化剂的使用，反应分两步完成：

$$N_2 + 2Fe \longrightarrow 2N-Fe$$
$$2N-Fe + 3H_2 \longrightarrow 2NH_3 + 2Fe$$

而且，无论是第一步反应还是第二步反应，其活化能都比不用催化剂时小了很多。活化能小了，活化分子的数目得到了有效的增加，因而大大加快了化学反应的速率。同时，由于在反应过程中，催化剂的使用对正反应活化能的降低数值与对逆反应活化能的降低数值是相同的，所以催化剂只是起到了改变反应完成时间的作用。另外，催化剂在反应中起到的仅仅是改变反应历程的作用，反应结束时，又重新生成了出来。所以反应前后，其自身的质量、组成和化学性质并没有发生改变。

第二节　化学平衡

一、可逆反应与化学平衡

除了少数反应可以进行完全，大多数反应的进行程度并不彻底，是因为在反应进行的同时，相反方向的反应也在进行。比如，合成氨反应 $N_2 + 3H_2 \rightleftharpoons 2NH_3$，在氮气和氢气反应生成氨气（正方向）的同时，其相反方向的反应，即氨气分解为氮气和氢气的反应（反方向）也在不断进行。

这种在完全相同的条件下，同时向正、反两个方向进行的反应，称为可逆反应。通常把正方向进行的反应称为正反应，反方向进行的反应称为逆反应。

对于任何一个可逆反应来说，表现为反应刚开始时，正反应速率 $v_正$ 较快，逆反应速率 $v_逆$ 较慢。这是因为反应开始时，反应物浓度较高，而生成物浓度较小。随着反应过程的不断进行，反应物浓度逐渐降低，生成物浓度则逐渐升高，因此，表现为正反应速率逐渐减慢，逆反应速率则逐渐加快。最终，当反应进行到一定程度时，出现正反应速率与逆反应速率相等，表现为反应物浓度不再减少，生成物浓度也不再增加。可见，可逆反应进行到一定程度时，都会出现一个反应进行的最大限度。

可逆反应的正反应方向速率与逆反应方向速率相等的状态，称为化学平衡状态。可见，化学平衡的主要特征是：$v_正 = v_逆 \neq 0$。

二、化学平衡常数

为了定量研究化学反应的进行程度，需要得出反应达到平衡状态时，体系内各有关组分之间的等量关系。化学平衡常数是体现这种等量关系的标志。大量实验事实表明，任何一个可逆反应，无论反应的起始情况如何，一定温度下反应达到平衡时，生成物浓度幂的乘积与反应物浓度幂的乘积之比为常数，这个常数称为化学平衡常数。例如，对于下列反应：

$$aA + bB \rightleftharpoons dD + eE$$

一定温度下，反应达到平衡时，有下列等式存在：

$$K_c = \frac{c_D^d c_E^e}{c_A^a c_B^b}$$

式中，c_A、c_B、c_D、c_E 分别为反应在一定温度下达到平衡时反应物 A、B 和生成物 D、E 的浓度，称为平衡浓度，mol/dm^3 或 mol/L；K_c 为该温度下反应的浓度平衡常数，简称平衡常数。

如果化学反应发生在气相体系，其化学平衡常数除了可以用浓度平衡常数表示外，还可以用平衡时各气相物质的分压关系，即压力平衡常数来表示。例如，对于下列反应：

$$aA(g) + bB(g) \rightleftharpoons dD(g) + eE(g)$$

一定温度下，反应达到平衡时，有下列等量关系：

$$K_p = \frac{p_D^d p_E^e}{p_A^a p_B^b}$$

式中，p_A、p_B、p_D、p_E 分别为一定温度下反应达到平衡时 A、B、D、E 四种气体的分压，Pa 或 kPa；K_p 为压力平衡常数。

化学平衡常数是化学反应限度的数值标志，一定温度下，不同的化学平衡各有其特定的平衡常数值。一定温度下，平衡常数 K 数值越大，说明正反应进行的程度越高，或者说正反应越完全。平衡常数 K 数值极小，说明正反应在该条件下几乎无法进行。

应该注意的是，化学平衡常数值与温度和反应式的书写形式有关，与反应体系内反应物浓度无关。书写化学平衡常数表达式必须注意以下问题。

(1) 一定温度下，对于同一反应的化学平衡常数表达式和平衡常数的数值取决于反应方程式的书写形式，因此，要注意反应方程式不同书写形式时的平衡常数。例如以下几种。

合成氨反应方程式表达为 $N_2(g) + 3H_2(g) \rightleftharpoons 2NH_3(g)$ 时，平衡常数表达式为：

$$K_c = \frac{c_{NH_3}^2}{c_{N_2} c_{H_2}^3}$$

合成氨反应方程式表达为 $1/2 N_2(g) + 3/2 H_2(g) \rightleftharpoons 2NH_3(g)$ 时，平衡常数表达式则为：

$$K_c' = \frac{c_{NH_3}}{c_{N_2}^{1/2} c_{H_2}^{3/2}}$$

对于反应 $2NH_3(g) \rightleftharpoons N_2(g) + 3H_2(g)$ 来说，则其平衡常数表达式为：

$$K_c'' = \frac{c_{N_2} c_{H_2}^3}{c_{NH_3}^2} = \frac{1}{K_c}$$

(2) 有固体或液体参加的反应，固体或液体的浓度不必写入平衡常数表达式。例如，下列反应 $C(s) + O_2(g) \rightleftharpoons CO_2(g)$ 的平衡常数表达式为：

$$K_c = \frac{c_{CO_2}}{c_{O_2}}$$

(3) 稀溶液中进行的反应，如反应中有水参与，水的浓度看成不变，是一常数，同样不必写入平衡常数表达式。

（4）若某个反应是两个或几个反应的总结果，则该反应的平衡常数等于各分步反应的平衡常数的乘积。

三、化学平衡的移动

化学平衡的主要特点是正反应速率与逆反应速率相等，因而是相对的、有条件的动态平衡。一旦外界条件的改变，影响了正反应速率或逆反应速率，结果正、反两个方向的反应速率不再相等，那么，原有的化学平衡将因此而受到破坏。破坏的结果是反应继续向着反应速率大的方向进行，直至建立新的平衡，即化学平衡发生了移动。这种在外界条件改变下，可逆反应从原先的平衡状态向新的平衡状态转变的过程，称为化学平衡的移动。

引起化学平衡移动的外界因素包括浓度、压强和温度等。

（一）浓度对化学平衡的影响

一定温度下，可逆反应达到平衡状态时，增加反应物浓度或减少生成物浓度，平衡向正反应方向移动。反之，减少反应物浓度或增加生成物浓度，平衡则向逆反应方向移动。

【例 2-2】 温度为 830℃时，$CO(g) + H_2O(g) \rightleftharpoons H_2(g) + CO_2(g)$ 的 $K_c = 1.0$。若起始浓度 $c(CO) = 2\,mol/L$，$c(H_2O) = 3\,mol/L$。问 CO 转化为 CO_2 的百分率为多少？若向上述平衡体系中加入 3.2mol/L 的 $H_2O(g)$。再次达到平衡时，CO 转化率为多少？

解： 设平衡时，$c(H_2) = x\,mol/L$

$$CO(g) + H_2O(g) \rightleftharpoons H_2(g) + CO_2(g)$$

初始浓度(mol/L)　2　　　　3　　　　0　　　　0

平衡浓度(mol/L)　$2-x$　　$3-x$　　x　　x

根据平衡常数公式，解得：

$$x = 1.2\,mol/L$$

所以 CO 的转化率为：

$$(1.2/2) \times 100\% = 60\%$$

设第二次平衡时，$c(H_2) = y\,mol/L$

$$CO(g) + H_2O(g) \rightleftharpoons H_2(g) + CO_2(g)$$

初始浓度(mol/L)　2　　　　6.2　　　　0　　　　0

平衡浓度(mol/L)　$2-y$　　$6.2-y$　　y　　y

$$\frac{y^2}{(2-y)(6.2-y)} = 1.00$$

解得

$$y = 1.512\,mol/L$$

所以 CO 的转化率为：

$$(1.512/2) \times 100\% = 75.6\%$$

答： 第一次 CO 转化为 CO_2 的百分率为 60%，向平衡体系中继续加入 3.2mol/L 的 $H_2O(g)$ 后再次达到平衡后，CO 转化率为 75.6%。

以上实例说明，增加反应物 H_2O 的浓度，CO 转化率得到了提高，即反应平衡向生成 CO_2 的方向（正方向）发生了移动。

（二）压力对化学平衡的影响

气体的体积随压力的变化有很大的改变，压强增大则气体体积减小，单位体积内气体的分子数目得到了增加,或者说气体物质的密度增大了,故反应速率得到加快,单位体积内,气体分子的数量越多,受压力改变的影响就越大。反之,压强减小,气体分子数则减少。因此,对于有气体参加或生成气体的反应,一定温度下,反应达到平衡后,如果改变反应体系的压力,化学平衡向气体分子数减少的方向移动。例如,对于如下反应来说:

$$C(s)+O_2(g) \rightleftharpoons CO_2(g) \tag{1}$$

$$N_2O_4(g) \rightleftharpoons 2NO_2(g) \tag{2}$$

$$N_2(g)+3H_2(g) \rightleftharpoons 2NH_3(g) \tag{3}$$

$$AgNO_3(l)+KI(l) \longrightarrow KNO_3(l)+AgI(s) \tag{4}$$

反应(4)中没有气体物质参与,因此,压力的改变对化学平衡无影响;反应(1)中虽然有气体物质参与反应,但反应前后气体分子的数量没有改变,故压力的改变对化学平衡也无影响;反应(2)和反应(3)中不但有气体物质参与,而且反应前后气体分子数发生了改变,因此,压力的改变导致化学平衡发生移动。反应(2)中,生成物二氧化氮气体分子数大于反应物四氧化二氮,压力增大,平衡向逆反应方向移动;反应(3)中,生成物氨气分子的数目少于反应物氮气、氢气的数目,所以,压力增加,平衡向正方向移动。

(三)温度对化学平衡的影响

化学反应过程中,往往伴随着吸热或放热的现象,反应中需要吸收热量的反应称为吸热反应,而放出热量的反应则称为放热反应。如果一个可逆反应的正反应是吸热反应,那么,其逆反应则是放热反应,反之亦然。

温度改变对化学平衡的影响表现为:升高温度,平衡向吸热反应方向移动;降低温度,平衡则向放热反应方向移动。值得注意的是,温度对化学平衡的影响与浓度、压力对化学平衡的影响有着本质的区别,温度的改变,导致了化学平衡常数数值的改变,而浓度、压力的改变,只是使反应的平衡点发生改变。因此,对于一个无吸热或放热现象的反应来说,温度的改变虽然没有导致化学平衡发生移动,但大大改变了化学平衡到达的时间。

纵观浓度、压强、温度等外界因素对化学平衡的影响,可以发现以下关于化学平衡移动的普遍规律:一定条件下,当可逆反应达到平衡时,若改变平衡所处的外界条件,平衡将发生移动,平衡的移动方向是削弱或消除该外界条件的改变对平衡带来影响的方向,即向着削弱或消除影响的方向移动。这一规律称为吕·查德里(Le Chatelier)原理。

四、有关化学平衡的计算

(一)由平衡浓度计算平衡常数

【例2-3】 某温度下,反应 $N_2(g)+3H_2(g) \rightleftharpoons 2NH_3(g)$ 达到平衡时,$N_2(g)$、$H_2(g)$、$NH_3(g)$ 的浓度分别为 2mol/L、2mol/L、4mol/L,求该温度下,反应的平衡常数。

解: $\qquad N_2(g)+3H_2(g) \rightleftharpoons 2NH_3(g)$

平衡浓度(mol/L)   2   2   4

根据平衡常数等式:

$$K_c = \frac{c_{NH_3}^2}{c_{N_2} c_{H_2}^3}$$

将平衡浓度代入上式,得:

$$K_c = 1 mol^2/L^2$$

答：该温度下，反应的平衡常数为 $0.01\text{mol}^2/\text{L}^2$。

【例 2-4】 将 1mol $CO(g)$ 和 2mol $H_2O(g)$ 充入某固定容积的反容器中，在一定条件下，下列反应 $CO(g)+H_2O(g) \rightleftharpoons CO_2(g)+H_2(g)$ 达到平衡，结果有 0.8mol 的 CO 转化为 CO_2，求该条件下反应的平衡常数。

解：
$$CO(g) + H_2O(g) \rightleftharpoons CO_2(g) + H_2(g)$$

初始浓度（mol/L）　　1　　　1　　　0　　　0
平衡浓度（mol/L）　　0.2　　1.2　　0.8　　0.8

根据平衡常数等式：

$$K_c = \frac{c_{CO_2} c_{H_2}}{c_{CO} c_{H_2O}}$$

将有关平衡浓度代入上式，得：

$$K_c \approx 2.67$$

答：该条件下，反应的平衡常数 K_c 约为 2.67。

（二）已知平衡常数，求平衡浓度和有关物质的转化率

【例 2-5】 在 713K 时，下列反应 $2HI(g) \rightleftharpoons H_2(g)+I_2(g)$ 的 $K_c=2.04\times10^{-2}$，若反应是从 H_2 和 I_2 开始，$c_{H_2}=c_{I_2}=1.00\text{mol/L}$，求平衡时各物质浓度和平衡转化率。

解：设反应达到平衡时，有 x mol/L 的 H_2、I_2 转化为 HI。
因为 K_c 虽然已知，但是，题意是反应从 H_2 和 I_2 开始，即 H_2 和 I_2 是反应物。

$$H_2 + I_2 \rightleftharpoons 2HI \quad K_c' = 1/K_c$$

初始浓度　　　　1.00　　　　1.00　　　0
平衡浓度　　　　$1.00-x$　　$1.00-x$　　$2x$

根据平衡常数等式：

$$K_c' = (2x)^2/(1.00-x)^2 = 1/K_c = 1/2.04\times10^2$$

得　　　　　　　$x = 0.778\text{mol/L}$
故　　　　　　　$c_{H_2} = c_{I_2} = 1.00 - 0.778 = 0.222\text{mol/L}$
　　　　　　　　$c_{HI} = 2x = 2\times0.778 = 1.556\text{mol/L}$

平衡转化率为：
$$(x/1.00)\times100\% = (0.778/1.00)\times100\% = 77.8\%$$

答：平衡时，H_2、I_2 和 HI 的浓度分别为 0.222mol/L、0.222mol/L 和 1.556mol/L，反应物转化率为 77.8%。

本章要点

一、化学反应速率的概念、表示方法及影响化学反应速率的主要因素

单位时间内反应物或生成物的物质的量的变化，称为化学反应速率，用单位时间内反应浓度的减少或生成物浓度的增加来表示。反应物的性质是决定化学反应速率的内因，外部因素包括浓度、温度、催化剂等。

二、碰撞理论和过渡状态理论

能引起化学反应的碰撞，称为有效碰撞。具有较高能量的反应物分子称为活化分子，活化分子的最低能量与反应物分子平均能量的差值，称为活化能。

过渡状态理论：化学反应并不是通过反应物分子的简单碰撞就能完成的，在反应物到产

物的转变过程中，必须先经过一个过渡状态，即活化配合物的中间状态，活化配合物的能量与反应物能量之差称为反应的活化能，活化能越大，能峰越高，反应速率越小。

三、化学平衡的概念和特点，影响化学平衡移动因素

同一条件下，同时向正反两个方向进行的反应，称为可逆反应。可逆反应在一定条件下，进行到一定程度时，正反应方向速率与逆反应方向速率相等时的状态，称为化学反应平衡状态，简称化学平衡。此时，反应体系内，生成物浓度幂的乘积与反应物浓度幂的乘积之比等于常数，这个常数称为化学平衡常数。化学平衡是在一定外界条件下形成的动态平衡，因此，当外界条件发生改变时，平衡发生移动，这些因素主要包括浓度、压强和温度等。

吕·查德里（Le Chatelier）原理：一定条件下，当可逆反应达到平衡时，若改变平衡所处的外界条件，平衡即向着削弱或消除外因改变带来的影响的方向移动。

习　题

1. 在一定温度下，反应物浓度增加，化学反应速率_____；在其他条件一定的情况下，温度升高，化学反应速率_____。

2. 在反应 A+B ⇌ C 中，A 的浓度加倍，反应速率加倍；B 的浓度减半，反应速率变为原来的 1/4，此反应的速率方程式为_____。

3. 已知基元反应 $CO(g)+NO_2(g) \rightleftharpoons CO_2(g)+NO(g)$，该反应的速率方程式为 $v=$ _____，此速率方程式为_____定律的数学表达式。

4. 对于反应 $2Cl_2(g)+2H_2O(g) \rightleftharpoons 4HCl(g)+O_2(g)$（正反应为吸热反应），将 Cl_2、H_2O、HCl、O_2 四种气体混合后，反应达到平衡。下列左面的操作条件改变对右面的平衡时的数值有何影响？（填"减小"、"增大"或"不变"，操作条件中没加注明的，是指温度不变，容积不变）

　　(1) 加 O_2　　　　H_2O 的物质的量_____
　　(2) 加 O_2　　　　HCl 的物质的量_____
　　(3) 提高温度　　　　Cl_2 的物质的量_____
　　(4) 加催化剂　　　　HCl 的物质的量_____
　　(5) 增大压强　　　　Cl_2 的物质的量_____
　　(6) 加 H_2O　　　　平衡常数 K _____

5. 一定温度下，反应 $PCl_5(g) \rightleftharpoons PCl_3(g)+Cl_2(g)$ 达到平衡后，维持温度和体积不变，向容器中加入一定量的惰性气体，反应将_____移动。

6. 某温度下，在 2L 密闭容器中，反应 $2SO_2+O_2 \rightleftharpoons 2SO_3$ 进行一段时间后 SO_3 的物质的量增加了 0.4mol，在这段时间内用 O_2 表示的反应速率为 0.4mol/(L·s)，则这段时间为（　　）。

　　A. 0.1s　　　　B. 0.25s　　　　C. 0.5s　　　　D. 2.5s

7. 反应 $NO(g)+CO(g) \rightleftharpoons 1/2N_2(g)+CO_2(g)$，且正反应方向为吸热反应方向，有利于使 NO 和 CO 取得最高转化率的条件是（　　）。

　　A. 低温高压　　　　B. 高温高压　　　　C. 低温低压　　　　D. 高温低压

8. 密闭容器中 A、B、C 三种气体建立了化学平衡，它们的反应是 A+B ⇌ C，相同温度下，体积缩小 2/3，则平衡常数 K_p 为原来的（　　）。

　　A. 3 倍　　　　B. 2 倍　　　　C. 9 倍　　　　D. 不变

9. 关于催化剂的作用，下列叙述正确的是（　　）。

　　A. 能够加快反应的进行
　　B. 在几个反应中能选择性地加快其中一两个反应
　　C. 能改变某一反应的正逆向速率的比值
　　D. 能改变到达平衡的时间

10. 对可逆反应 $4NH_3(g)+5O_2(g) \rightleftharpoons 4NO(g)+6H_2O(g)$，则下列叙述中正确的是（　　）。

   A. 达到化学平衡时，$4v_{正}(O_2) \longrightarrow 5v_{逆}(NO)$

   B. 若单位时间内生成 x mol NO 的同时，消耗 x mol NH_3，则反应达到平衡状态

   C. 达到化学平衡时，若增加容器体积，则正反应速率减小，逆反应速率增大

   D. 化学反应速率关系是：$2v_{正}(NH_3)=3v_{正}(H_2O)$

11. 用碰撞理论解释为什么在化学反应进行过程中，反应的速率表现为反应起始时的速率最快，随着反应的进行，反应速率会越来越慢？

12. 为什么在可逆反应中使用催化剂并不影响化学平衡的移动？

13. 化学平衡的特点是什么？简述平衡常数的物理意义。

14. 一定温度下，在体积为 1L 的密闭容器中充满 NH_3，反应 $2NH_3 \rightleftharpoons 3H_2+N_2$ 经 5s 达到平衡，经测定 NH_3 和 H_2 的浓度均为 a mol/L，则 N_2 的平衡浓度为多少？NH_3 的分解率为多少？

15. 反应 $4NH_3(g)+5O_2(g) \rightleftharpoons 4NO(g)+6H_2O(g)$ 在 10L 密闭容器中进行，半分钟后，水蒸气的物质的量增加了 0.45mol，则此反应以 NO 表示平均速率的是多少？

16. X、Y、Z 为三种气体，把 a mol X 和 b mol Y 充入一密闭容器中，发生反应 $X+2Y \rightleftharpoons 2Z$，达到平衡时，若它们的物质的量满足：$n(X)+n(Y)=n(Z)$，则 Y 的转化率为多少？

17. 一定温度下，反应 $2SO_2+O_2 \rightleftharpoons 2SO_3$ 达到平衡时，$n(SO_2):n(O_2):n(SO_3)=2:3:4$。缩小体积，反应再次达到平衡时，$n(O_2)=0.8mol$，$n(SO_3)=1.4mol$，此时 SO_2 的物质的量应是多少？

18. 某温度下，在密闭容器中发生如下反应，$2A(g) \rightleftharpoons 2B(g)+C(g)$，若开始时只充入 2mol A 气体，达平衡时，混合气体的压强比起始时增大了 20%，则平衡时 A 的体积分数为多少？

知识链接　　化学家吕·查德里

Henry L. Le Chatelier（1850~1936 年），法国化学家。曾就读于巴黎洛兰学院、埃克勒工学院、矿业学院。在冶金、玻璃、水泥、燃料等方面有许多贡献。1854 年他提出了著名的吕·查德里原理，即化学平衡移动原理：对于处于平衡状态的体系，如果改变影响平衡的一个条件（如浓度、压强、温度），平衡就向能够减弱这种改变的方向移动。根据这一原理可以预测各种条件变化对于化学平衡的影响。在化学实验，尤其是在化学工程中，为寻求最佳条件提供了理论基础。他还发明了铂铑温差热电偶和光学高温计，研制了氧-乙炔切割器，并独立于美国的 J. W. 吉布斯（Gibbs）发现相律。他曾任工程师，也曾任矿业学院、巴黎大学教授，第一次世界大战期间任法国武装部长。

第三章 原子结构和分子结构

知识目标

熟悉原子核外电子排布的一般规律；理解四个量子数的意义及取值，理解元素性质的周期性变化规律；掌握元素原子的核外电子排布与元素周期表的关系；了解核外电子运动的特征。熟悉化学键的定义及类型；理解离子键、共价键的形成条件和本质，理解杂化轨道理论的基本要点；掌握共价键的特征；了解键参数的意义，了解分子间力的特点，了解氢键及其形成条件。

能力目标

能应用多电子原子中电子进入轨道的能级顺序、核外电子的排布原理，熟练地根据原子序数写出元素的原子核外电子排布式，并根据原子结构与元素周期表的关系，推断元素在周期表中的位置（周期、族、区）及元素的金属性和非金属性。能应用化学键的基本理论，判断化学键的极性和分子的极性，推测简单分子的空间构型，能解释分子间力和氢键对物质的某些物理性质的影响。掌握由数据进行归纳推理的能力。

第一节 原子结构与元素周期表

物质世界种类繁多，可与之相比，构成物质的原子种类却非常少。为什么有限种类的原子能形成多种多样的物质呢？要回答这个问题，只有了解原子结构，特别是原子核外电子的运动规律，才能认识物质内部的原子和分子等是如何相互作用而结合的，从而认识物质世界。

一、原子核外电子的运动状态

（一）原子的组成

现代物理研究证明，原子由一个带正电荷的原子核和绕核高速运动的带负电荷的电子所组成，原子核又由质子和中子组成。质子带正电，中子不带电，原子核内质子所带的正电总量跟核外电子所带的负电总量相等，所以原子呈电中性。

$$原子核电荷数 = 原子核内质子数 = 原子核外电子数$$

原子核体积很小，直径在 10^{-5} nm 左右，约为原子的十万分之一。原子核和电子仅占整个原子空间的极小部分，原子中绝大部分是空的。

质子的质量为 1.6726×10^{-24} g，中子的质量稍大一些，为 1.6748×10^{-24} g，电子的质量很小，仅约为质子质量的 1/1836，所以原子的质量主要集中在原子核上。

由于质子、中子的质量很小，计算不方便，因此通常采用相对质量表示。通过实验测得作为原子量标准的 $^{12}_{6}C$ 碳原子质量的 1/12 是 1.6606×10^{-24} g，质子和中子对它的相对质量分别为 1.007 和 1.008，取其近似整数值为 1。所以，如果忽略电子的质量，将原子核内所有质子和中子的相对质量取近似整数值相加，所得的数值称为原子的质量数，用符号 A 表示。中子数用符号 N 表示，质子数用符号 Z 表示。三者的关系为：

$$质量数(A) = 质子数(Z) + 中子数(N)$$

归纳起来，如果以 $_Z^A X$ 代表一个质量数为 A、质子数为 Z 的原子，那么组成原子的粒子间的关系可以表示如下：

$$原子(_Z^A X)\begin{cases}原子核\begin{cases}质子(Z个)\\中子(N个)\end{cases}\\核外电子(Z个)\end{cases}$$

同种元素的原子，质子数相同而中子数不一定相同。例如，氢元素的原子都含有 1 个质子，但中子数有三种，分别为 0、1、2，因此有三种氢原子，即氕、氘、氚，俗称氢、重氢、超重氢，符号分别为 $_1^1H$、$_1^2H$、$_1^3H$ 或 H、D、T。

类似氕、氘、氚这样具有相同的质子数、不同中子数的同一元素的多种原子互称同位素。许多元素都有同位素。碳元素有 $_6^{12}C$、$_6^{13}C$、$_6^{14}C$，铀元素有 $_{92}^{234}U$、$_{92}^{235}U$、$_{92}^{238}U$。同一元素的各种同位素虽然质量数不同，但它们的化学性质几乎完全相同。在天然存在的元素里，不论是游离态还是化合态，各种同位素所占的原子分数一般是不变的。

同位素在工业、农业、科研、医药、国防等方面都有广泛的应用。例如，$_1^2H$、$_1^3H$ 和 $_{92}^{235}U$ 是制造氢弹和原子弹的材料；$_6^{12}C$ 质量的 1/12 就是原子量标准，$_6^{14}C$ 在考古学中用于测定生物死亡年代；放射性钴（$_{27}^{60}Co$）、镭（$_{88}^{226}Ra$）可以用于治疗癌症；$_{53}^{131}I$ 用于甲状腺功能亢进的诊断和治疗；用放射性同位素作示踪原子，研究药物的作用机制，药物的吸收和代谢等。

（二）电子云与概率密度

电子的质量极小，运动速度很大，运动空间又极小，只能在原子空间范围运动，与经典力学中的宏观物体运动不同。在原子中，不能同时准确地用位置和速度来描述电子的运动状态。只能运用统计的方法，描述它在原子核外空间某处出现机会的大小。

为了形象描述电子运动的概率，习惯上用电子云图表示。图 3-1 是通常情况下氢原子的电子云图。图中，用小黑点表示电子在核外空间出现的概率，这些小黑点密密麻麻地像一团带负电的云雾笼罩在原子核周围，所以人们就形象地称之为电子云。小黑点多的地方，表示概率密度大，即电子在单位体积内出现的机会多。从氢原子电子云可以看出，电子的概率密度随离核距离的增大而减小。电子云有不同的形状，分别用符号 s、p、d、f…表示，s 电子云呈球形，p 电子云呈纺锤形（或哑铃形），d 电子云是花瓣形，f 电子云更为复杂。

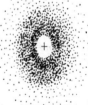

图 3-1 氢原子电子云示意图

（三）核外电子运动状态

需要从四个方面描述才能全面反映原子核外电子在核外空间的运动状态，即电子层、电子亚层和电子云的形状、电子云的伸展方向、电子的自旋。

（1）电子层（主量子数 n）　在含有多个电子的原子里，电子的能量高低不同，能量低的通常在离核较近的区域运动，即处于较低的能级，n 较小，而能量高的通常在离核较远的区域运动，即处于较高的能级，n 较大。主量子数 n 的取值为 1，2，3…正整数。例如，$n=1$ 代表电子离核的平均距离最近的一层，即第一电子层；$n=2$ 代表电子离核的平均距离比第一层稍远的一层,即第二电子层……。在光谱学上常用大写字母 K、L、M、N、O、P、Q 代表电子层数。

  主量子数（n）   1 2 3 4 5 6 7…
  电子层符号   K L M N O P Q…

  (2) 电子亚层和电子云的形状（角量子数 l） 科学研究发现,电子在同一电子层中运动,电子云的形状也不相同,能量也有差别。根据这个差别,又可以把一个电子层分成一个或几个亚层,常用角量子数 l 表示。l 的取值是 $0,1,2,\cdots,n-1$,也可分别用 s、p、d、f 等符号来表示。$l=0$ 时,说明原子中电子运动与角度无关,即原子轨道是球形对称的。$l=1$ 时,其原子轨道呈哑铃形分布。l 值越大,能量越高。所以 l 值也决定轨道的能量。

  角量子数（l）   0   1   2   3 …
  原子轨道符号   s   p   d   f …
  电子云形状   球形对称 哑铃形 花瓣形   …

  为了清楚地表示出某个电子所处的电子层和电子亚层,可将电子层的序数 n 标在电子亚层符号的前面,例如,处于 L 层的 s、p 亚层的电子表示为 2s、2p;处于 M 层的 s、p、d 亚层的电子表示为 3s、3p、3d。在多电子原子中,同一电子层中处于不同亚层的电子的能量按 s、p、d、f 的顺序递增,如 $E_{4f}>E_{4d}>E_{4p}>E_{4s}$。

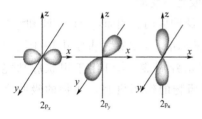

图 3-2 2p 电子云的三种伸展方向

  (3) 电子云的伸展方向（磁量子数 m） 电子云不仅有一定的形状,还有一定的伸展方向。m 取值受角量子数取值限制,对于给定的 l 值,$m=-l,\cdots,-2,-1,0,1,2,\cdots,l$,共有 $2l+1$ 个值。这些取值意味着在角量子数为 l 的亚层有 $2l+1$ 个取向。如 $l=1$ 时,$m=0,\pm 1$,即有三种取向,它们的能量相同,用 p_x、p_y、p_z 表示（图 3-2）。能量相同的各原子轨道称为简并轨道或等价轨道。s、p、d、f 亚层的简并轨道数分别为 1、3、5、7,这样,各电子层可能有的轨道数如下:

  电子层（n）   亚层（l）   轨道数
  $n=1$ s $1=1^2$
  $n=2$ s、p $1+3=4=2^2$
  $n=3$ s、p、d $1+3+5=9=3^2$
  $n=4$ s、p、d、f $1+3+5+7=16=4^2$
  …
  n n^2

即每个电子层最多有 n^2 个轨道。

  (4) 电子的自旋（自旋量子数 m_s） 原子中电子除了以极高速度在核外空间运动之外,还作自旋运动。电子有顺时针和逆时针两个方向的自旋,分别用 $m_s=+1/2$ 和 $m_s=-1/2$ 表示,也常用符号↑和↓表示自旋相反的电子。

  实验证明,自旋方向相同的两个电子互相排斥,不能在同一个原子轨道内运动。而自旋方向相反的两个电子互相吸引,能在同一个原子轨道内运动。

  综上所述,电子在原子核外的运动状态相当复杂,必须由它所处的电子层、电子亚层、电子云的空间伸展方向和自旋状态四个方面来决定。前三个方面跟电子在核外空间的位置有关,体现了电子在核外空间的运动状态,确定了电子的轨道。因此当要描述一个电子的运动状态时,必须同时指明它处于什么轨道和哪一种自旋状态。

二、原子核外电子的排布

(一) 原子中电子排布规律

根据光谱实验的结果,人们总结出核外电子排布应遵从以下规则。

(1) **能量最低原理** 自然界的普遍规律是能量最低,体系最稳定。原子中电子的分布也是如此,即必须使原子体系的能量最低。

在不违背能量最低原理的前提下,电子在各能级上的分布还必须遵从泡利(L. Pauli)不相容原理和洪特(F. Hund)规则。

(2) **泡利不相容原理** 在同一个原子中没有四个量子数完全相同的电子,即一个轨道最多可以容纳2个电子,且自旋方向必然相反。根据这一原理可以推出每个电子层最多可容纳的电子总数是$2n^2$个。

(3) **洪特规则** 电子在等价轨道上填充时,应尽量以自旋平行的方式分别占据不同的轨道。例如,碳元素原子的核电荷数6,即核外有6个电子,核外电子首先在1s轨道排入两个自旋相反的电子,接着在2s轨道排入两个自旋相反的电子,还剩下2个电子,应该排入2p轨道。2p轨道有3个等价轨道,填入2个电子时,应以自旋平行的方式占据2个轨道,表示为$2p_x^1$、$2p_y^1$、$2p_z^0$。如果填入方式为$2p_x^2$、$2p_y^0$、$2p_z^0$,则体系能量比前者高。碳原子的电子排布可以表示为$1s^2 2s^2 2p^2$,这种式子称为电子排布式。

作为洪特规则的特例,等价轨道在全充满、半充满或全空的状态较稳定。表示为:

全充满:p^6、d^{10}、f^{14}

半充满:p^3、d^5、f^7

全空:p^0、d^0、f^0

(二) 多电子原子体系轨道的能级

光谱实验的结果显示,同一电子层的轨道出现能级分裂,不同电子层不同亚层的轨道出现能级交错。鲍林(Linus Pauling)据此总结出了多电子原子中原子轨道的近似能级图[图3-3(a)],用小圆圈代表原子轨道,按能量高低顺序排列起来,将轨道能量相近的放在同一个方框中组成一个能级组。

(三) 基态原子中核外电子的排布

根据核外电子排布的三原则,电子在原子轨道中填充排布的顺序如图3-3(b)所示,具体为:

$1s \to 2s \to 2p \to 3s \to 3p \to 4s \to 3d \to 4p \to 5s \to 4d \to 5p \to 6s \to 4f \to 5d \to 6p \to 7s \to 5f \to 6d \to 7p \cdots$

例如:13号元素Al的电子排布为$1s^2 2s^2 2p^6 3s^2 3p^1$。20号元素Ca的电子排布为$1s^2 2s^2 2p^6 3s^2 3p^6 4s^2$,而不是$1s^2 2s^2 2p^6 3s^2 3p^6 3d^2$,因为$E_{4s} < E_{3d}$。29号元素Cu的电子排布为$1s^2 2s^2 2p^6 3s^2 3p^6 3d^{10} 4s^1$,而不是$1s^2 2s^2 2p^6 3s^2 3p^6 3d^9 4s^2$,因为3d轨道全充满时比较稳定。

【例3-1】 根据原子核外电子排布三原则和原子轨道近似能级图,判断下列各电子排布有无错误?如有错误写出正确的排布。

(1) $_{19}$K:$1s^2 2s^2 2p^6 3s^2 3p^6 3d^1$。

(2) $_{26}$Fe:$1s^2 2s^2 2p^6 3s^2 3p^6 3d^6 4s^2$。

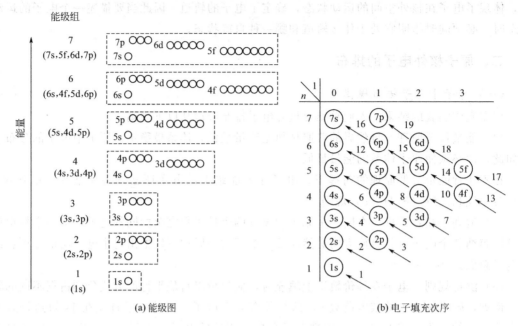

(a) 能级图　　　　　　　　(b) 电子填充次序

图 3-3　多电子原子的能级图和电子填充次序

解：（1）错误。正确的排布为 $_{19}$K：$1s^2 2s^2 2p^6 3s^2 3p^6 4s^1$。

（2）正确。

三、元素周期律与元素周期表

（一）元素周期表

为了认识元素性质的规律性变化，将元素按核电荷的递增把元素排列起来可以得到元素周期表，元素周期表在某种程度上反映了原子的电子层结构的变化规律。表中横行称为周期；纵行称为族；周期表中的元素除了按周期和族划分外，还可以根据原子的电子构型的特征分为五个区。

1. 周期

具有相同的电子层数而又按照原子序数递增的顺序排列的一系列元素，称为一个周期。周期的序数等于该周期元素原子具有的电子层数。周期表中共有 7 个周期，正好与能级组相对应（表 3-1）。

表 3-1　周期与能级组

能级组		可填电子数	元素种数	起止元素	周期数	
1	1s	2	2	$_1$H～$_2$He	1	特短周期
2	2s,2p	8	8	$_3$Li～$_{10}$Ne	2	短周期
3	3s,3p	8	8	$_{11}$Na～$_{18}$Ar	3	
4	4s,3d,4p	18	18	$_{19}$K～$_{36}$Kr	4	长周期
5	5s,4d,5p	18	18	$_{37}$Rb～$_{54}$Xe	5	
6	6s,4f,5d,6p	32	32	$_{55}$Cs～$_{86}$Rn	6	超长周期
7	7s,5f,6d,7p	32	32	$_{87}$Fr 以后的元素	7	未满周期

除了第一周期外,同一周期中,从左到右,各元素原子最外层的电子数都是从1个逐渐增加到8个。除第一周期从气态元素氢开始,第七周期尚未填满外,每一周期的元素都是从活泼的金属元素开始,逐渐过渡到活泼的非金属元素,最后以稀有气体结束。

第六周期中的57号元素镧(La)到71号元素镥(Lu),共15种元素,它们的结构和性质非常相似,总称镧系元素。为了使表的结构紧凑,将镧系元素放在周期表的同一格里,并按原子序数递增的顺序,把它们另列在表的下方,实际上还是各占一格。第七周期类似有锕系元素。锕系元素中铀后面的元素多数是人工进行核反应制得的元素,称为超铀元素。

2. 族

周期表里有18个纵行,分为16个族。除8、9、10三个纵行称为Ⅷ族元素外,其余15个纵行,每个纵行为一族。由短周期元素和长周期元素共同构成的族称为主族,完全由长周期构成的族称为副族,稀有气体元素化学性质非常不活泼,在通常情况下难以发生化学反应,把它们的化合价看成0,因而称为零族。即有7个主族(表示为ⅠA～ⅦA)、7个副族(表示为ⅠB～ⅦB)、1个Ⅷ族和1个零族。

3. 区

根据电子的排布情况和元素原子的外层电子构型,可以将周期表的元素分成s、p、d、ds、f五个区(表3-2)。

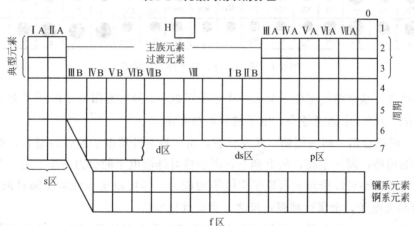

表 3-2　元素周期表的分区

(1) s区元素　最外层的电子构型为 $ns^{1\sim2}$,包括ⅠA和ⅡA;这些元素除氢外,都是活泼的金属,发生化学反应时,总是失去最外层s电子而成为+1价或+2价的阳离子。

(2) p区元素　最外层的电子构型为 $ns^2np^{1\sim6}$,包括ⅢA～ⅦA及零族;该区元素除了稀有气体外,有金属也有非金属,它们在发生化学反应时,只涉及最外层的s电子或p电子发生得失或偏移,不涉及内层电子。

(3) d区和ds区元素　统属过渡元素。d区最外层的电子构型为 $(n-1)d^{1\sim9}ns^{1\sim2}$,包括ⅢB～ⅦB和Ⅷ族;ds区元素最外层的电子构型为 $(n-1)d^{10}ns^{1\sim2}$,包括ⅠB和ⅡB。过渡元素都是金属,它们在发生化学反应时,不仅有最外层的s电子,而且可以有部分次外层的d电子失去或偏移。

(4) f区元素　包括镧系和锕系元素,也都是金属,也属过渡元素。最外层的电子构型为 $(n-2)f^{1\sim14}(n-1)d^{0\sim2}ns^2$。它们在发生化学反应时,不仅有最外层的s电子、次外层的d电子,而且可以有倒数第三层的部分或全部f电子失去或偏移。

(二)元素周期律

元素的性质随着核电荷的递增而呈现周期性的变化,这个规律称为元素周期律。元素性质包括原子半径、电离能、电负性等。

(1) 原子半径 由于原子在物质中所处的状态不完全相同,要确定单个原子在任何环境都适应的半径是不可能的,根据原子存在形式不同,通常分为共价半径、范德华半径和金属半径。图 3-4 是金属原子的金属半径和非金属原子的共价半径相对大小示意图。从图中可以看出,同一周期元素,从左到右,随着原子序数的递增,原子半径逐渐减小(由于电子层数不变,核电荷依次增加对外层电子的引力增强);同一主族元素,从上到下,随着原子序数的递增,原子半径逐渐增大(由于电子层数增加)。

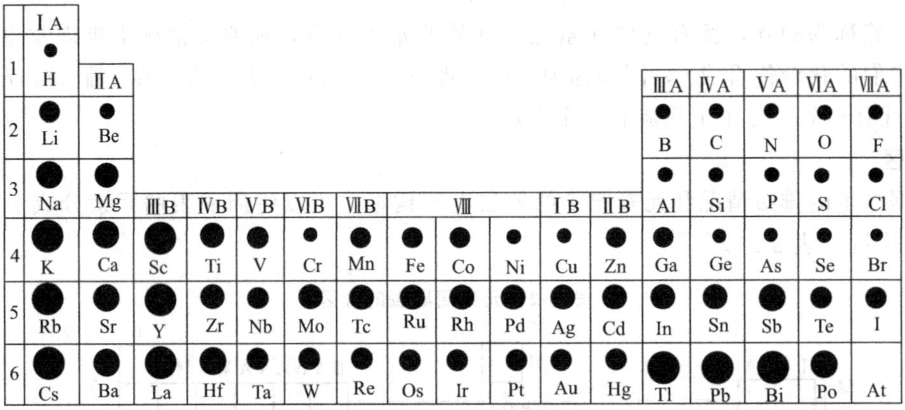

图 3-4 原子半径与原子序数的关系

(2) 电离能 基态的气态原子失去一个电子形成 +1 价气态阳离子时所需能量称为元素的第一电离能 (I_1)。电离能越小,电子越容易被夺走。

从图 3-5 可以看出,同一周期,从左到右,由于核对外层电子的引力增大,第一电离能呈逐渐增大的趋势;同一主族,从上到下,由于核对外层电子的引力减小,第一电离能逐渐减小。电离能的大小可以衡量元素原子失电子的能力,即可以衡量元素金属性的相对强弱。I_1 越小,越易失电子,金属性越强;反之,金属性越弱。

(3) 电负性 元素的电负性是用来度量元素相互化合时原子对电子吸引能力的相对大

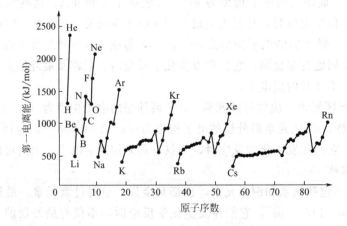

图 3-5 原子第一电离能与原子序数的关系

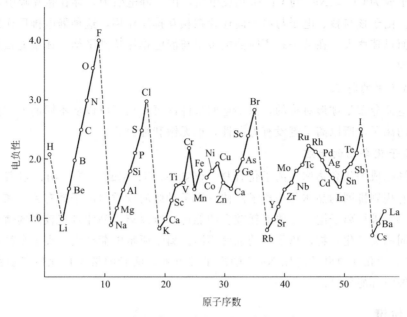

图 3-6　元素的电负性与原子序数的关系

小。元素的电负性越大，吸引电子的倾向越大，非金属性也越强。

从图 3-6 可以看出，同一周期，从左到右，电负性增大；同一主族，从上到下，电负性减小。副族元素电负性的变化规律不明显。电负性最高的元素在周期表的右上角，电负性最低的元素在周期表的左下角。

元素的电负性在化学中有广泛的应用。它是全面衡量元素金属性与非金属性强弱的一个重要数据。电负性越大，元素的非金属性越强，金属性则越弱；电负性越小，元素的金属性越强，非金属性则越弱。通常金属元素的电负性在 2.0 以下，非金属元素的电负性在 2.0 以上。电负性还可以定性判断化学键的性质以及分子中元素的正负价态等。当其他条件都相同时，两个电负性相差很大的元素化合通常就形成离子键。电负性相差不大的两种非金属元素化合通常形成共价键。

第二节　分子结构

不同的物质在组成和性质上各不相同。有些物质熔点很高，通常情况呈现固态，有些物质熔点很低，通常情况呈现气态。为什么物质组成和性质千差万别呢？

构成物质的分子或晶体之所以能稳定存在，是因为分子或晶体内直接相邻原子或离子间存在强烈的相互作用，通常称之为化学键。化学键可以分为离子键、共价键和金属键。

一、离子键

（一）离子键的形成

当电负性相差较大的金属元素和非金属元素的原子化合时，金属原子失去电子形成阳离子，非金属原子获得电子形成阴离子，通过相邻的阴、阳离子之间的静电作用，形成离子键。例如，当 Na 原子和 Cl 原子相互靠近时，Na 原子失去 1 个 3s 电子形成 Na^+，Cl 原子得到 1 个电子成为 Cl^-，Na^+ 与 Cl^- 带相反电荷，由于静电引力，存在相互吸引，阴、阳离子彼此接近。由于核与核、电子与电子间还存在相互排斥作用，这种静电排斥作用随着离子的互相接近而迅速增大。在某一距离时静电吸引与静电排斥达到平衡，体系能量最低，形成稳定的离子键。

(二) 离子键的特点

离子的电荷分布是球形对称的，只要空间条件许可，离子可以从不同的方向同时吸引带有相反电荷的离子，所以离子键没有方向性，也无饱和性。

(三) 离子化合物的性质

由离子键构成的化合物称为离子化合物，例如 NaCl、$MgBr_2$ 等。阴、阳离子通过离子键所形成的有规则排列的晶体称为离子晶体。离子晶体的性质与离子键有关。离子晶体熔化或气化时都必须破坏离子键，需要消耗较多的能量，所以离子晶体具有较高的熔点、沸点。

对于不同的离子化合物，离子键的强度不同。离子所带电荷越大，离子半径越小，离子键越强。例如，MgO 的离子键比 NaCl 的离子键更强，前者的熔点也比后者更高。离子晶体在受热熔融时都能导电。

二、共价键

(一) 共价键的形成

以 Cl_2 的形成为例说明。两个氯原子相互靠近时，各提供一个未成对的 3p 电子形成一对电子，两个氯原子共用这对电子，最外层都达到稳定的八电子结构。这种原子间通过共用电子对形成的化学键称为共价键。根据共用电子对数目，共价键包含共价单键、双键、三键。这种形成共价键的理论称为价键理论，又称电子配对理论。

(二) 共价键的特征

(1) 饱和性 一个原子含有几个未成对电子，就可以和几个自旋相反的电子配对成键，这就是共价键的饱和性。例如，氢原子和氯原子各有一个未成对电子，当它们的电子配对形成 HCl 分子后，氢原子就不能再和第二个氯原子结合，氯原子也不能再和第二个氢原子结合。

(2) 方向性 除了 s 轨道的电子云是球形对称外，其他轨道的电子云都具有一定的方向性。共价键的形成实质就是电子云的重叠，重叠程度越大，共价键就越稳定。为了达到电子云最大程度重叠，电子云必须沿着原子轨道伸展的方向发生重叠，所以共价键具有方向性。

(三) 键参数

能表征共价键性质的物理量，称为共价键的键参数。共价键的键参数主要有键能、键长、键角和键的极性等。

(1) 键能 指在 100kPa、298K 时断开 1mol 化学键成为气态原子所需要的能量。例如，H—H 键的键能是 436kJ/mol，Cl—Cl 键的键能是 247kJ/mol。在多原子分子中，两原子之间的键能主要取决于成键原子本身的性质，但也和分子中存在的其他原子略有关系。

一般来说，键能越大，断开此键所需的能量也越多，因此键越牢固。

(2) 键长 分子中两成键原子的核间平均距离称为键长。键长往往通过实验方法测得。通常，成键原子半径越小，键长越短，如 H—Cl＜H—Br＜H—I；相同原子间，单键键长＞双键键长＞三键键长。

两原子间形成的共价键的键长越短,键越牢固。

(3) 键角 分子中键与键之间的夹角称为键角。键角是描述分子空间构型的重要参数。例如,H_2O 分子中两个 O—H 键之间的夹角为 $104°45'$,表示 H_2O 分子呈 V 形;CO_2 分子中两个 C=O 键之间的夹角为 $180°$,表示 CO_2 分子呈直线形。

一般根据分子中的键长和键角可确定分子的空间构型。

(4) 键的极性 根据元素的电负性可以衡量分子中原子对成键电子吸引能力的相对大小。在 H_2、Cl_2、N_2 等单质中,由于成键的两原子电负性相同,对成键电子的引力相等,因此形成的共价键没有极性,这种键称为非极性共价键,简称非极性键。在化合物中,如 H—Cl、C=O、Br—I,由于成键的两原子电负性不同,成键电子将偏向于电负性较大的原子一端,使之带部分负电荷,电负性较小的原子一端带部分正电荷,这样形成的共价键具有极性,称为极性共价键,简称极性键。成键原子间电负性相差越大,形成的共价键的极性也越大。

(四) 共价键的类型

价键理论的最大重叠原理决定了成键电子所在的原子轨道要进行最大程度的有效重叠。而不同类型的轨道其形状和伸展方向不同,因此其重叠方式就有差别,形成的共价键的稳定性及对称性等也有差异。根据轨道的重叠方式不同可以形成不同类型的共价键,如常见的 σ 键和 π 键。

(1) σ 键 成键轨道沿键轴方向(即两原子核间的连线)以"头碰头"的方式发生有效重叠,形成的共价键为 σ 键。σ 键的特点是重叠部分沿键轴旋转时,其重叠程度及符号不变。可以形成 σ 键的原子轨道有 s-s、s-p_x、p_x-p_x 等,如图 3-7(a) 所示。

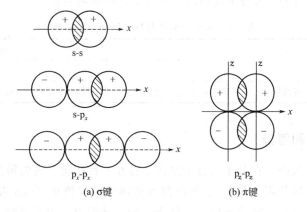

图 3-7 σ 键和 π 键重叠示意图

(2) π 键 伸展方向相互平行的成键原子轨道以"肩并肩"的方式发生有效重叠,形成的共价键称为 π 键。π 键的重叠部分以过键轴的一个平面为对称面呈镜面反对称。可以形成 π 键的原子轨道有 p_y-p_y、p_z-p_z、p-d、d-d 等,如图 3-7(b) 所示。

一般来说,形成 σ 键的原子轨道的重叠程度比形成 π 键的重叠程度高,因此 π 键不如 σ 键稳定,在化学反应中容易被断开。

(五) 配位键

共价键是由成键原子一方提供共用电子对,另一方提供空轨道的特殊共价键,称为配位键。例如,在铵盐中,NH_4^+ 的 N 原子的价层电子构型为 $2s^22p^3$,有 3 个单电子,H

的价层电子构型为 $1s^1$，3 个氢原子的 1s 电子与 N 的 3 个 p 电子形成 3 个 σ 键。若形成 NH_4^+，则 H 提供空的 1s 轨道，N 原子提供 2s 上的一对 s 电子，该电子对称为孤对电子，由两者共用，这种成键方式所形成的共价键称为配位键，用"→"表示。因此，配位键的形成需满足下面两个条件。

（1）成键原子的一方需有孤对电子。
（2）成键原子的另一方需有接受电子对的价层空轨道。

三、杂化轨道理论和分子的几何构型

电子配对理论对共价键的本质和特点做了有力的论证，但它把讨论的基础放在共用一对电子形成一个共价键上，在解释许多分子、原子的价键数目及分子空间结构时却遇到了困难。例如按照价键理论，氢原子有 1 个 1s 未成对电子，碳原子只有两个未成对 2p 电子，但是为什么 CH_4 分子中含有 4 个完全等同 C—H 共价键呢？为了解决类似的矛盾，1928 年鲍林（Pauling）提出了杂化轨道概念。原子在成键过程中，若干能量相近的原子轨道重新组合成新的轨道的过程称为杂化，所形成的新轨道就称为杂化轨道。杂化轨道理论的要点如下。

（1）杂化轨道由能量相近的原子轨道组合而成。
（2）杂化轨道的数目等于参与杂化的原子轨道的数目。例如，CH_4 分子中，C 原子中 1 个 2s 轨道和 3 个 2p 轨道重新组合成 4 个 sp^3 杂化轨道。
（3）杂化轨道的重叠依然满足最大重叠原理。
（4）由杂化轨道的最优化结构与价电子对之间斥力最小的那种理想空间结构决定分子的空间构型。表 3-3 列出了一部分杂化轨道类型与空间构型的关系。

表 3-3 杂化轨道类型与空间构型的关系

杂化轨道	sp	sp^2	sp^3	dsp^2	sp^3d	sp^3d^2
轨道数	2	3	4	4	5	6
空间构型	直线形	平面三角形	正四面体	平面正方形	三角双锥体	八面体

四、分子间力和氢键

分子中除有化学键外，在分子与分子之间还存在一种比化学键弱得多的相互作用力，即分子间作用力。分子间作用力是 1973 年由荷兰物理学家范德华（van der Walls）首先提出的，故又称范德华力。分子间力本质上也属于一种电性引力，为了说明这种引力，首先介绍分子的极性。

（一）分子的极性

任何以共价键结合的分子中，都存在带正电的原子核和带负电的电子，因此分子中存在正电荷重心和负电荷重心，尽管整个分子是电中性的，但如果正电荷重心和负电荷重心不重合，则整个分子存在极性，称为极性分子，如 HCl、H_2O、NH_3 等；如果正电荷重心和负电荷重心重合，则整个分子不存在极性，称为非极性分子，如 I_2、CO_2、CH_4、苯等。

分子的极性强弱可以用偶极矩来衡量。偶极矩 μ 是指正、负电荷中心间的距离 d 和电荷中心所带电量 q 的乘积。

$$\mu = dq$$

分子的偶极矩可以通过实验测得。偶极矩等于零的分子是非极性分子，偶极矩不等于零的分子是极性分子。偶极矩的数值越大，分子的极性越强。

(二) 分子间力

根据形成力的原因，分子间力又分为色散力、诱导力和取向力。

(1) 取向力　极性分子与极性分子之间，偶极定向排列产生的作用力。

(2) 诱导力　当极性分子与非极性分子靠近时，极性分子的偶极使非极性分子变形，产生的偶极称为诱导偶极。诱导偶极与极性分子的固有偶极相互吸引产生的作用力，称为诱导力。同样，极性分子与极性分子相互靠近时，彼此间的相互作用，除了取向力外，在偶极的相互作用下，每个分子也会发生变形，产生诱导偶极，所以诱导力也存在于极性分子之间。

(3) 色散力　由于每个分子中的电子和原子核皆处在不断的运动中，因此经常会发生电子云和原子核之间的瞬间相对位移，结果产生了瞬时偶极。两个瞬时偶极必然是处于异极相邻的状态而相互吸引，这种吸引力称为色散力。色散力普遍存在于各种分子之间，并且没有方向性。分子的分子量越大，越容易变形，色散力就越大。

分子间作用力有以下特点。

① 一般它只有几至几十千焦/摩尔。
② 分子间的作用力范围很小，约为 300~500pm。
③ 通常也不具有方向性和饱和性。
④ 对于大多数分子，色散力是主要的。只有极性很大的分子，取向力才占较大比重，诱导力通常都很小。

分子间作用力的大小直接影响物质的许多物理性质，如熔点、沸点、溶解度等。一般来说，随着分子量的增加，分子间力增强，物质的熔点、沸点也升高。例如，卤素单质的熔点、沸点变化，见表 3-4。

表 3-4　卤素单质的熔点和沸点

卤素单质	熔点/K	沸点/K	常温、常压下的状态
F_2	53.6	85	气态
Cl_2	172	238	气态
Br_2	266	332	液态
I_2	387	457	固态

(三) 氢键

如果从分子间作用力来分析，H_2O 的沸点应该比 H_2S 低，可实际上通常状况下水呈液态，这种反常现象说明水分子间有一种特殊的分子间作用力，这种特殊的分子间作用力就是氢键。现以水分子为例来说明氢键的形成。当氢原子与电负性大、原子半径小的氧原子以共价键结合时，共用电子对被强烈地引向氧的一方，而使氢带正电性，这样氢原子能与另一个水分子中的氧原子上的孤对电子相吸引，结果水分子间便构成 O—H⋯O 即氢键而缔合在一起。

HF 也因氢键的形成而发生缔合现象，生成 $(HF)_n$，$n=2$、3、4 等。

氢只有跟电负性大的，并且其原子具有孤对电子对的元素化合后，才能形成较强的氢键，这样的元素有氟、氧和氮等。氢键既可以在分子间形成，也可以在分子内形成。含有分子间氢键的化合物，其熔点、沸点较同类化合物明显升高，有氢键的物质间互溶性增加，如乙醇与水以任意比互溶。而分子内氢键的生成，一般会使化合物的熔点、沸点降低。

氢键在生命活动过程中起着重要作用。蛋白质分子中的氨基酸残基之间的众多氢键能促使其形成稳定的空间结构，使它们具有不同的生理功能。DNA 分子中的碱基依赖于氢键而配对，使其成为生命的遗传物质。

本章要点

一、原子核外电子的运动状态

描述一个原子核外电子的运动状态，要用四个量子数 n、l、m 和 m_s。同一原子中，没有四个量子数完全相同的两个电子存在。

二、原子核外电子的排布

1. 多电子原子轨道的能级

Pauling 近似能级顺序：1s，2s2p，3s3p，4s3d4p，5s4d5p，6s4f5d6p，7s5f6d7p。

2. 基态原子中电子的排布原理

泡利不相容原理：同一原子中没有运动状态完全相同的电子，即同一原子中没有四个量子数完全相同的两个电子。推论：每个原子轨道中最多只能容纳两个自旋方向相反的电子。延伸：每个电子层中最多可容纳 $2n^2$ 个电子。

能量最低原理：电子总是先填充在能量最低的轨道中，只有当能量最低的轨道充满电子后，电子才依次填充能量较高的轨道。

洪特规则：电子在能量相同的等价轨道中填充时，尽量以相同自旋方式排布。洪特规则特例：等价轨道在全充满、半充满和全空的状态时，体系最稳定。

三、原子的电子层结构和元素周期律

具有相同的电子层数而又按原子序数递增的顺序排列的一系列元素为一个周期。

周期表中共分为 16 个族。8 个主族，8 个副族。

主族：由短周期元素和长周期元素共同组成的族。包括ⅠA、ⅡA、ⅢA、ⅣA、ⅤA、ⅥA、ⅦA 和零族。

副族：完全由长周期元素和不完全周期元素组成的族。包括ⅠB、ⅡB、ⅢB、ⅣB、ⅤB、ⅥB、ⅦB 和Ⅷ族。

四、元素性质的周期性

元素性质随原子序数的递增呈现出周期性的变化的本质原因是，随原子序数的递增，原子的核外电子排布呈现出周期性的变化，从而引起元素性质（原子半径、电离能、电负性以及元素的金属性和非金属性）呈现出周期性的变化规律。

五、离子键

阴、阳离子间通过静电作用形成的化学键称为离子键。离子键的本质是静电引力；离子键没有饱和性和方向性。

六、共价键

两个键合原子互相接近时，各提供一个自旋方向相反的电子彼此配对，形成共价键。成键电子的原子轨道重叠越多，两核间的电子云密度越大，形成的共价键越牢固。共价键的特

征具有饱和性和方向性。

配位键是特殊的共价键，共用电子对由一个原子单独提供，而与另一个原子共用的共价键。形成条件是：一个原子具有空轨道；另一个原子具有孤对电子。

七、分子间力和氢键

分子与分子之间的相互作用力，主要影响物质的物理性质。分子间力的特点如下。

（1）分子间力是一种较弱的电性引力，其作用能大小为 2~20kJ/mol，而化学键的键能为 100~600kJ/mol。

（2）分子间力没有方向性和饱和性。

（3）分子间力随分子间距离的增大而迅速减小，是一种短距离作用力。

（4）三种分子间作用力中，以色散力为主。

氢键是氢原子同时与两个电负性较大、半径较小且带有孤对电子的元素的原子间的作用力。氢键是一种特殊的分子间作用力，其本质是静电引力，具有饱和性和方向性。分子间氢键使物质的熔点、沸点升高。物质与水分子之间形成氢键，则可增加其在水中的溶解度。

习　　题

一、选择题

1. 下列原子轨道不存在的是（　　）。
   A. 6s　　　　　B. 4d　　　　　C. 3f　　　　　D. 5p

2. 某原子的电子排布式表示为 $1s^2 2s^2 2p^6 3s^2 3p^6 3d^4 4s^2$，违背的是（　　）。
   A. 能量最低原理　　　　　B. 泡利不相容原理
   C. 洪特规则　　　　　　　D. 能量守恒原理

3. 下列说法不正确的是（　　）。
   A. 周期序数＝电子层数　　　B. 质量数＝质子数
   C. 过渡元素都是金属元素　　D. 主族序数＝最外层电子数

4. 下列元素原子电负性最大的是（　　）。
   A. F　　　　　B. Cl　　　　　C. Mg　　　　　D. Na

5. 下列物质中既有离子键又有共价键的是（　　）。
   A. KCl　　　　B. H_2　　　　C. NaOH　　　　D. $MgBr_2$

6. 下列各组物质沸点高低顺序中正确的是（　　）。
   A. HI＞HBr　　　　　　　B. H_2S＞H_2O
   C. Cl_2＞Br_2　　　　　D. NaCl＞MgO

7. 下列关系正确的是（　　）。
   A. 原子半径：Ca＞Mg＞Na　　B. 原子半径：Br＞Cl＞F
   C. 金属性：Ca＞Mg＞Na　　　D. 非金属性：Br＞Cl＞F

8. 下列各键中，哪一种键的极性最大（　　）。
   A. H—Br　　　B. H—Cl　　　C. H—F　　　D. H—I

二、填空题

1. 描述原子核外电子的运动状态需要的四个参数是（写出参数的名称和表示符号）：_____（　）、_____（　）、_____（　）、_____（　），它们分别用来描述_____、_____、_____和_____。

2. 根据轨道重叠的方式将共价键分为_____和_____。其中键能较大的是_____。

3. 根据元素电负性的大小，可判断元素的_____强弱。同一周期主族元素从左到右电负性_____，同一主族元素从上到下电负性_____。副族元素电负性变化规律不明显。

4. 原子中核外电子排布必须遵循的原则是：_____；_____；_____。K 原子的电子排布式写成 $1s^2 2s^2 2p^6 3s^2 3p^6 3d^1$，违背了_____，应改为_____。

5. CI_4、CF_4、CCl_4、CBr_4 按沸点由高到低的顺序是_____。

6. 在 $n=5$ 的电子层，最多能容纳电子数是_____。

三、简答题

1. 简述 σ 键和 π 键的区别。
2. 共价键为什么既有饱和性又有方向性？

知识链接　　　　　化学家鲍林

美国化学家鲍林不仅是当代著名的化学家之一，也是唯一两次单独荣获诺贝尔奖的科学家。

1901 年 2 月 18 日，鲍林出生在美国俄勒冈州波特兰市，1917 年，鲍林以优异的成绩考入俄勒冈州农学院化学工程系，1925 年，年仅 24 岁的鲍林以优异的成绩获得加州理工学院的哲学博士学位。

鲍林一生致力于结构化学的研究，在化学、生物学、医学等领域中，共发表了 400 多篇科学论文，出版了 10 多本专著。鲍林提出的元素电负性标度、原子轨道杂化理论等概念为每一位学习和研究化学的人所熟悉，特别是他所著的《化学键的本质》被称为 20 世纪最有影响的科学著作之一。1954 年，他因研究化学键的本质以及用化学键理论阐明复杂物质的结构而获诺贝尔化学奖。

鲍林坚决反对把科技成果用于战争，特别反对核战争。他指出："科学与和平是有联系的，世界已被科学的发明大大改变了，特别是在最近一个世纪。现在，我们增进了知识，提供了消除贫困和饥饿的可能性，提供了显著减少疾病造成的痛苦的可能性，提供了为人类利益有效地使用资源的可能性"。1962 年，他因唤起公众对大气层核试验释放的放射线危害的注意，荣获诺贝尔和平奖。

他除了两度荣获诺贝尔奖外，还是 40 多项荣誉和奖章的获得者，全世界几十所大学授予他荣誉博士学位。

鲍林曾于 1973 年和 1981 年两次来我国访问讲学，受到我国广大科学工作者的热烈欢迎。

第四章 重要的生命元素

知识目标

掌握生命元素的分类；了解生命必需的常量元素以及生命必需的微量元素的作用；了解环境中常见的有毒元素对人体的危害并树立环境保护意识。

能力目标

学会常见元素的定性鉴别。

第一节 概　　述

地球上最为神奇的自然现象是生命的存在。在动植物、微生物等生物体内存在大量的生命物质，它们是一些特殊的化学物质。这些物质在生物体内进行着一系列生命活动，通过信息传递、物质代谢、能量转化实现生命体的生长、生殖、遗传和运动。事实表明，生命体的物质基础是化学元素，生命活动的本质是化学反应。因此，人类探索生命奥秘离不开对生命元素的认识。

水、蛋白质、核酸、脂类、糖类、维生素等是构成人类生命的主要物质，这些物质主要是由C、H、O、N等元素按照不同的方式组合而成的。维持人体处于正常健康状态的元素称为生命元素。C、H、O、N是生命的基础元素。

人体由化学元素组成，在自然界存在的92种元素中，目前在人体内已检出81种。这些元素大致可以分为必需元素、非必需元素和有毒元素三大类。

一、必需元素

必需元素是指那些在健康组织中有生物活性并能发挥正常生理功能，具有不可替代作用的元素。它们参与多种生化代谢过程，对生理功能产生直接影响。这些元素有28种，它们分别是：C、H、N、O、S、P、K、Na、Ca、Mg、Cl、Fe、I、Zn、Mn、Co、Mo、Cu、Se、Cr、F、Si、V、Br、Sn、Ni、B、As。人体中的28种必需元素，按含量的多少又可分为常量元素和微量元素。

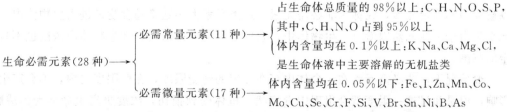

必需微量元素虽然含量不到人体质量的0.05%，但它们具有高度的生物活性，与人体

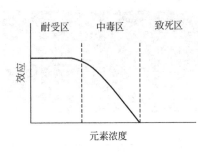

图 4-1 非必需微量元素浓度
与生物效应的关系

的生理功能关系密切（图 4-1）。

微量元素在人体代谢中的主要作用如下：

① 构成各种金属酶的必需成分或活化的金属酶和它的辅助因子。

② 参与激素的调节或增强激素的作用，使各种激素与维生素有不同的特异功能。

③ 协助输送普通元素；调节体液的渗透压和酸碱平衡。

这些作用对人体功能的主要影响是：影响胚胎的生长发育；促进人体的生长发育；影响内分泌的功能；维护中枢神经系统的完整性；参与人体的免疫系统。

人体内各种微量元素是一个处于动态平衡的相互协调的有机整体，微量元素之间存在一个恰当的比例关系。每种微量元素都有一个安全和适宜的摄入量，任何一种元素过多或过少都会引起体内微量元素的平衡失调，从而引发某些组织成分的变化；或改变其氧化形态及存在形式，会不利于一些腺素或酶的形成，使人体产生缺乏病症或一定的副作用，由此引起许多疾病的发生。因此在日常生活中必须注意合理的膳食结构，以保证微量元素的摄入平衡。

大多数生命必需元素在元素周期表的第一到第四周期。必需微量金属元素主要集中在过渡元素区，并且绝大多数为第四周期的过渡元素（表 4-1）。

表 4-1 生命元素在周期表中的分布

ⅠA	ⅡA	ⅢB	ⅣB	ⅤB	ⅥB	ⅦB	Ⅷ			ⅠB	ⅡB	ⅢA	ⅣA	ⅤA	ⅥA	ⅦA	
H												B	C	N	O	F	
Na	Mg												Si	P	S	Cl	
K	Ca		V	Cr	Mn	Fe	Co	Ni	Cu	Zn				As	Se		
	Sr			Mo									Sn			I	

二、不确定元素

大量实验表明，除了上述 28 种元素已经确定为生命必需元素外，其他在生物体内被检测到的 50 多种元素，在生命活动中不是必需的，有些元素的作用到目前为止还不能确定，所以被称为不确定元素，或称为非必需元素。这类元素大多数是随食物链进入生物体内，个别元素是由于一些偶然因素进入生物体中，它们不参与生命活动，在生物体内浓度也不具有恒定的范围。

一般情况下，非必需元素在生命体内存在一定的耐受限度，在此限度之内，不会产生不利影响，但是超过这一限度就会出现中毒症状，机体受到损伤，浓度更高生命会受到威胁。从图 4-1 可以看出非必需元素浓度与生物效应的关系。

三、有毒元素

有些元素进入生物体内，浓度较低时就能妨碍正常代谢、影响正常生理功能，对机体产生毒害作用，甚至危及生命，如 Cd、Hg、As、Cr、Pb、Ba 等，这些元素称为有毒元素或有害元素。

有毒元素的毒性与其存在的形态有关，如 Sb 的毒性很大，而锑化氢的毒性更大；Cd 本身无毒，但其化合物毒性很大，0.03g 硫酸镉就可致人死亡；氯化钡毒性较大，而硫酸钡则无毒；汞对人体有较大的危害，以有机汞（如甲基汞）形式存在于人体内时，对人体的毒性最大，无机汞比有机汞的毒性相对要小；六价 Cr（Ⅵ）对人体危害较大，三价 Cr（Ⅲ）无毒。

有毒元素的原子序数较大，特别是第五、六周期元素居多。有毒元素的耐受区间范围很窄，较低浓度就会造成严重的机体伤害，很小剂量的剧毒物质即进入致死区域。

有毒金属元素在体内产生毒性作用的一个主要原因是它们在人体内很难排泄出，在人体内积累性较强。当发生有毒金属元素中毒时，可根据元素的化学性质，选择适宜的解毒剂来降低或排除体内的含量。临床上常用一些螯合剂作解毒治疗。表 4-2 列出了几种常用的解毒剂。

表 4-2　金属离子急性中毒的常用解毒剂

有毒元素	解毒剂（螯合剂）
铅	$Na_2CaEDTA$，二巯基丙醇，青霉胺
汞	二巯基丙醇，青霉胺
镉	$Na_2CaEDTA$
铊	二巯基丙醇
砷	二巯基丙醇
镍	二巯基丙醇，二硫代氨基甲酸钠
锰	$Na_2CaEDTA$
铜	$Na_2CaEDTA$，青霉胺

应该注意，"必需"、"非必需"等的界限是相对的。随着检测手段和诊断方法的进步和完善，今天被认为是非必需的元素，明天会被发现是必需的。例如砷元素，过去一直被认为是有害元素，直到 1975 年才认识到它的必需性。即使是必需元素，在体内也有一个最佳营养浓度，超过或不足都不利于人体健康，甚至有害。

第二节　s 区元素

一、概述

s 区元素的价层电子构型为 ns^1 或 ns^2，即周期表中的第ⅠA族元素和第ⅡA族元素。ⅠA族包括氢（H）、锂（Li）、钠（Na）、钾（K）、铷（Rb）、铯（Cs）、钫（Fr）七种元素，除氢元素外的六种均为金属元素，因它们对应氧化物的水溶液显强碱性，所以第ⅠA族元素称为碱金属。ⅡA族包括铍（Be）、镁（Mg）、钙（Ca）、锶（Sr）、钡（Ba）、镭

(Ra)六种元素，因它们的氧化物兼有"碱性"和"土性"（化学上把难溶于水和难熔融的性质称为"土性"），所以第ⅡA族元素称为碱土金属。

二、氢

氢在元素周期表中位于第一位，它在所有元素中具有最简单的原子结构，由一个带＋1电荷的核和一个电子组成。

分子氢在地球上的丰度很小，但化合态氢的丰度却很大，存在于水、碳水化合物等有机化合物以及氨和酸中，其中很多物质都是生命体离不开的重要物质。含有氢的化合物比其他任何元素的化合物都多，氢在地壳外层的三界（大气、水和岩石）里以原子分数计占17%，仅次于氧而居第二位。

三、钠和钾

钠是人体中不可缺少的成分，碳酸氢钠是血液中主要的缓冲剂，同时又是一种兴奋剂，钠还是骨骼、肌肉收缩和心脏正常跳动必不可少的元素，钠离子对人体的神经末梢具有刺激作用。钠缺乏会导致肌肉痉挛、头痛，当人体过度劳累出汗过多时，补充适量的钠会很快调节细胞平衡。

钾是人体中不可缺少的元素之一。是细胞内液的主要离子，维持细胞的新陈代谢。它呈离子状态存在于血液中，具有电化学和信使功能。若体内缺钾，会经常出现手足麻木、肌肉无力、心律失常等病症。

钠、钾的主要功能是调节体液的渗透压、电解质的平衡和酸碱平衡，通过钠-钾泵，将钾离子、葡萄糖和氨基酸输入细胞内部，维持核糖体的最大活性，以便有效地合成蛋白质。钾离子也是稳定细胞内酶结构的重要辅助因子。同时，钠离子、钾离子还参与神经信息的传递。

四、钙和镁

钙是组成人体骨骼、牙齿的必需元素，它对幼儿及青少年的生长发育起着重要作用，婴幼儿缺钙，易患佝偻病、软骨病及出现牙齿发软、龋齿等症状。成人缺钙会出现骨质软化和疏松，容易骨折。钙还是神经传递和肌肉收缩所必需的元素，它能刺激心脏和血管活动，能激活多种酶，提高机体对传染病的抵抗能力和抗炎症作用，可保证大脑顽强地工作。缺钙还会提高心血管病的发病率。

镁和钙一样是人体骨骼成分的一部分。镁离子参与体内糖代谢，能激活一些酶的形成，是糖代谢和呼吸不可缺少的辅助因子；镁还与脂肪酸的代谢有关；镁参与蛋白质合成时起催化作用。镁离子与钾离子、钙离子、钠离子协同作用，共同维持肌肉神经系统的兴奋性，维持心肌的正常结构和功能。另一个有镁参与的重要生物过程是光合作用，在此过程中含镁的叶绿素捕获光子，并利用此能量固定二氧化碳而放出氧。

第三节 p 区 元 素

一、概述

p区元素最后1个电子填充在 np 轨道上，价层电子构型为 $ns^2np^{1\sim6}$，位于长周期表右侧，包括ⅢA～ⅦA族及零族元素，即硼族元素、碳族元素、氮族元素、氧族元素、卤族元素、稀有元素。p区元素大部分为非金属。

二、硼族元素

硼族（ⅢA）价层电子构型为 ns^2np^1，包括 B、Al、Ga、In、Tl。硼族元素的价电子数（3个电子）小于价层轨道数（1个 s 轨道和 3 个 p 轨道，共 4 个轨道），所以硼族元素是缺电子元素，易形成缺电子化合物。

硼是植物生长和发育必需的微量元素。人体含硼 10mg 左右，硼主要存在于人的骨骼中。硼能促进骨骼生长，影响钙、镁等元素的代谢，参与甲状腺素的分泌。由于人体对硼的需求量低，很少有人缺硼。

铝不是人体的必需元素，人体缺乏铝时，不会带来什么损害，反之，铝盐能致人体中毒。铝能直接损害成骨细胞的活性，从而抑制骨的基质合成；同时，消化系统对铝的吸收，导致尿钙排泄量的增加及人体内含钙量的不足。人体摄取过多的铝，会破坏人体神经细胞内遗传物质脱氧核糖核酸的功能，可能导致纤维性病变、退行性脑变性等危害，会对老年痴呆症起到诱发作用。防止铝的危害主要有三条途径：一是不要用铝盐明矾作净水剂；二是尽量不用铝制品作炊具；三是少吃含铝盐添加剂较多的食物，如油条。

铊和铊的氧化物都有毒，能使人的中枢神经系统、肠胃系统及肾脏等部位发生病变。人如果饮用了被铊污染的水或吸入了含铊化合物的粉尘，就会引起铊中毒，其毒性高于铅和汞。自然界中铊主要存在于锌盐、铁矿或硫矿中，从事采矿行业和冶金行业的人常接触到铊。

三、碳族元素

周期表中第ⅣA族元素包括碳、硅、锗、锡、铅五种元素，又称碳族元素。碳族元素价层电子构型为 ns^2np^2。

碳元素是生命体的最基本元素，碳水化合物是人体组织特别是大脑活动的最主要的能量来源。

硅是骨骼、软骨形成的初期阶段所必需的元素，同时能使上皮组织和结缔组织保持必需的强度和弹性，保持皮肤良好的化学和机械稳定性以及血管壁的通透性，还能排除机体内铝的毒害作用。由于食物中含硅较多，一般人不会缺硅。

锗是近年来被广泛研究的微量元素，实验表明，有机锗具有增强免疫功能及抗癌防癌的作用，但摄入过量锗会引起肾功能损害。

锡可能与蛋白质的生物合成有关。

铅是一种具有神经毒性的重金属元素，进入血液后，可引起机体代谢过程的障碍，对全身各组织器官都有损害，尤以对神经系统的损害最为严重。

四、氮族元素

氮族也称ⅤA族，价层电子构型为 ns^2np^3，包括 N、P、As、Sb、Bi 五种元素。氮主要以单质存在于大气中；磷主要以磷酸盐形式分布在地壳中，如磷酸钙 $Ca_3(PO_4)_2$、氟磷灰石 $3Ca_3(PO_4)_2 \cdot CaF_2$；砷、锑、铋主要以硫化物矿存在，如雄黄、辉锑矿、辉铋矿等。

氮是蛋白质的主要成分，又是叶绿素、维生素、核酸、酶和激素等的重要物质组成部分，是生命物质的基础。

磷是细胞中核酸、核苷酸、核蛋白与磷脂的重要成分，与细胞分裂有关。对碳水化合物、蛋白质、脂肪等形成、运转、相互转化起重要作用，也参与光合作用和呼吸作用。

砷作用于神经系统，刺激造血器官，长时期的少量侵入人体，对红细胞生成有刺激影响，长期接触砷会引发细胞中毒和毛细管中毒，还有可能诱发恶性肿瘤。

五、氧族元素

氧族元素是周期表ⅥA族元素，包括 O、S、Se、Te、Po 五种元素，其价层电子构型为 ns^2np^4。

生命活动离不开氧，氧是生命基本元素。

硒是谷胱甘肽过氧化物酶的必要构成部分，具有保护血红蛋白免受过氧化氢和过氧化物损害的功能，同时具有抗衰老和抗癌的生理作用。克山病是人体严重缺硒而导致的地方性心肌坏死病。适量补硒，可预防多种慢性病，延缓衰老。但人体内若含硒过多，会产生毒性作用，因此补硒要控制剂量。

硫元素是动物所必需的矿物元素之一，主要以有机形式存在于蛋氨酸、胱氨酸和半胱氨酸等含硫氨基酸中，硫的重要生理作用也是通过体内含硫有机物实现的，如作为硫胺素的成分参与碳水化合物的代谢，作为辅酶A的成分参与能量的代谢，作为生物素的成分参与脂类代谢等。动物体内长期缺乏硫元素表现为食欲减退、掉毛、溢泪，甚至因体质虚弱而死亡。

六、卤族元素

卤族元素是周期表ⅦA族元素，包括 F、Cl、Br、I、At 五种元素，其价层电子构型为 ns^2np^5。

氟是人体所必需的微量元素，对牙齿及骨骼的形成和结构，以及钙和磷的代谢均有重要作用，如长期缺氟易发生龋齿，儿童尤为突出；老年人缺氟会影响钙和磷的作用，可导致骨质松脆，发生骨折；而氟过多时又会导致氟骨病和氟斑牙。

氯元素约占人体质量的 0.15%，分布于全身各组织中，以脑脊液和胃肠道分泌物中最多，氯为组成盐酸的成分，能保持人体胃液正常酸度，有助于保持体液酸碱平衡。

碘参与甲状腺素的合成。缺碘可使体内甲状腺素合成发生障碍，会导致甲状腺组织代偿性增生，颈部显示结节状隆起，即大粗脖；孕妇缺碘可导致胎儿畸形、呆傻或发育停滞症状，即克汀病。人体摄入碘过多也会生病。

第四节 d区和ds区元素

一、概述

d区元素的价层电子构型是 $(n-1)d^{1\sim 9}ns^{1\sim 2}$，最后1个电子基本都是填充在倒数第二层 $(n-1)d$ 轨道上的元素，位于长周期的中部，包括ⅢB～Ⅷ族元素。这些元素都是金属，常有可变化的氧化值，属于过渡元素。

ds 区元素的价层电子构型是 $(n-1)d^{10}ns^{1\sim2}$，即次外层 d 轨道是充满的，最外层轨道上有 1～2 个电子。它们既不同于 s 区，也不同于 d 区，故称为 ds 区，它包括ⅠB和ⅡB族，处于周期表 d 区和 p 区之间。它们都是金属，也属过渡元素。

二、铜、银、金

铜与调节体内铁的吸收、血红蛋白的合成以及形成皮肤黑色素、影响结缔组织、弹性组织的结构和解毒作用都有关系。缺铜时，铁的利用率也低。有研究表明，锌能抑制人体对铜的吸收，缺铜可引起白癜风。

银具有加速创伤愈合、防治感染、净化水质和防腐保鲜的作用。银离子具有强效抗菌杀菌消毒作用。微生物被银吸附后，起呼吸作用的酶就失去功效，微生物就会迅速死亡。

早在中国古代的各种药典中，已经明确了"金"的药用价值，唐代《药性论》记载金主治小儿惊痫、失志、镇心、安魂魄；明朝《本草纲目》中记载金可以破冷气除风；清朝《本草再新》记载金主治小儿惊痫、痘疮诸毒等。在国外，古埃及人早在 5000 年前就使用金牙来美容口腔；古罗马人用金来治疗皮肤病，敷上金的伤口不再溃烂；近代医学也已经在使用金来治疗免疫性疾病如类风湿性关节炎等。

三、锌、镉、汞

锌在人体内的含量为 2～2.5g。锌离子是许多酶的辅基或酶的激活剂。例如，维持维生素 A 的正常代谢功能及对黑暗环境的适应能力；维持正常的味觉功能和食欲；促进生长发育和个体细胞的分裂，维持机体的生长发育，特别是对促进儿童的生长和智力发育具有重要的作用。

镉进入人体可置换骨骼中的钙，严重中毒者患骨痛病并致死。镉污染主要来源于冶炼、电镀业，空气中的镉来自于烟尘，煤、石油产品的燃烧也排放镉。镉的毒性极强，在人体内蓄积导致慢性中毒，主要造成肝、肾和骨骼组织的损害。

汞及其大部分化合物均有毒，汞进入人体后，因其有较强的脂溶性而易被人体吸收，并导致蛋白凝固，有机汞在脂肪中溶解度大，甲基汞更具有毒性，容易在中枢神经、肝、肾内蓄积且难以排出，主要危害神经系统和肾脏。采矿、冶炼及某些加工工业工厂里的含汞废物、农药等均能造成汞污染。著名的"水俣病"就是 1959 年日本水俣地区居民因甲基汞导致的中毒。汞有遗传性危害。

四、钒、铬、锰

钒在人体内有 25mg，它是人体新陈代谢所需要的一些生物酶的活性中心，还具有促进生血、降低胆固醇的作用。

铬在人体内的含量虽然很低，但与糖、血脂的代谢密切相关。三价铬（Ⅲ）是胰岛素的辅助因子，也是胃蛋白酶的重要组分，还经常与核糖核酸（RNA）共存。它的主要功能是调节血糖代谢，帮助维持体内所允许的正常葡萄糖含量，并和核酸、脂类、胆固醇的合成以及氨基酸的利用有关。近些年来，由于人们多吃精米、精面，使体内的铬含量下降，导致人们容易患糖尿病和心血管疾病。六价铬（Ⅵ）有毒。

锰在人体内有 10～20mg。它主要通过含锰的生物酶参与糖代谢、胶原合成及激素分泌，促进人体的生长发育，维持人体正常的生殖功能和脑功能。一般人很少缺锰。

五、铁、钴、镍

铁在正常人体内的总量只有 4～6g，它与多种蛋白质结合，其中 70% 的铁存在于血红蛋白中，约 10% 的铁存在于细胞中，如细胞色素中就含有铁。铁还参与多种酶的合成，是很多酶的活性部位，而细胞色素和酶参与人体内的氧化还原过程，影响机体的能量代谢和免疫功能。缺铁会导致贫血。

钴在人体内仅有 1～2mg，是存在于维生素 B_{12} 中的必需微量元素。其主要功能是参与造血过程，缺钴将会引起恶性贫血症。钴对铁的代谢、血红蛋白的合成、红细胞的发育成熟等有着重要作用。

人体含镍 16～18mg。镍参与垂体激素的分泌，影响人的生长和生殖功能；镍能促进体内铁的吸收、红细胞的增长和氨基酸的合成等。过量的镍会给机体带来损伤，还可能致癌。

本章要点

一、概述

人体由化学元素组成，目前在自然界存在的元素中，在人体内已检出 81 种。这些元素可以分为必需元素、非必需元素和有毒元素三大类。

必需元素是指在健康组织中有生物活性并能发挥正常生理功能，具有不可替代作用的元素；在生命活动中不是必需的，不参与生命活动的元素称为非必需元素；有毒元素是指进入生物体内，浓度较低时就能妨碍正常代谢、影响正常生理功能，对机体产生毒害作用的元素。

二、s 区元素

s 区元素的价层电子构型为 ns^1 或 ns^2，即周期表中的第ⅠA 族元素和第ⅡA 族元素。价电子总数等于其主族序数，等于其最高氧化值。随着原子序数的增加，从上到下其金属性逐渐增强；其单质的还原性逐渐增强；其最高价氧化物对应的水化物的碱性逐渐增强。

碱金属（ⅠA 族）的价层电子构型为 ns^1，碱土金属（ⅡA 族）价层电子构型为 ns^2。它们均为活泼金属。其单质常作为还原剂，都能和大多数的非金属反应，并易和水反应。它们多数金属或化合物焰色反应时火焰呈现特殊的颜色，利用焰色反应可以判断金属或离子的存在。

三、p 区元素

p 区元素最后 1 个电子填充在 np 轨道上，价层电子构型是 $ns^2np^{1\sim6}$，位于长周期表右侧，包括ⅢA～ⅦA 族元素及零族，即硼族元素、碳族元素、氮族元素、氧族元素、卤族元素、稀有元素。p 区元素大部分为非金属。同族元素（零族除外）随着原子序数的增加，从上到下其金属性逐渐增强，非金属性逐渐减弱；其单质的还原性逐渐增强，氧化性逐渐减弱；其最高价氧化物对应的水化物的碱性逐渐增强，酸性逐渐减弱。

硼族元素（ⅢA 族），其价层电子构型为 ns^2np^1，能形成 +3 价的化合物。随着原子序数的增加，ns^2 电子对的稳定性增加，+1 价的化合物的稳定性也随之增大。

碳族元素（ⅣA 族），其价层电子构型为 ns^2np^2，能形成 +2、+4 价化合物。碳和硅主要形成+4价的共价化合物。Sn（Ⅱ）有较强的还原性；Pb（Ⅳ）有较强的氧化性。

氮族元素（ⅤA族），其价层电子构型为 ns^2np^3，常见的化合价有+3、+5。氮族元素易形成共价化合物，除氮以外，其他均不能形成负离子-3。

氧族元素（ⅥA族），其价层电子构型为 ns^2np^4。氧的常见氧化态为-2，硫、硒、碲的氧化态有-2、+2、+4、+6。氧族元素的性质以氧化性为主。

卤素（ⅦA族），其价层电子构型为 ns^2np^5，形成 X^-，有多种氧化态，为+1、+3、+5、+7（除F外）。卤素是活泼的非金属，其单质及其化合物有较强的氧化性，在反应中常作强氧化剂。

四、d 区和 ds 区元素

d 区和 ds 区元素价层电子构型为 $(n-1)d^{1\sim10}ns^{1\sim2}$，称为过渡金属元素，包括ⅠB～ⅧB族元素，随着核电荷数的增加，电子依次充填在次外层的 d 轨道上，这就导致了过渡元素有多种氧化值，水合离子大多具有颜色，易形成配合物等特性。

铬原子的价层电子构型是 $3d^54s^1$，以+3、+6 两类化合物最为常见和重要。在铬的化合物中，以 Cr（Ⅵ）的毒性最大。锰的氧化物以及对应的水合物，随着锰的氧化值的升高，碱性逐渐减弱，酸性逐渐增强。

铁、钴和镍位于ⅧB族，性质相似。铁是过渡金属元素的代表，通常显+2 价和+3 价，以+3 价更稳定。铁与氧化性不同的物质反应，生成铁的价态也不同。

铜族即ⅠB族，包括铜、银、金，都是不活泼的重金属，易形成配合物。铜制品在潮湿空气中表面易生成"铜绿"，即 $[Cu(OH)_2 \cdot CuCO_3 \cdot xH_2O]$。银的化合物都有不同程度的感光性，故银盐一般都用棕色瓶盛装，瓶外裹上黑纸。

锌副族即ⅡB族，包括锌、镉、汞三种元素。锌是必需元素，镉和汞是有毒元素。

习　题

1. 必需常量元素有几种？写出它们的元素符号。
2. 必需微量元素有几种？它们主要分布在周期表中哪些区？
3. 贫血症、白癜风、克山病、克汀病、龋齿、佝偻病分别与缺少何种必需元素有关？
4. 有毒元素通常包括那些元素？简述它们的主要危害。
5. 网络查阅：人体必需微量元素与膳食结构的关系。

知识链接　　化学元素与癌症

癌症与化学元素关系密切，人类恶性肿瘤中 80%～85% 是由化学致癌物引起的。环境污染、生态环境被破坏将导致癌症发病率剧增。

化学元素对癌症有双重作用——诱发助长作用和抑制作用。如砷、铍、镍、铅、镉等能诱发和助长肿瘤的生长，而另一些元素如适量的铜、硒、铂等的化合物能抑制癌症的发展。

流行病学调查及实验表明，放射性元素如镭、铀、钋、钍有明显的致癌作用；铍、铬、钴、镍、镉等过量时有致癌作用；含钛、铁、镍的有机物有致癌作用；钪、锰、砷、钇、锆、铅在特殊情况下有致癌作用。值得注意的是，有些癌症的发病率与生存环境中的微量元素的含量有关。如我国川西北地区食管癌发病率高，而该地区饮水和土壤中的铜、锰、镁含量偏低。多种癌症都与环境中硒的缺少有关。

尽管化学元素的致癌机理尚不明确，目前一般认为致癌金属离子主要与酶中原有的金属离子置换，并引起酶的空间构型改变，其活性受到抑制或全部消失。致癌物主要与 DNA 作用并损害 DNA。

尽管环境中有许多致癌物，但除了人体有抗癌作用外，环境中还存在一些抗癌物质。已证明或估计有抗癌或抑癌作用的元素有镁、钼、硒、铜、锌、碘及铂、钯、铱的配合物。如硒具有抵抗镉、汞的危害从而抑制镉、汞的致癌作用。顺式二氯二氨合铂（Ⅱ）可使机体内无控制地增殖和扩散癌细胞的 DNA 复制发生困难，进而达到抑制癌细胞分裂的目的。

目前，人们对癌症的研究是多方位的，对癌症组织与健康组织进行化学元素全分析有助于找出癌细胞与正常细胞的关键性差异。微量元素及其配合物对癌症组织与正常组织的不同作用仍有待深入研究。总之，经过不断努力和探索，"癌是不治之症"的结论将被人类自身推翻。

第五章 分析化学概论

知识目标

熟悉分析化学的任务、分析方法的分类，了解分析化学在生产实际中的作用。理解准确度、精密度的概念，准确度与精密度的关系。掌握误差的表示方法；了解系统误差的特点和偶然误差的分布规律；掌握误差和偏差的计算方法；了解可疑值的取舍原则。掌握有效数字的概念、规则及运算方法。熟悉滴定分析基本概念，理解常见的滴定分析方式，熟悉滴定反应的基本条件。熟悉基准物质的条件，掌握标准溶液的配制方法。

能力目标

能根据误差的性质判断误差的类别，进行误差的减免。能正确运用有效数字的规则进行数据记录和运算，树立准确的"量"的概念。能正确使用容量瓶、移液管、吸量管、滴定管等常用仪器，正确进行滴定分析操作。能运用直接法和间接法配制标准溶液，并能正确计算和表示标准溶液的浓度。能较熟练进行滴定分析的有关计算。

第一节 分析化学的任务和分类

一、分析化学的任务

分析化学是获取物质的化学信息，研究物质的组成、状态和结构的科学，它是一门独立的化学信息科学。分析化学的任务是对物质系统进行定性分析、定量分析和结构分析。定性分析的任务是鉴定物质的化学组成。定量分析的任务是测定各组分的相对含量。结构分析的任务是研究物质的分子结构或晶体结构。

二、分析方法的分类

根据分析任务、分析对象、分析目的、测定原理、操作方法的不同，分析化学的分析方法可分为多种类型。

（一）按任务分类

按任务分析方法可分为定性分析、定量分析和结构分析。

（二）按测定原理分类

按测定原理分析方法可分为化学分析法和仪器分析法。

1. 化学分析法

是以物质的化学反应为基础的分析方法，所用仪器简单，结果准确，应用范围广泛，主要适用于常量组分的测定。化学分析法可分为重量分析法和容量分析法。

重量分析法是通过化学反应及一系列操作，使试样中的待测组分转化为一种纯净的、化学组成固定的难溶化合物，再通过称量该化合物的质量，计算出待测组分的含量。

容量分析法是根据化学反应中，消耗试剂的体积来确定被测组分含量的方法，又称滴定分析法，分为酸碱滴定法、氧化还原滴定法、配位滴定法和沉淀滴定法。

2. 仪器分析法

是以物质的物理性质或物理化学性质为基础的分析方法。主要有光分析法、电分析法、色谱分析法和质谱分析法等。仪器分析法灵敏、快速、准确，应用范围广泛，主要适用于微量组分的测定。

（三）按被测组分的含量分类

根据分析试样中被测组分含量的多少，分析方法可以分为常量组分分析、微量组分分析和痕量组分分析，见表 5-1。

表 5-1　分析方法按被测组分含量分类

分析方法	被测组分含量
常量组分分析	>1%
微量组分分析	0.01%～1%
痕量组分分析	<0.01%

（四）按试样用量分类

根据试样用量的多少，分析方法可以分为常量分析、半微量分析、微量分析和超微量分析，见表 5-2。

表 5-2　分析方法按试样用量分类

分析方法	试样质量	试液体积
常量分析	>0.1g	>10mL
半微量分析	0.01～0.1g	1～10mL
微量分析	10～0.1mg	0.01～1mL
超微量分析	<0.1mg	<0.01mL

（五）按分析工作性质分类

根据分析工作性质的不同，分析方法可以分为例行分析、快速分析和仲裁分析。

例行分析是指化验室对日常生产中的原材料和产品所进行的分析。快速分析主要为控制生产过程提供信息的分析。仲裁分析是指不同单位对某一产品的分析结果有争议时，要求权威机构用公认的标准方法进行的准确分析。

（六）按分析对象分类

按分析对象不同，分析方法可以分为无机分析和有机分析。

无机分析的对象是无机物，由于组成无机物的元素多种多样，因此在无机分析中要求鉴定试样由哪些元素、离子、原子团或化合物组成，以及各组分的相对含量。有机分析的对象是有机物，虽然组成有机物的元素并不多，但化学结构却很复杂，不仅需要鉴定组成元素，更重要的是进行官能团分析和结构分析。

三、定量分析的一般程序

定量分析的任务是确定样品中有关组分的含量，完成一项定量分析任务，一般要经过以下步骤。

(一) 试样的采取

采取的试样必须保证具有代表性和均匀性,即所分析的试样组成能代表整批物料的平均组成。一般情况下,要多点取样,将各点取得的样品粉碎后混匀,用四分法从混匀的样品中取适量物质作为试样进行分析。

(二) 试样的分解

将试样中的待测成分转变成可测状态的操作称为试样的分解。定量分析一般采用湿法分析,即将试样分解后转入溶液中,然后进行测定。分解试样的方法主要有酸溶法、碱溶法和熔融法,操作时可根据试样的性质和分析的要求选用适当的分解方法。

(三) 干扰物质的分离

在分析过程中,遇到的样品往往含有多种组分,当进行测定时,常相互干扰,必须采取控制溶液的酸度、加入适当的掩蔽剂或沉淀分离等方法除去干扰物质。

(四) 测定方法的选择

根据测定的目的和要求,包括组分的含量、准确度及完成测定的时间等,选择合适的方法进行测定。

(五) 数据处理及分析结果的评价

对分析过程中得到的数据进行分析及处理,计算出被测组分的含量,并对测定结果的准确性做出评价。

第二节 定量分析的误差

定量分析的任务是准确测定试样中组分的含量,因此要求分析结果必须具有一定的准确度,否则会导致资源浪费、产品报废,甚至在科学上得出错误的结论。

在定量分析中,由于主、客观条件的限制,使得测定结果不可能和真实值完全一致,即使是技术很熟练的分析工作者,采用最可靠的分析方法和最精密的仪器,对同一试样进行多次分析,也不可能得到完全一致的分析结果。这就说明误差是客观存在的。因此,应该分析误差的性质、特点,找出误差产生的原因和出现的规律,并采取相应的措施来减小误差,提高分析结果的准确度。

一、误差的来源及分类

误差按其性质可分为两大类:系统误差和偶然误差。

(一) 系统误差

系统误差是由某些固定的原因引起的,使得测定结果系统地偏高或偏低,具有单向性、确定性、重复性和可测性。系统误差产生的主要原因如下:

(1) 方法误差　由于分析方法本身不完善有缺陷所造成的误差。例如:反应不能定量完成;有副反应发生;滴定终点与化学计量点不一致等。

(2) 仪器误差　由于仪器本身不够准确或未经校正,或使用仪器不符合要求引起的误差。例如:砝码未经校正;容量器皿刻度不准等。

(3) 试剂误差　由于试剂不纯、蒸馏水中含有被测物质或微量杂质所引起的误差。

(4) 操作误差　主要指在正常操作情况下，由于分析工作者掌握操作规程与控制条件不当所引起的误差。例如：对终点颜色变化判断时不同人的敏锐程度不同，有人敏锐、有人迟钝；滴定管读数时最后一位估读不够准确，有人偏高、有人偏低等，操作误差因人而异。

（二）偶然误差

偶然误差也称随机误差，是由难以控制的偶然因素所造成的误差。偶然误差在分析操作中是无法避免的，给分析结果带来的影响没有一定的规律，有时大，有时小，有时正，有时负，是可变的。偶然误差产生的主要原因有：测量时环境温度、湿度和气压的微小波动等；仪器性能的微小变化；分析人员对各份试样处理时的微小差别等。

偶然误差似乎没有规律性，但如果进行很多次平行测定，便会发现数据的分布符合一般的统计规律。即大误差出现的概率小，小误差出现的概率大，大小相等的正、负误差出现的概率大体相等。

二、误差的表示方法

（一）准确度与误差

准确度是指分析结果与真实值相接近的程度。误差的大小是衡量准确度高低的尺度，误差越小，表示测定结果与真实值越接近，准确度越高；误差越大，准确度越低。误差可分为绝对误差和相对误差。

绝对误差表示测定值（x）与真实值（μ）之差。

$$E = x - \mu \tag{5-1}$$

但绝对误差不能完全地说明测定的准确度，即它没有与被测物质的质量联系起来。如果被称量物质的质量分别为 1g 和 0.1g，称量的绝对误差同样是 0.0001g，就反映不出测定结果准确度的高低。故分析结果的准确度常用相对误差（$RE\%$）表示：

$$RE = \frac{x - \mu}{\mu} \times 100\% \tag{5-2}$$

相对误差能反映误差在测定结果中所占的百分率，更能反映测定结果的准确度。

【例 5-1】 称量 A、B 两物质的质量分别为 0.3652g 和 3.6525g，真实值分别为 0.3653g 和 3.6526g，计算 A、B 的绝对误差和相对误差。

解：A：绝对误差　$E_A = 0.3652 - 0.3653 = -0.0001(g)$

相对误差　$RE_A = \dfrac{-0.0001}{0.36526} \times 100\% = -0.027\%$

B：绝对误差　$E_B = 3.6525 - 3.6526 = -0.0001(g)$

相对误差　$RE_B = \dfrac{-0.0001}{3.6526} \times 100\% = -0.0027\%$

可见，在绝对误差相同的情况下，称量样品的质量较大时，相对误差较小，称量的准确度较高。

误差有正、负之分，当误差为正值时，表示测定结果偏高；误差为负值时，表示测定结果偏低。

（二）精密度与偏差

精密度表示同一试样多次平行测定结果之间相互符合的程度，表达了测定结果的重复性和再现性。偏差的大小是衡量精密度高低的尺度，偏差越小，精密度越高；偏差越大，精密度越低。偏差可分为绝对偏差和相对偏差。

1. 绝对偏差和相对偏差

同一试样在相同条件下平行测定 n 次时，就会得到 n 个测定结果 x_1，x_2，…，x_n。各次测定值与平均值之差称为偏差，用 d_i 表示。偏差可用绝对偏差 d 和相对偏差 Rd_i 表示。

$$d_i = x_i - \overline{x} \tag{5-3}$$

$$Rd_i = \frac{d_i}{\overline{x}} \times 100\% \tag{5-4}$$

2. 平均偏差

由于在多次平行测定中各次测定的偏差有正有负，有些可能为零。为了说明分析结果的精密度，常以绝对平均偏差表示。绝对平均偏差是各次测定值绝对偏差的绝对值之和除以测量次数 n 所得的数值，简称平均偏差，以 $\overline{d}$ 表示。

$$\overline{d} = \frac{|x_1 - \overline{x}| + |x_2 - \overline{x}| + \cdots + |x_n - \overline{x}|}{n} \tag{5-5}$$

或

$$\overline{d} = \frac{\sum_{i=1}^{n} |x_i - \overline{x}|}{n} \tag{5-6}$$

平均偏差在平均值中所占的百分率称为相对平均偏差，以 $R\overline{d}$ 表示。

$$R\overline{d} = \frac{\overline{d}}{\overline{x}} \times 100\% \tag{5-7}$$

当测定所得数据的分散程度较大时，仅从平均偏差还不能看出精密度的高低，这时需用标准偏差和变异系数来衡量精密度。

3. 标准偏差和变异系数

在实际测定中，测定次数 $n < 20$，用标准偏差 s 来衡量分析数据的分散程度。标准偏差是指个别测定值偏差的平方之和除以测定次数减 1 后的开方值，也称均方根偏差。

$$s = \sqrt{\frac{\sum_{i=1}^{n} (x_i - \overline{x})^2}{n-1}} \tag{5-8}$$

标准偏差占测量平均值的百分率称为相对标准偏差，也称变异系数，用 CV 表示。实际工作中，常用 CV 表示分析结果的精密度。

$$CV = \frac{s}{\overline{x}} \times 100\% \tag{5-9}$$

【例 5-2】某试样经分析测得锰的质量分数为 41.24%、41.27%、41.23%、41.26%。试计算分析结果的平均值，单次测得值的平均偏差和标准偏差。

解：

$$x = \frac{41.24\% + 41.27\% + 41.23\% + 41.26\%}{4} = 41.25\%$$

$$d_1 = -0.01\% \quad d_2 = 0.02\% \quad d_3 = -0.02\% \quad d_4 = 0.01\%$$

$$\overline{d} = \frac{\sum_{i=1}^{n} |x_i - \overline{x}|}{n} = \frac{0.01\% + 0.02\% + 0.02\% + 0.01\%}{4} = 0.015\%$$

$$R\overline{d}\% = \frac{\overline{d}}{\overline{x}} \times 100\% = \frac{0.015\%}{41.25\%} \times 100\% = 0.036\%$$

$$s = \sqrt{\frac{\sum_{i=1}^{n}(x_i - \overline{x})^2}{n-1}} = \left(\frac{0.01^2\% + 0.02^2\% + 0.02^2\% + 0.01^2\%}{4-1}\right)^{1/2} = 0.018\%$$

（三）准确度与精密度的关系

精密度表示测定结果的重现性，以平均值为标准，由随机误差所决定，与真值无关。准确度表示测定结果的准确性，以真值为标准，由随机误差和系统误差所决定。准确度是反映系统误差和随机误差两者的综合指标。

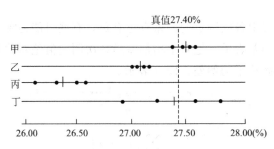

图 5-1 甲、乙、丙、丁四人分析结果的比较
● 表示个别测定值； | 表示平均值

图 5-1 表示甲、乙、丙、丁四人测定同一标准试样中某组分的质量分数时所得的结果（设其真值为 27.40%）。其中甲的分析结果的准确度和精密度均好，结果可靠；乙的分析结果精密度很好，但准确度低；丙的准确度和精密度都低；丁的精密度很差，数据的可信度低，虽然其平均值接近真值，但纯属偶然，因而丁的分析结果也是不可靠的。

综上所述，由于精密度的高低是由偶然误差的大小决定的，准确度的高低是由系统误差和偶然误差两方面所决定的，所以精密度是保证准确度的先决条件，准确度高，一定需要精密度高；但精密度高，分析结果准确度不一定高。只有在消除系统误差的前提下，精密度高，分析结果的准确度也高。

三、误差的减免

要提高分析结果的准确度和精密度，就必须采取措施，减少分析过程中的系统误差和偶然误差。

（一）消除系统误差

1. 对照试验

对照试验是采用已知准确含量的标准样品，按被测样品同样的分析方法和条件进行测定。也可用其他可靠的分析方法，或者由不同单位的化验人员分析同一试样来互相对照。对照试验是检查系统误差的有效方法。

作为对照试验用的分析方法必须可靠。一般选用国家颁布的标准分析方法或经典分析方法。在许多生产单位中，为了检查分析人员是否存在系统误差和其他问题，常在试样分析时，将一部分试样在不同分析人员之间，互相进行对照试验，这种方法称为"内检"；有时又将部分试样送交其他单位进行对照分析，这种方法称为"外检"。

通过对照试验可求出校正系数，用来校正分析结果。

$$校正系数 = \frac{标准样品准确含量}{标准样品测得含量}$$

被测组分含量＝校正系数×被测组分测得含量

2. 空白试验

空白试验，就是在不加试样的情况下，按照试样分析的操作步骤和条件进行分析，试验的结果称为"空白值"，从试样分析结果中减去"空白值"，可得到较准确的分析结果。

空白试验可以检验和减免由试剂、蒸馏水不纯或仪器带入的杂质所引起的误差，空白值一般不应很大，否则应提纯试剂或改用适当试剂和选用适当仪器的方法来减小空白值。

3. 校正仪器

仪器不准引起的误差，可通过校准仪器来减免。通常仪器出厂时都经过检验，在一般分析工作中不必校准。

当要求分析结果相对误差较小时，必须校正测量仪器。如滴定管体积、砝码质量、单标线吸管与容量瓶的体积等，求出校正值，并应用到分析结果的计算中，以消除因仪器不准所带来的误差。

4. 严格操作

分析者个人引起的主观或习惯性误差需经过严格的操作训练以提高操作技术水平来减少误差。

（二）减小偶然误差的方法

根据偶然误差的分布规律，可采用多次重复测定取平均值的方法来减小偶然误差。实验表明，测定次数不多时，偶然误差随测定次数的增加而迅速减小；当测定次数高于 10 次时，误差减小已经不太明显。所以在定量分析中，通常要求平行测定 3～4 次。

应该指出的是，系统误差和偶然误差都是指正常操作情况下产生的。由于分析工作者在操作过程中没有严格按照操作规程进行而造成的过失，如溶液的溅失、加错试剂、读错数据，记录和计算错误等，是不能通过上述方法减免的。只要分析人员加强责任感，严格遵守操作规程，认真仔细地进行实验，做好原始记录，过失是完全可以避免的。

第三节　有效数字及运算规则

一、有效数字及其运算规则

（一）有效数字的意义和位数

1. 有效数字

有效数字是指在分析测定中实际可以测得的数字。它包括所有的准确数字和最后一位可疑数字（实际能测到的数字）。记录一个测量资料时只能保留一位可疑数字，有效数字的位数与测量的误差有关。在测量准确度的范围内，位数越高，测量越准确。

2. 有效数字位数的确定

有效数字的位数是指在分析测定中实际可以测得的数字的位数。

1.3405	20.346	五位有效数字
0.5034	51.07%	四位有效数字
0.0440	5.67	三位有效数字
0.0093	0.40%	两位有效数字
0.8	0.003%	一位有效数字

3. 有效数字的含义

有效数字有三层含义：一表示实验数值的大小；二表示实验结果所包含的误差；三反映所用仪器的精度。

（二）有效数字的修约规则

① 记录数据时，只保留一位可疑数字。

② 整理数据和运算过程中弃去多余数字时，采用数字修约规则"四舍六入五留双"。

例如，把下面的数字修约为三位有效数字的结果分别为：

$$0.5235 \rightarrow 0.524 \qquad 0.52351 \rightarrow 0.524$$
$$42.25 \rightarrow 42.2 \qquad 42.251 \rightarrow 42.3$$
$$1325.0 \rightarrow 1.32 \times 10^3 \qquad 1235.0 \rightarrow 1.24 \times 10^3$$

可见，四舍六入五考虑，五后非零则进一，五后皆零视奇偶，五前为奇则进一，五前为偶则舍弃。

③ 不许连续修约。如需将 35.4546 修约为三位有效数字，应一次修约为 35.5。

（三）有效数字的运算规则

1. 加减法规则

当几个数据相加减时，它们的和或差只能保留一位可疑数字，应以小数点后位数最少（即绝对误差最大）的数据为依据。

【例 5-3】 计算：$0.0154 + 34.37 + 4.32751 = 38.72$

【例 5-4】 计算：$8.71 + 0.65009 - 1.332 = 8.03$

2. 乘除法规则

当几个数据相乘除时，它们的积或商的有效数字位数的保留，应以其中有效数字位数最少（即相对误差最大）的那个数据为依据。

【例 5-5】 计算：$0.0121 \times 25.64 \times 1.05782 = 0.328$

【例 5-6】 计算：$41.771 \times 0.0991 \times 8.073 \times 10^3 = 3.35 \times 10^4$

在计算和取舍有效数字位数时，还要注意以下几点。

① 对数：对数的有效数字只计小数点后的数字，即有效数字位数与真数位数一致；如 pH=11.32 有两位有效数字，其整数部分只代表该数的方次，小数点后才是有效数字。

② 科学计数法：如 6.023×10^{23} 有四位有效数字；1.0×10^{-14} 有两位有效数字。

③ 常数：常数的有效数字可取无限多位；在计算中如遇到倍数、分数时，因它们非测量所得，可视为无限多位有效数字。

④ 第一位有效数字等于或大于 8 时，其有效数字位数可多算一位。

⑤ 在计算过程中，可暂时多保留一位有效数字。

⑥ 误差或偏差取 1~2 位有效数字即可。

⑦ 对于高组分含量（>10%）的测定，一般要求分析结果有四位有效数字；对于中组分含量（1%~10%），一般要求有三位有效数字；对于低组分含量（<1%），一般要求有两位有效数字。通常以此为标准，报出分析结果。

二、可疑数据的取舍

在定量分析中，得到一组数据后，往往有个别值与其他数据相差较大，这个值称为可疑值。该可疑值是保留还是舍去，应慎重。在准备舍弃某测量值之前，首先检查该数据是否记错，实验过程中是否有过失等不正常现象发生，如果找到了原因，就有舍弃这个数据的根据，否则必须按一定的统计学方法进行处理。

可疑数据的取舍通常有 Q 值检验法、G 值检验法和 $4d$ 法。比较严格而又使用方便的取舍方法是 Q 值检验法。

当测定次数 n 满足 $3 \leqslant n \leqslant 10$ 时，按照下列步骤，检验可疑值是否应弃去。

① 将各数据按递增的顺序排列：x_1，x_2，x_3，…，x_n。
② 求出最大值与最小值之差（极差）：$x_n - x_1$。
③ 求出可疑值与其最邻近数据之间的差（邻差）：$x_n - x_{n-1}$ 或 $x_2 - x_1$。
④ 求出 Q 值：$Q=$邻差/极差。若可疑值为 x_1，则 $Q=(x_2-x_1)/(x_n-x_1)$；若可疑值为 x_n，则 $Q=(x_n-x_{n-1})/(x_n-x_1)$。
⑤ 根据测定次数 n 和要求的置信度，查表 5-3，得 $Q_表$。
⑥ 将 $Q_计$ 与 $Q_表$ 相比，若 $Q_计 \geqslant Q_表$，可疑值可疑，应舍去；若 $Q_计 < Q_表$，可疑值不可疑，应保留。

表 5-3　舍弃可疑数据的 Q 值（置信度 90% 和 95%）

测定次数	3	4	5	6	7	8	9	10
$Q_{0.90}$	0.94	0.76	0.64	0.56	0.51	0.47	0.44	0.41
$Q_{0.95}$	1.53	1.05	0.86	0.76	0.69	0.64	0.60	0.58

【例 5-7】 测定碱灰总碱量（Na_2O%）得到 6 个数据，按其大小顺序排列为 40.02、40.12、40.16、40.18、40.18、40.20。第一个数据可疑，判断是否应舍弃？（置信度为 90%）

解：

$$Q_{计算} = \frac{40.12 - 40.02}{40.20 - 40.02} = 0.56$$

查表：$n=6$，$Q_表 = 0.56$，舍弃。

第四节　滴定分析法概述

一、滴定分析法概述

滴定分析法是将一种已知其准确浓度的试剂溶液滴加到被测物质的溶液中，直到化学反应定量完成为止，然后根据所用试剂溶液的浓度和体积以及试样的量计算被测组分含量的分析方法。

（一）滴定分析中的基本概念

（1）标准溶液　已知准确浓度的试剂溶液。
（2）滴定　将标准溶液通过滴定管滴加到试样溶液中的操作。
（3）化学计量点　标准溶液与被测物质正好完全反应时达到化学计量点。
（4）指示剂　用于指示化学计量点的试剂。
（5）滴定终点　指示剂正好发生颜色变化时的转变点。
（6）终点误差　滴定终点与化学计量点不一定正好重合而产生的误差。

终点误差是滴定分析的方法误差,选用合适的指示剂可减小终点误差,提高分析结果的准确性。

(二) 滴定分析法的特点

滴定分析法快速、准确,仪器、设备简单、操作简便,广泛适用于常量组分的测定。

二、滴定分析法的分类

根据滴定反应类型的不同,滴定分析法可分为四种类型,各类滴定分析法将在以后的章节中详细讨论。

(1) 酸碱滴定法 以酸碱反应为基础的滴定分析法。可用来测定酸、碱以及能直接或间接与酸、碱发生反应的物质的含量。

(2) 配位滴定法 以配位反应为基础的滴定分析法。常用于测定金属离子的含量。

(3) 氧化还原滴定法 以氧化还原反应为基础的滴定分析法。可用来测定氧化剂、还原剂以及能直接或间接与氧化剂或还原剂发生反应的物质的含量。

(4) 沉淀滴定法 以沉淀反应为基础的滴定分析法。可用于测定 Ag^+、CN^-、SCN^- 及卤离子的含量。

三、滴定分析法对滴定反应的要求

用于滴定分析的化学反应须具备以下几个条件。

① 反应要按一定的化学方程式进行,即有确定的化学计量关系。

② 反应必须定量进行,反应接近完全(>99.9%)。

③ 反应迅速。必要时可通过加热或加入催化剂等来加快化学反应速率。

④ 必须有简便可靠的方法确定滴定终点。如选用合适的指示剂或溶液电位、pH 值的改变来确定滴定终点。

四、常用的滴定方式

(一) 直接滴定法

直接滴定法是滴定分析中最常用和最基本的滴定方式。当标准溶液与被测物质之间的化学反应能满足上述条件,就可用标准溶液直接滴定被测物质。如用 HCl 标准溶液滴定 NaOH;用 $KMnO_4$ 标准溶液滴定 H_2O_2;用 EDTA 标准溶液滴定 Ca^{2+};用 $AgNO_3$ 标准溶液滴定 Cl^- 等。当滴定反应不能完全满足上述基本要求时,可采用以下的滴定方式。

(二) 返滴定法

返滴定法也称剩余量回滴法。当滴定反应速率较慢或缺乏合适的指示剂时,可采用返滴定法。返滴定法是在被测物质溶液中先加入一定已知过量的标准溶液,待被测物质反应完成后,再用一种滴定剂滴定剩余的标准溶液。例如,大理石中碳酸钙含量测定,由于试样是固体,不能用 HCl 标准溶液直接滴定。可先在试样中加入一定已知过量的 HCl 标准溶液,加热使碳酸钙反应,冷却后再用 NaOH 标准溶液滴定剩余的 HCl,可求出大理石中 $CaCO_3$ 的含量。

(三) 置换滴定法

当待测物质与标准溶液的反应没有确定的化学计量关系,不能直接滴定时,可先用适当的试剂与被测物质反应，使之置换出一种能被定量滴定的物质，然后再用适当的滴定剂滴定，此法称为置换滴定法。例如，硫代硫酸钠不能直接滴定重铬酸钾，因为在酸性溶液中，重铬酸钾可将 $Na_2S_2O_3$ 氧化为 $S_4O_6^{2-}$ 及 SO_4^{2-} 等混合物，反应无确定的化学计量关系。可在 $K_2Cr_2O_7$ 酸性溶液中加入过量的 KI，使 $K_2Cr_2O_7$ 与 KI 定量反应后置换出一定量的 I_2，再用 $Na_2S_2O_3$ 标准溶液直接滴定 I_2，可求出 $K_2Cr_2O_7$ 的含量。

（四）间接滴定法

当被测物质不能与标准溶液直接发生反应，但却能与另一种可以和标准溶液直接作用的物质起反应，这时便可采用间接滴定方式进行滴定。例如，用 $KMnO_4$ 溶液不能直接滴定溶液中 Ca^{2+}，可用 $H_2C_2O_4$ 将溶液中 Ca^{2+} 沉淀为 CaC_2O_4，将 CaC_2O_4 过滤，洗净后溶解于 H_2SO_4 中。再用 $KMnO_4$ 标准溶液滴定与 Ca^{2+} 等量结合的 $C_2O_4^{2-}$，即可间接求得 Ca^{2+} 的含量。

返滴定法、置换滴定法、间接滴定法的应用，使滴定分析法的应用范围更加广泛。

五、标准溶液和基准物质

（一）标准溶液的定义

标准溶液是已知准确浓度的试剂溶液。能直接配制标准溶液或标定标准溶液浓度的物质，称为基准物质。滴定分析对基准物质的要求如下。

① 组成恒定　实际组成与化学式完全相符。
② 纯度高　纯度应在 99.9% 以上。
③ 性质稳定　配制过程中不分解、不吸湿、不风化、不易被氧化等。
④ 具有较大的摩尔质量　减小称量误差。

（二）标准溶液的配制

1. 直接配制法

准确称取一定量的基准物质，溶解后在一定体积的容量瓶中定容。然后根据称取基准物质的质量和容量瓶的体积计算标准溶液的准确浓度。

2. 间接配制法

许多物质由于达不到基准物质的要求，如 NaOH、HCl、$KMnO_4$、$Na_2S_2O_3$ 等标准溶液不能采用直接法配制，只能采用间接法配制。

先将试剂配制成近似于所需浓度的溶液，然后确定其准确浓度。

（三）标准溶液的标定

用基准物质（或另一种已知准确浓度的标准溶液）测定用间接法配制的标准溶液准确浓度的过程称为标定。

1. 用基准物质标定

准确称取一定量的基准物质，溶解后用待标液滴定，根据基准物质的质量和标准溶液的体积，即可计算出待标液的准确浓度。例如，常用硼砂、无水碳酸钠等基准物质来标定 HCl 的准确浓度。

2. 用标准溶液比较

准确吸取一定量的待标液，用已知准确浓度的标准溶液滴定，根据两种溶液的体积和标准溶液的浓度计算待标液的准确浓度。这种用另一种标准溶液来测定待标液准确浓度的操作过程称为比较。例如，可用 NaOH 标准溶液来标定 HCl 的准确浓度。

显然，比较法快速、方便，但是准确性没有标定法好。因此，应尽量用基准物质标定标准溶液的准确浓度。标定一般要求进行 3～4 次平行测定，相对偏差在 0.1%～0.2% 之间。

六、标准溶液浓度的表示方法

（一）物质的量浓度

标准溶液的浓度通常用物质的量浓度表示，物质的量浓度是指单位体积溶液中所含溶质的物质的量，单位为 mol/L。

$$c_B = \frac{n_B}{V} \tag{5-10}$$

式中　c_B——溶液的物质的量浓度；
　　　n_B——溶质的物质的量；
　　　V——溶液的体积。

（二）滴定度

滴定度是指 1mL 滴定剂相当于待测物质的质量，用 $T_{待测物质/滴定剂}$ 表示，单位为 g/mL。例如，采用 $K_2Cr_2O_7$ 标准溶液滴定铁，$T_{Fe/K_2Cr_2O_7} = 0.005000$ g/mL，表示每毫升 $K_2Cr_2O_7$ 标准溶液相当于 0.005000g 铁，如果滴定中消耗 $K_2Cr_2O_7$ 标准溶液 24.50mL，溶液中铁的质量就能很快求出。即 $0.005000 \times 24.50 = 0.1225$g。

在实际生产中，对大批试样进行某组分的例行分析时，用滴定度使用十分方便。

七、滴定分析法的计算

滴定分析的计算包括配制溶液、确定溶液的浓度和分析结果的计算。
设 A 为待测组分，B 为标准溶液，滴定反应为：

$$aA + bB \longrightarrow cC + dD$$
待测组分　标准溶液

当 A 与 B 按化学计量关系完全反应时，则：

$$n_A : n_B = a : b \longrightarrow \frac{n_A}{n_B} = \frac{a}{b} \tag{5-11}$$

1. 求被测溶液浓度 c_A

若已知标准溶液的浓度 c_B、体积 V_B 和待测溶液的体积 V_A，则有：

$$c_A V_A = \frac{a}{b} c_B V_B$$

$$c_A = \frac{a}{b} \times \frac{V_B}{V_A} c_B \tag{5-12}$$

2. 求标准溶液浓度 c_B

如果滴定反应是对滴定剂 B 的浓度 c_B 进行标定，A 是基准物质，质量为 m_A，摩尔质量为 M_A，根据以上关系则有：

$$\frac{m_A}{M_A} = \frac{a}{b} c_B V_B$$

式中，V_B 为标定到达化学计量点时所消耗滴定剂的体积；c_B 为标准溶液的浓度。

$$c_B = \frac{1000bm_A}{aM_AV_B} \tag{5-13}$$

3. 求试样中待测组分的质量分数 w_A

因为
$$n_A = \frac{a}{b}n_B$$

所以
$$\frac{m_A}{M_A} = \frac{a}{b}n_B = \frac{a}{b}c_BV_B \times \frac{1}{1000}$$

待测组分的质量 m_A 按下式计算：
$$m_A = \frac{a}{b}c_BV_BM_B \times 10^{-3} \tag{5-14}$$

待测组分的质量分数 w_A 按下式计算：
$$w_A = \frac{m_A}{m_S} = \frac{\frac{a}{b}c_BV_BM_A \times 10^{-3}}{m_S} \times 100\% \tag{5-15}$$

八、滴定分析计算示例

(一) 标准溶液浓度的配制

【例 5-8】 配制 1mol/L NaOH 溶液 5000mL，应称取多少克固体 NaOH？

解：
$$m_B = M_Bc_BV_B = 40 \times 1 \times 5 = 200(g)$$

答： 可称取 NaOH 固体 200g。

【例 5-9】 配制 0.01000mol/L $K_2Cr_2O_7$ 标准溶液 250.0mL，应称取多少克基准物质 $K_2Cr_2O_7$？

解： $m(K_2Cr_2O_7) = nM = cVM = 0.01000 \times 0.2500 \times 294.2 = 0.7355(g)$

答： 准确称取 0.7355g $K_2Cr_2O_7$ 溶解后，在 250.0mL 容量瓶中定容。

(二) 标准溶液浓度的标定

【例 5-10】 用硼砂标定盐酸时，准确称取硼砂 0.4862g，滴定时消耗盐酸溶液 25.92mL，计算盐酸溶液的准确浓度。

解：
$$Na_2B_4O_7 + 2HCl + 5H_2O \Longrightarrow 4H_3BO_3 + 2NaCl$$

$$c_{HCl} = \frac{2m}{MV} = \frac{2 \times 0.4862}{381.4 \times 25.92 \times 10^{-3}} = 0.09836(mol/L)$$

【例 5-11】 标定 0.1mol/L HCl，欲消耗 HCl 溶液 25mL 左右，应称取 Na_2CO_3 基准物质多少克？若改用硼砂（$Na_2B_4O_7 \cdot 10H_2O$）为基准物质，结果又如何？

解： $m(Na_2CO_3) = 0.1 \times 25 \times 10^{-3} \times 106.0/2 = 0.13(g)$

$$RE = \frac{\pm 0.0002}{0.13} \times 100\% = \pm 0.15\% > \pm 0.1\%$$

$$m(Na_2B_4O_7 \cdot 10H_2O) = 0.1 \times 25 \times 10^{-3} \times 381.4/2 = 0.48(g)$$

$$RE = \frac{\pm 0.0002}{0.48} \times 100\% = \pm 0.04\% < \pm 0.1\%$$

可见，在同样的情况下，选用摩尔质量大的基准物质可以减少称量的相对误差，提高分析结果的准确度。

(三) 分析结果的计算

【例 5-12】 滴定 0.1560g 草酸的试样，用去 0.1011mol/L NaOH 溶液 22.60mL，求草

酸试样中 $H_2C_2O_4 \cdot 2H_2O$ 的质量分数。

解：
$$H_2C_2O_4 + 2NaOH =\!=\!= Na_2C_2O_4 + 2H_2O$$

$$w(H_2C_2O_4 \cdot 2H_2O) = \frac{\frac{1}{2} \times 0.1011 \times 22.60 \times 126.1/1000}{0.1560} \times 100\% = 92.35\%$$

【例 5-13】 称取烧碱试样 26.8300g，加水溶解，转入 250mL 的容量瓶中定容。吸取 25.00mL 该溶液，用 0.9918mol/L HCl 溶液滴定至终点，用去盐酸 20.32mL，求试样中氢氧化钠的百分含量。

解：
$$HCl + NaOH =\!=\!= NaCl + H_2O$$

$$w(NaOH) = \frac{0.9918 \times 20.32 \times 40.00/1000}{26.8300 \times \frac{25.00}{250.0}} \times 100\% = 30.04\%$$

【例 5-14】 称取大理石试样 0.2303g 溶于酸中，调节酸度后加入过量的 $(NH_4)_2C_2O_4$ 溶液，使 Ca^{2+} 沉淀为 CaC_2O_4。过滤、洗净，将沉淀溶于稀 H_2SO_4 中。溶解后的溶液用 $c(KMnO_4) = 0.02012mol/L$ 的 $KMnO_4$ 标准溶液滴定，消耗 22.30mL，计算大理石中 $CaCO_3$ 的质量分数。

解： 本滴定为间接滴定法，通过以下步骤：

$$Ca^{2+} + C_2O_4^{2-} =\!=\!= CaC_2O_4 \downarrow$$

此处 1mol 的 Ca^{2+} 与 1mol 的 $C_2O_4^{2-}$ 反应。

将 CaC_2O_4 沉淀洗涤过滤后，溶于 H_2SO_4 溶液中，再以 $KMnO_4$ 标准溶液滴定，反应式为：

$$5C_2O_4^{2-} + 2MnO_4^- + 16H^+ =\!=\!= 10CO_2 + 2Mn^{2+} + 8H_2O$$

Ca^{2+} 与 $KMnO_4$ 的关系为：

$$5Ca^{2+} \approx 5C_2O_4^{2-} \approx 2MnO_4^-$$

$$w(CaCO_3) = \frac{\frac{5}{2} \times (0.02012 \times 22.30) \times 100.1/1000}{0.2303} \times 100\% = 48.75\%$$

本章要点

一、分析化学任务和分类

分析化学是研究获取物质的组成、含量、结构和形态等化学信息的分析方法及有关理论的一门学科。

分析方法按测定原理和操作方式不同，可分为化学分析法和仪器分析法。

二、定量分析中的误差

定量分析的误差主要有系统误差和偶然误差。系统误差产生的主要原因有方法误差、仪器误差、试剂误差和操作误差。可以采用对照实验、校正仪器、空白实验、严格操作等措施减免。偶然误差用多次测定取平均值的方法减小。

三、有效数字及计算规则

有效数字是指在分析测定中实际可以测得的数字。它包括所有的准确数字和最后一位可疑数字。有效数字的修约规则是四舍六入五留双。

四、滴定分析法概述

滴定分析的基本概念：滴定分析法；滴定剂；滴定；化学计量点；滴定终点；终点误差。

滴定分析法的分类：酸碱滴定法；氧化还原滴定法；沉淀滴定法；配位滴定法。

滴定分析法对化学反应的要求：反应有确定的关系式；反应定量；反应迅速；有适当的方法确定终点。

滴定分析法的滴定方式：直接滴定法；返滴定法；置换滴定法；间接滴定法。

滴定分析对基准物质的要求：组成与化学式完全相符；纯度足够高；性质稳定；摩尔质量尽可能大。

标准溶液的配制方法有直接配制法和间接配制法。

习　题

1. 分析化学的主要任务是什么？
2. 分析方法分类的主要依据有哪些？如何分类？
3. 滴定管读数误差为±0.02，如滴定分别用去标准溶液 3.0mL 和 30.00mL，相对误差分别是多少？说明什么问题？
4. "分析的精密度高，准确度不一定高"这句话是否正确？为什么？
5. 用正确的有效数字表示下列数据：用准确度为 0.01mL 的 25mL 移液管移出溶液的体积应记作＿＿mL，用量筒量取 25mL 溶液应记录为＿＿mL；用误差为 0.1g 的台秤称取 6g 样品应记录为＿＿g，用万分之一的分析天平称取 0.2g 样品应记录为＿＿g。
6. 0.1030 是＿＿位有效数字，3.16 是＿＿位有效数字，$6.023×10^{23}$ 是＿＿位有效数字，pH＝4.17 是＿＿位有效数字。
7. 用盐酸标准溶液来测定苛性钠的纯度，进行操作时，写出下列步骤所需的仪器名称：

　A. 准确称苛性钠 2.0000g；

　B. 将苛性钠配成 250.0mL 溶液；

　C. 量取 25.00mL 氢氧化钠溶液；

　D. 滴定管中加入 0.1000mol/L 盐酸标准溶液，做好滴定准备。

8. 标定 NaOH 溶液的滴定方式是＿＿＿＿＿，甲醛法测定铵盐中含氮量的滴定方式是＿＿＿＿。
9. 可以用来标定 HCl 的基准物质是（　　）。

　A. NaOH　　　B. 硼砂　　　C. $H_2C_2O_4$　　　D. 邻苯二甲酸氢钾

10. 一个分析工作者得到三个重复测定的结果很相近，可能得出的结论是（　　）。

　A. 偶然误差很小　　　　B. 系统误差很小

　C. 所用试剂很纯　　　　D. 平均值是准确的

11. 对某试样进行三次测定，氧化钙的平均含量为 30.60%，设真实含量为 30.30%，则 30.60%－30.30%＝0.30% 为（　　）。

　A. 相对偏差　　B. 绝对偏差　C. 相对误差　　D. 绝对误差

12. 下列标准溶液可装在碱式滴定管中的是（　　）。

　A. $KMnO_4$　　B. $AgNO_3$　　C. HCl　　　D. KOH

13. 下列情况各引起什么误差？若是系统误差，应如何消除？

　(1) 蒸馏水中含有被测离子；

　(2) 滴定管未校正；

　(3) 滴定时溅出溶液；

　(4) 天平的零点突然有变动；

　(5) 试样未充分混匀；

(6) 滴定管读数记录有误。

14. 进行滴定分析时，下列操作是否正确，并说明理由。
(1) 滴定管用自来水洗净后，再用蒸馏水荡洗 3 遍，盛入标准溶液准备滴定。
(2) 移液管用蒸馏水荡洗后，又用待装液荡洗 2～3 次。
(3) 锥形瓶用蒸馏水荡洗后，用待装液荡洗 2～3 次。
(4) 滴定接近终点时，半滴半滴加入标准溶液，并用少量蒸馏水荡洗锥形瓶内壁。

15. 判断题
(1) 在同一分析天平上称量样品时，试样的称取量越大，称量的相对误差越小。（　）
(2) 定量分析中连续称取多份样品或基准物质时常采用差减称量法。（　）
(3) 随着科学技术的发展，仪器分析将完全取代化学分析。（　）
(4) 增加平行测定的次数可以减少分析测定中的偶然误差。（　）
(5) 甲、乙二人同时分析某样品中的蛋白质含量，每次称取 2.6g，进行两次平行测定，分析结果分别报告：甲为 5.654% 和 5.646%；乙为 5.7% 和 5.6%。乙的报告合理。（　）
(6) 系统误差出现有规律，而随机误差的出现没有规律。（　）
(7) 为了提高测定结果的精密度，每完成一次滴定，都应将标准溶液加至零刻度以下。

16. 测定某样品中氮的质量分数时，六次平行测定的结果是 20.48%、20.55%、20.58%、20.60%、20.53%、20.50%。计算这组数据的平均值、绝对平均偏差、相对平均偏差、标准偏差和变异系数。

17. 采用 $KHC_2O_4 \cdot H_2C_2O_4 \cdot 2H_2O$ 基准物质 2.369 g，标定 NaOH 溶液时，消耗 NaOH 溶液的体积为 29.05mL，计算 NaOH 溶液的浓度。

18. 称取大理石试样 0.2303g，溶于酸中，调节酸度后加入过量的 $(NH_4)_2C_2O_4$ 溶液，使 Ca^{2+} 沉淀为 CaC_2O_4。过滤、洗净，将沉淀溶于稀 H_2SO_4 中。溶解后的溶液用 $c(KMnO_4)=0.02012mol/L$ 的 $KMnO_4$ 标准溶液滴定，消耗 22.30mL，计算大理石中 $CaCO_3$ 的质量分数。

19. 分析不纯的碳酸钙（$CaCO_3$，其中不含干扰物质），称取试样 0.3000g，加入浓度为 0.2500mol/L 的 HCl 标准溶液 25.00mL，煮沸除去 CO_2，用 0.2012mol/L 的 NaOH 溶液返滴定过量的 HCl 溶液，消耗 NaOH 溶液 5.84mL，计算试样中 $CaCO_3$ 的质量分数。

20. 0.2700g 硫酸铵样品加碱蒸馏，蒸馏出的 NH_3 用 25.60mL 0.1209mol/L 的 H_2SO_4 溶液吸收，剩余的 H_2SO_4 用 0.1022mol/L 的 NaOH 标准溶液滴定，用去 NaOH 溶液 22.30mL。试求试样中 $(NH_4)_2SO_4$ 的百分含量。

知识链接　　滴定分析法的发展

人们把盖·吕萨克奉为滴定分析法的创始人。主要是由于他最先提出了沉淀滴定法，并且至今还在使用。另外他继承前人的分析成果，对滴定分析做了深入的研究，进一步发展了滴定分析法，特别是在提高准确度方面做出了贡献。

在盖·吕萨克的启发下，1856 年莫尔提出了以铬酸钾为指示剂的银量法，这便是广泛应用于测定氯化物的"莫尔法"。1874 年，佛尔哈德提出了间接沉淀滴定法，使沉淀滴定法的应用范围得以扩大。

氧化还原滴定法中的碘量法在 19 世纪中叶已经具有了今天人们沿用的各种形式。1795 年法国科学家德克劳西以靛蓝的硫酸溶液滴定次氯酸，至溶液颜色变绿为止，成为最早的氧化还原滴定法。1826 年比拉狄厄（H. dela Billardiere）制得碘化钠，以淀粉为指示剂，用于次氯酸钙滴定，开创了碘量法的应用和研究。从此这种分析方法得到发展和完善。1853 年赫培尔报道了用高锰酸钾标准溶液滴定草酸。这一方法为以后一些直接和间接方法的建立打下了基础。

在四大滴定分析法中，酸碱滴定法和络合滴定法成熟得较晚，主要是没有合适的宽范围 pH 指示剂和络合滴定剂。

在历史上，最早利用滴定的方法来研究酸碱中和反应的化学家并没有使用指示剂也没有滴定管。例如，1659 年荷兰化学家格劳贝尔（J. R. Glauber）在用硝酸和碳酸钾制备硝酸钾的过程中，需要知道应该用多少硝酸来中和碳酸钾的定量数据，为此，他把硝酸用滴管一滴一滴地加到碳酸钾溶液中去，开始时，溶液里产生气泡，一直滴到加入硝酸后溶液不会产生气泡时为止，这时溶液里的碳酸钾就被硝酸所中和了，而格劳贝尔所需要的数据也通过这种原始的滴定方法得到了。1729 年法国化学家日夫鲁瓦（C. J. Geoffroy）也利用过酸碱滴定的方法来测定酸的浓度，格劳贝尔和日夫鲁瓦都用发泡现象来指示酸碱中和反应的终点。

酸碱指示剂的发现启发了长期研究酸碱的路易斯（Willian Lewis）。1767 年路易斯假定酸碱中和反应的终点能够用植物的汁液来指示和标记，他在《对美洲草木灰的试验和观察》一书中描述了一种简单的测定方法："我主要使用的方法是一种十分敏锐的方法。利用一张厚的写字纸，在纸的一端浸渍石蕊的浆汁，使它着上蓝色；在纸的另一端浸渍了石蕊的浆汁和盐酸的混合溶液，正好变成了红色。如果将某些酸一滴一滴地加到碱溶液中去，每加一滴以后就用玻璃棒将溶液混合均匀，并用上面描绘的那种着了颜色的试纸进行检验。如果它使试纸的红色的一端变成蓝色，那么说明溶液还是碱性的，需要继续加酸；如果它刚好能够使试纸的蓝色的一端变成红色，说明酸已经加够了。"显然，路易斯所描绘的滴定方法与现在人们所用的方法是基本相同的，只是当时还没有滴定管和移液管这些精确的仪器而已。

在 19 世纪后半期，有机合成化学以惊人的速度发展起来，其中尤以合成染料工业的兴起最引人注目。在这些合成染料中，很多化合物都能够起到指示剂的作用。第一个可供实用和真正获得成功的合成指示剂就是酚酞，1877 年吕克（E. Luck）首先提出在酸碱中和反应里使用酚酞作为指示剂，第二年伦奇（G. Lunge）又提出在酸碱滴定中使用甲基橙。到了 1893 年，有论文记载的合成指示剂已经达到了 14 种之多。在人工合成指示剂出现以后，酸碱滴定法获得较大的应用价值，扩大了应用范围。

最早的配位滴定创自于 19 世纪中期，用于测定银或氰化物，但由于缺乏合适的滴定剂和指示剂，发展不快。直到 1945 年，G. K. 施瓦岑巴赫和贝德曼相继发现紫脲酸铵和铬黑 T 可作为滴定钙和镁的指示剂，并提出金属指示剂的概念，才正式建立了配位滴定法。20 世纪有机合成工业发展后，配位滴定法得到广泛应用。

第六章 酸碱平衡和酸碱滴定法

知识目标

熟悉弱电解质的离解平衡及影响因素;掌握溶液的酸碱性和溶液pH值的计算,掌握同离子效应和缓冲溶液的含义,掌握缓冲溶液酸碱度的计算;理解盐类的水解实质,缓冲溶液的选择和配制。熟悉不同类型酸碱滴定过程中pH值变化规律;理解酸碱指示剂的变色原理,掌握酸碱指示剂的选择原则,掌握酸碱标准溶液的配制和标定方法;了解酸碱滴定法在实际中的应用。

能力目标

能根据盐的组成判断其水溶液的酸碱性,正确写出盐类水解的离子方程式;能利用平衡移动原理解释同离子效应和缓冲溶液的作用原理;能熟练进行酸碱滴定操作,并能准确判断滴定终点;能熟练计算各种不同酸碱溶液的pH值;能熟练配制和标定常用酸碱标准溶液;并正确计算分析结果。

第一节 弱电解质的离解平衡

人们按物质在水溶液中或熔融状态下能否导电,将其分为电解质和非电解质。在水溶液中或在熔融状态下,能够导电的化合物称为电解质。而在溶解和熔融状态下,不能够导电的化合物称为非电解质。

在水溶液中能全部离解的电解质称为强电解质,强酸、强碱和绝大多数可溶性的盐都是强电解质。在水溶液中部分离解的电解质称为弱电解质,弱电解质有弱酸、弱碱和水。

一、一元弱酸的离解平衡

(一)离解常数 K_a

弱电解质在水溶液中部分离解,因此存在未离解分子与离子之间的离解平衡。以醋酸 HAc 为例,它的离解平衡方程式为:

$$HAc + H_2O \rightleftharpoons H_3O^+ + Ac^-$$

一般可简写成:

$$HAc \rightleftharpoons H^+ + Ac^-$$

在一定温度下,当达到离解平衡时:

$$K_a = \frac{[H^+][Ac^-]}{[HAc]}$$

式中,K_a 为弱酸的离解平衡常数,简称离解常数。离解常数和所有的化学平衡常数一样,与温度有关,而与浓度无关。

不同温度下，离解常数 K_a 值不同。25℃下，常见一元弱酸在水中的离解常数见表 6-1。

表 6-1　常见一元弱酸在水中的离解常数（25℃）

弱　　酸	分　子　式	离解常数 K_a	pK_a
氢氰酸	HCN	$6.2×10^{-10}$	9.21
氢氟酸	HF	$6.6×10^{-4}$	3.18
亚硝酸	HNO_2	$5.1×10^{-4}$	3.29
醋酸	CH_3COOH	$1.8×10^{-5}$	4.74
苯甲酸	C_6H_5COOH	$6.2×10^{-5}$	4.21
苯酚	C_6H_5OH	$1.1×10^{-10}$	9.95

离解常数 K_a 可比较弱酸的相对强弱，K_a 越大，表示酸性越强；K_a 越小，表示酸性越弱。

（二）离解度 α

弱电解质达到离解平衡时，弱电解质的离解百分率称为该弱电解质的离解度，用符号 α 表示。

$$\alpha = \frac{已离解的弱电解质浓度}{弱电解质的起始浓度} × 100\% \tag{6-1}$$

【例 6-1】　在 298K 时，已知 0.1mol/L HAc 溶液中，$[H^+]=1.3×10^{-3}$ mol/L，求醋酸的离解度。

解：0.1mol/L HAc 溶液中，$[H^+]=1.3×10^{-3}$ mol/L，则醋酸的离解度：

$$\alpha = \frac{1.3×10^{-3}}{0.1} × 100\% = 1.3\%$$

离解度的大小，除与电解质的本性有关外，还与溶液的温度、浓度、溶剂等因素有关。离解度的数值大小也可表示弱电解质的相对强弱。

离解度和离解常数都能表示弱电解质离解程度的大小，但是二者是有区别的。不同的弱电解质具有不同的离解常数值，离解常数在一定温度下为定值，不受浓度影响。离解度是达到离解平衡时，弱电解质的离解百分率，随浓度而变。所以离解常数比离解度能更好地表明弱电解质的相对强弱。

以一元弱酸 HA 为例，其离解度为 α，离解常数 K_a 和浓度 c 之间的关系推导如下：

$$HA \rightleftharpoons H^+ + A^-$$

起始浓度　　　　　　　　　　　c　　　0　　　0

平衡浓度　　　　　　　　　$c(1-\alpha)$　　$c\alpha$　　$c\alpha$

$$K_a = \frac{[H^+][A^-]}{[HA]} = \frac{(c\alpha)^2}{c(1-\alpha)} = \frac{c\alpha^2}{1-\alpha}$$

一般来说，当 $c/K_a > 400$ 时，可以认为 $1-\alpha \approx 1$，做近似处理，可得 $K_a = c\alpha^2$，即：

$$\alpha = \sqrt{\frac{K_a}{c}} \tag{6-2}$$

它表示一定温度下，弱电解质的离解度 α 与浓度的平方根成反比，即溶液越稀，弱电解质离解度 α 的值越大，也称稀释定律。

弱酸溶液中 H^+ 浓度的近似计算公式为：

$$[H^+] = c\alpha = \sqrt{K_a c} \tag{6-3}$$

【例 6-2】　已知 298K 醋酸的 $K_a = 1.8×10^{-5}$，计算 0.10mol/L HAc 溶液中 H^+ 离子浓

度和醋酸的离解度。

解： $c/K_a > 400$，可以认为 $0.10 - x \approx 0.10$，可采用近似公式：

$$[H^+] = \sqrt{0.10 \times K_a} = 1.3 \times 10^{-3} (mol/L)$$

$$\alpha = \sqrt{\frac{K_a}{c}} = \sqrt{\frac{1.8 \times 10^{-5}}{0.10}} = 1.3\%$$

二、一元弱碱的离解平衡

一元弱碱的离解情况和一元弱酸相同。例如，氨水的离解平衡方程式为：

$$NH_3 \cdot H_2O \rightleftharpoons NH_4^+ + OH^-$$

$$K_b = \frac{[NH_4^+][OH^-]}{[NH_3 \cdot H_2O]}$$

式中，K_b 为弱碱的离解常数。25℃时常见一元弱碱在水中的离解常数见表 6-2。

表 6-2 常见一元弱碱在水中的离解常数（25℃）

弱碱	分子式	离解常数 K_b	pK_b
氨水	NH_3	1.8×10^{-5}	4.74
羟胺	NH_2OH	9.1×10^{-6}	8.04
苯胺	$C_6H_5NH_2$	4.6×10^{-10}	9.34
六亚甲基四胺	$(CH_2)_6N_4$	1.4×10^{-9}	8.85
吡啶	C_5H_5N	1.7×10^{-5}	8.77

由表 6-2 中数据可知，在相同温度条件下，对于同类型的弱碱，K_b 越大，表示碱性越强。

同样，对于一元弱碱溶液，有：

$$\alpha = \sqrt{\frac{K_b}{c}} \qquad (6-4)$$

弱碱溶液中 OH^- 浓度的近似计算公式为：

$$[OH^-] = c\alpha = \sqrt{K_b c} \qquad (6-5)$$

【例 6-3】 计算 $0.5 mol/L$ $NH_3 \cdot H_2O$ ($K_b = 1.8 \times 10^{-5}$) 溶液中 $[OH^-]$ 和 $NH_3 \cdot H_2O$ 的离解度。

解：
$$NH_3 \cdot H_2O \rightleftharpoons NH_4^+ + OH^-$$

$$K_b = \frac{[NH_4^+][OH^-]}{[NH_3 \cdot H_2O]} = 1.8 \times 10^{-5}$$

$c/K_b > 400$，可采用近似公式：

$$[OH^-] = \sqrt{K_b c} = \sqrt{1.8 \times 10^{-5} \times 0.5} = 3.0 \times 10^{-3} (mol/L)$$

$$\alpha = \sqrt{\frac{K_b}{c}} = \sqrt{\frac{1.8 \times 10^{-5}}{0.5}} = 6.0 \times 10^{-3}$$

或

$$\alpha = \frac{[OH^-]}{c} = \frac{3.0 \times 10^{-3}}{0.5} \times 100\% = 0.60\%$$

三、多元弱酸的离解平衡

多元弱酸在水溶液中是分步离解的，每一步离解都有相应的离解平衡关系及离解常数。以 H_2S 为例：

第一步离解　$H_2S \rightleftharpoons H^+ + HS^-$　　$K_{a1} = \dfrac{[H^+][HS^-]}{[H_2S]} = 1.3 \times 10^{-7}$

第二步离解　$HS^- \rightleftharpoons H^+ + S^{2-}$　　$K_{a2} = \dfrac{[H^+][S^{2-}]}{[HS^-]} = 7.1 \times 10^{-15}$

多元弱酸的离解常数是逐级减小的，这是多级离解的一个规律。表 6-3 列出一些常见多元弱酸的各级离解常数。

表 6-3　常见多元弱酸的各级离解常数

弱　酸	分　子　式	离解常数 K_a	pK_a
砷酸	H_3AsO_4	6.3×10^{-3} (K_{a1}) 1.0×10^{-7} (K_{a2}) 3.2×10^{-12} (K_{a3})	2.20 7.00 11.50
碳酸	H_2CO_3	4.2×10^{-7} (K_{a1}) 5.6×10^{-11} (K_{a2})	6.38 10.25
磷酸	H_3PO_4	7.6×10^{-3} (K_{a1}) 6.3×10^{-8} (K_{a2}) 4.4×10^{-13} (K_{a3})	2.12 7.20 12.36
氢硫酸	H_2S	1.3×10^{-7} (K_{a1}) 7.1×10^{-15} (K_{a2})	6.88 14.15
亚硫酸	H_2SO_3	1.3×10^{-2} (K_{a1}) 6.3×10^{-8} (K_{a2})	1.90 7.20
草酸	$H_2C_2O_4$	5.9×10^{-2} (K_{a1}) 6.4×10^{-5} (K_{a2})	1.22 4.19

由于 $K_{a2} \ll K_{a1}$，第二步离解要比第一步离解困难得多。多元弱酸溶液中 H^+ 主要来源于第一步离解，比较多元弱酸的相对强弱时，只要比较第一级离解常数的大小即可。

【例 6-4】　已知在室温、101.325kPa 下，硫化氢饱和水溶液中，H_2S 的浓度为 0.1mol/L，试求此饱和的 H_2S 水溶液中 H^+、HS^- 和 S^{2-} 离子的浓度和 H_2S 的离解度。

解：设 H_2S 溶液达到平衡时 $[H^+] = x$ mol/L，$K_{a1} = 1.3 \times 10^{-7}$，$K_{a2} = 7.1 \times 10^{-15}$。
由于 $K_{a1} \gg K_{a2}$，以第一步电离为主。
$c/K_{a1} > 400$，可采用近似公式：

$$[H^+] = \sqrt{K_{a1} c} = \sqrt{1.3 \times 10^{-7} \times 0.1} = 1.14 \times 10^{-4} \text{（mol/L）}$$

$$[H^+] \approx [HS^-] = 1.14 \times 10^{-4} \text{mol/L}$$

由于 $[H^+] \approx [HS^-]$，因此，$[S^{2-}] \approx K_{a2} = 7.1 \times 10^{-15}$ mol/L。

$$\alpha = \dfrac{[H^+]}{c} = \dfrac{1.14 \times 10^{-4}}{0.1} \times 100\% = 0.114\%$$

磷酸是三元酸，在水溶液中分三级离解：

$$H_3PO_4 \rightleftharpoons H^+ + H_2PO_4^- \qquad K_{a1} = 7.6 \times 10^{-3}$$
$$H_2PO_4^- \rightleftharpoons H^+ + HPO_4^{2-} \qquad K_{a2} = 6.3 \times 10^{-8}$$
$$HPO_4^{2-} \rightleftharpoons H^+ + PO_4^{3-} \qquad K_{a3} = 4.4 \times 10^{-13}$$

由于 $K_{a3} \ll K_{a2} \ll K_{a1}$，因此，磷酸的 $[H^+]$ 主要来自于第一步离解。

第二节　水的离解和溶液的酸碱性

一、水的离解平衡与离子积常数

水是一种极弱的电解质，能离解出极少量的 H^+ 和 OH^-，绝大部分仍以水分子存在。

$$H_2O \rightleftharpoons H^+ + OH^-$$

$$K = \frac{[H^+][OH^-]}{[H_2O]}$$

$$K_w = K[H_2O] = [H^+][OH^-]$$

K_w 称为水的离子积常数。它表明在一定温度下，水的离解达到平衡状态时，水中的 H^+ 与 OH^- 浓度的乘积为一定值。水的离子积不仅适用于纯水，对于电解质的稀溶液也同样适用。

二、溶液的酸碱性和 pH 值

通常情况下，常用 H^+ 离子浓度来表示溶液的酸碱性。但对于稀溶液这种表示方法使用起来很不方便，常用 pH 值来表示溶液的酸度：

$$pH = -\lg[H^+] \tag{6-6}$$

若溶液中
$$[H^+] = m \times 10^{-n}$$

则
$$pH = n - \lg m \tag{6-7}$$

pH 值与溶液酸碱性的关系如下：

中性溶液 $[H^+] = [OH^-] = 1.00 \times 10^{-7}$ mol/L；pH = 7

酸性溶液 $[H^+] > 1.00 \times 10^{-7}$ mol/L，$[H^+] > [OH^-]$；pH < 7

碱性溶液 $[OH^-] > 1.00 \times 10^{-7}$ mol/L，$[H^+] < [OH^-]$；pH > 7

pH 值越小，$[H^+]$ 越大，溶液酸性越强。反之，pH 值越大，$[H^+]$ 越小，溶液碱性越强。

pH 值的应用范围一般是 0～14，此时溶液中 $[H^+]$ 浓度范围是 10^{-14}～1mol/L。在酸碱性较强的溶液中，还是用 $[H^+]$ 或 $[OH^-]$ 的浓度直接表示溶液的酸碱性更方便。

溶液的酸碱性也可以用 pOH 来表示。pOH 是溶液中 OH^- 浓度的负对数：

$$pOH = -\lg[OH^-] \tag{6-8}$$

两边同取负对数，则：

$$-\lg[H^+] + (-\lg[OH^-]) = 14$$

即
$$pH + pOH = 14 \tag{6-9}$$

【例 6-5】 计算 0.10mol/L HCl 溶液的 $[H^+]$、$[OH^-]$ 和 pH 值。

解：
$$HCl \longrightarrow H^+ + Cl^-$$

$$[H^+] = c(HCl) = 0.10 \text{(mol/L)}$$

$$[OH^-] = \frac{K_w}{[H^+]} = \frac{1.0 \times 10^{-14}}{0.10} = 1.0 \times 10^{-13} \text{(mol/L)}$$

$$pH = -\lg[H^+] = 1.00$$

三、盐类的水解

盐类的水溶液可能显中性、酸性或碱性，这和盐的组成有关。强酸强碱盐如 NaCl、KNO_3 的水溶液显中性；强碱弱酸盐如 NaAc、Na_2CO_3 的水溶液显碱性；强酸弱碱盐如 NH_4Cl、$Al_2(SO_4)_3$ 的水溶液显酸性；弱酸弱碱盐如 NH_4Ac、NH_4CN 等，它们的水溶液可能显中性、酸性或碱性，这取决于弱酸弱碱的相对强弱。

组成盐的离子与水离解产生的 H^+ 或 OH^- 结合生成弱电解质的作用，称为盐类的水解。

（一）强碱弱酸盐的水解

NaAc 是强碱弱酸盐，在水中全部离解，离解的 Ac^- 能与水离解出来的 H^+ 结合生成弱电解质 HAc 分子。

$$NaAc \longrightarrow Na^+ + Ac^-$$
$$+$$
$$H_2O \rightleftharpoons OH^- + H^+$$
$$\Updownarrow$$
$$HAc$$

由于 HAc 的形成，溶液中 H^+ 浓度降低，促进了水的离解，达到平衡时溶液中 $[OH^-]>[H^+]$，溶液显碱性。总的水解平衡反应式为：

$$Ac^- + H_2O \rightleftharpoons HAc + OH^-$$

$$K_h = \frac{[HAc][OH^-]}{[Ac^-]} = \frac{K_w}{K_a}$$

K_h 称为盐类的水解常数。组成盐的酸越弱，即 K_a 越小，则水解常数 K_h 越大，相应盐的水解倾向越大。强碱弱酸盐如 K_2CO_3、Na_2CO_3、$KCOOH$ 等的水溶液都是显碱性，当 $c/K_h>400$，可根据下式计算溶液中 $[OH^-]$：

$$[OH^-] = \sqrt{K_h c} \tag{6-10}$$

即
$$[OH^-] = \sqrt{K_h c} = \sqrt{\frac{K_w c}{K_a}} \tag{6-11}$$

（二）强酸弱碱盐的水解

NH_4Cl 是强酸弱碱盐，在水中全部离解，离解的 NH_4^+ 能与水离解的 OH^- 结合生成弱电解质 $NH_3 \cdot H_2O$ 分子。

$$NH_4Cl \longrightarrow NH_4^+ + Cl^-$$
$$+$$
$$H_2O \rightleftharpoons OH^- + H^+$$
$$\Updownarrow$$
$$NH_3 \cdot H_2O$$

由于 $NH_3 \cdot H_2O$ 的形成，溶液中 OH^- 的浓度减小，使水的离解平衡右移。结果溶液中 $[H^+]>[OH^-]$，溶液显酸性。总的水解平衡反应式为：

$$NH_4^+ + H_2O \rightleftharpoons NH_3 \cdot H_2O + H^+$$

$$K_h = \frac{[NH_3 \cdot H_2O][H^+]}{[NH_4^+]} = \frac{K_w}{K_b}$$

组成盐的碱越弱，即 K_b 越小，则水解常数 K_h 越大，相应的强酸弱碱盐的水解倾向越大。当盐的水解程度很小时，可根据下式计算溶液中 $[H^+]$：

$$[H^+] = \sqrt{K_h c} = \sqrt{\frac{K_w c}{K_b}} \tag{6-12}$$

像 NH_4NO_3、$(NH_4)_2SO_4$ 等化肥，它们的水溶液都是显酸性，所以这类化肥称为酸性肥料。

（三）强酸强碱盐的水解

强酸强碱盐如 KNO_3、$NaCl$ 在水中完全离解，但阳离子和阴离子都不能与水离解出来

的 OH^- 和 H^+ 结合生成弱电解质，对水的离解平衡没有影响。所以，强酸强碱盐不水解，溶液呈中性。

（四）弱酸弱碱盐的水解

弱酸弱碱盐溶于水时，阳离子和阴离子都发生了水解，以 NH_4Ac 为例讨论弱酸弱碱盐的水解。

$$NH_4Ac \longrightarrow NH_4^+ + Ac^-$$
$$+ \qquad +$$
$$H_2O \Longleftrightarrow OH^- + H^+$$
$$\Updownarrow \qquad \Updownarrow$$
$$NH_3 \cdot H_2O \qquad HAc$$

NH_4Ac 的水解总方程式为：

$$NH_4^+ + Ac^- + H_2O \Longleftrightarrow NH_3 \cdot H_2O + HAc$$

$$K_h = \frac{[NH_3 \cdot H_2O][HAc]}{[NH_4^+][Ac^-]} = \frac{K_w}{K_a K_b}$$

弱酸弱碱盐水溶液的酸碱性与盐的浓度无关，仅取决于弱酸弱碱离解常数的相对大小，即弱酸和弱碱的相对强弱。

当 $K_a \approx K_b$ 时，$[H^+] = \sqrt{K_w} = 1.00 \times 10^{-7}$ mol/L，则溶液近于中性，如 NH_4Ac。

当 $K_a > K_b$ 时，$[H^+] > 1.00 \times 10^{-7}$ mol/L，则溶液为酸性，如 $HCOONH_4$。

当 $K_a < K_b$ 时，$[H^+] < 1.00 \times 10^{-7}$ mol/L，则溶液为碱性，如 NH_4CN。

（五）多元弱酸盐的水解

与多元弱酸分步离解相似，多元弱酸盐的水解也是分步的，以 Na_2CO_3 为例：

第一步　　$CO_3^{2-} + H_2O \Longleftrightarrow HCO_3^- + OH^- \quad K_{h1} = \frac{K_w}{K_{a2}}$

第二步　　$HCO_3^- + H_2O \Longleftrightarrow H_2CO_3 + OH^- \quad K_{h2} = \frac{K_w}{K_{a1}}$

由于 $K_{a2} \ll K_{a1}$，因此，$K_{h1} \gg K_{h2}$。可见，多元弱酸盐水解以第一步水解为主，在计算溶液酸碱性时，按一元弱酸盐处理，溶液显碱性。

$$[OH^-] = \sqrt{K_{h1} c} \tag{6-13}$$

四、两性物质溶液的 pH 值

多元弱酸的酸式盐具有两性，以 $NaHCO_3$ 为例，讨论多元弱酸酸式盐溶液的 pH 值。$NaHCO_3$ 在水溶液中完全离解，有：

$$NaHCO_3 \longrightarrow Na^+ + HCO_3^-$$

HCO_3^- 在水溶液中有两种变化：

$$HCO_3^- \Longleftrightarrow H^+ + CO_3^{2-} \quad K_{a2} = 5.6 \times 10^{-11}$$

$$HCO_3^- + H_2O \Longleftrightarrow H_2CO_3 + OH^- \quad K_{h2} = \frac{K_w}{K_{a1}} = \frac{1.0 \times 10^{-14}}{4.2 \times 10^{-7}} = 2.4 \times 10^{-8}$$

由于 $K_{h2} \gg K_{a2}$，因此，HCO_3^- 在水溶液中以水解为主，溶液显碱性。

多元弱酸酸式盐溶液中的 $[H^+]$，采取近似计算。

对于 NaHA、NaH₂A 型的酸式盐，有：
$$[H^+]=\sqrt{K_{a1}K_{a2}} \quad (6-14)$$

对于 Na₂HA 型的酸式盐，有：
$$[H^+]=\sqrt{K_{a2}K_{a3}} \quad (6-15)$$

【例 6-6】 计算 0.05mol/L NaHCO₃ 溶液的 [H⁺] 和 pH 值。

解： $[H^+]=\sqrt{K_{a1}K_{a2}}=\sqrt{4.2\times10^{-7}\times5.6\times10^{-11}}=4.8\times10^{-9}(mol/L)$
$pH=9-lg4.8=8.31$

第三节 缓冲溶液

一、同离子效应

若在 HAc 溶液中加入少量 NaAc，由于 NaAc 在溶液中完全离解，使溶液中 Ac⁻ 浓度增加，HAc 的离解平衡左移，从而降低了 HAc 的离解度。

$$NaAc \longrightarrow Na^+ + Ac^-$$
$$HAc \rightleftharpoons H^+ + Ac^-$$

同理，在氨水中加入 NH₄Cl 的情况也与此相似。由于 NH₄Cl 在溶液中完全离解，使溶液中 NH₄⁺ 浓度增加，使氨水的离解平衡将向左移动，降低了氨水的离解度。

$$NH_4Cl \longrightarrow NH_4^+ + Cl^-$$
$$NH_3 \cdot H_2O \rightleftharpoons NH_4^+ + OH^-$$

这种在弱电解质溶液中，加入与弱电解质具有相同离子的强电解质，使弱电解质的离解度降低的现象，称为同离子效应。

二、缓冲溶液

缓冲溶液是一种能够抵抗外加的少量强酸、强碱或适当稀释，而保持 pH 值基本不变的溶液。

（一）缓冲溶液的组成

缓冲溶液一般由足够量的抗酸、抗碱成分混合而成，通常将抗酸和抗碱两种成分称为缓冲对。缓冲溶液由一对或多对共轭酸碱对组成。

缓冲溶液一般有三种类型：弱酸及其盐如 HAc-NaAc；弱碱及其盐如 NH₃·H₂O-NH₄Cl；多元弱酸的酸式盐及其次级盐如 NaH₂PO₄-Na₂HPO₄。

（二）缓冲溶液的作用原理

缓冲溶液保持体系 pH 值基本不变的作用，称为缓冲作用，以 HAc-NaAc 为例分析缓冲溶液的作用原理。在 HAc-NaAc 溶液中存在下列平衡：

$$HAc \rightleftharpoons H^+ + Ac^-$$
$$NaAc \longrightarrow Na^+ + Ac^-$$

由于 NaAc 在溶液中完全离解，使溶液中 Ac⁻ 浓度增加，HAc 的离解平衡左移，从而降低了 HAc 的离解度。因此，在混合溶液中存在大量的 HAc 分子和 Ac⁻ 离子。

当向溶液中加入少量强碱如 NaOH 时，OH⁻ 离子与溶液中的 H⁺ 离子结合生成难离解的水分子，使 HAc 的离解平衡向右移动，从而进一步产生 H^+ 离子，使被消耗的 H^+ 离子得以补充。当达到新的平衡时，溶液中 OH^- 离子的浓度几乎不变。

$$OH^- + H^+ \rightleftharpoons H_2O$$

$$HAc \rightleftharpoons H^+ + Ac^-$$

总的反应式为：
$$HAc + OH^- \rightleftharpoons Ac^- + H_2O$$

HAc 具有抵抗外来强碱的能力，称为抗碱成分。

当缓冲溶液加入少量强酸（如 HCl）时，强酸完全离解的 H^+ 离子与溶液中的 Ac^- 离子结合，生成弱酸 HAc，使醋酸的离解平衡向左移动。当达到新的平衡时，溶液中 H^+ 离子的浓度不会显著增加。

$$H^+ + Ac^- \rightleftharpoons HAc$$

Ac^- 离子具有抵抗外来强酸的能力，称为抗酸成分。缓冲溶液是由抗酸成分和抗碱成分组成的缓冲对。

（三）缓冲溶液的 pH 值

弱酸及其盐组成的缓冲溶液中有：

$$[H^+] = K_a \frac{c_A}{c_S}$$

$$pH = pK_a - \lg \frac{c_A}{c_S} \tag{6-16}$$

弱碱及其盐组成的缓冲溶液中有：

$$[OH^-] = K_b \frac{c_B}{c_S}$$

$$pOH = pK_b - \lg \frac{c_B}{c_S} \tag{6-17}$$

由此可见，缓冲溶液的 pH 值首先取决于 K 值，其次取决于缓冲对的浓度之比。

缓冲溶液的缓冲能力用缓冲容量来衡量，缓冲容量取决于弱酸（碱）及其盐的浓度大小及 c 的比值。当 c 值较大，且比值等于 1 时，缓冲溶液的缓冲能力最大。当然，缓冲溶液的缓冲能力是有一定限度的，如果在缓冲溶液中加入大量的强酸、强碱或用大量水稀释，溶液就失去了缓冲作用。表 6-4 介绍了常用缓冲溶液的配制方法和 pH 值。

表 6-4　常用缓冲溶液的配制方法和 pH 值

序号	溶液名称	配制方法	pH 值
1	氯化钾-盐酸	13.0mL 0.2mol/L HCl 与 25.0mL 0.2mol/L KCl 混合均匀后，加水稀释至 100mL	1.7
2	氨基乙酸-盐酸	在 500mL 水中溶解氨基乙酸 150g，加 480mL 浓盐酸，再加水稀释至 1L	2.3
3	一氯乙酸-氢氧化钠	在 200mL 水中溶解 2g 一氯乙酸后，加 40g NaOH，溶解完全后再加水稀释至 1L	2.8
4	邻苯二甲酸氢钾-盐酸	把 25.0mL 0.2mol/L 邻苯二甲酸氢钾溶液与 6.0mL 0.1mol/L HCl 混合均匀，加水稀释至 100mL	3.6
5	邻苯二甲酸氢钾-氢氧化钠	把 25.0mL 0.2mol/L 邻苯二甲酸氢钾溶液与 17.5mL 0.1mol/L NaOH 混合均匀，加水稀释至 100mL	4.8
6	六亚甲基四胺-盐酸	在 200mL 水中溶解六亚甲基四胺 40g，加浓 HCl 10mL，再加水稀释至 1L	5.4

续表

序号	溶液名称	配制方法	pH值
7	磷酸二氢钾-氢氧化钠	把 25.0mL 0.2mol/L 磷酸二氢钾与 23.6mL 0.1mol/L NaOH 混合均匀,加水稀释至 100mL	6.8
8	硼酸-氯化钾-氢氧化钠	把 25.0mL 0.2mol/L 硼酸-氯化钾与 4.0mL 0.1mol/L NaOH 混合均匀,加水稀释至 100mL	8.0
9	氯化铵-氨水	把 0.1mol/L 氯化铵与 0.1mol/L 氨水以 2:1 比例混合均匀	9.1
10	硼酸-氯化钾-氢氧化钠	把 25.0mL 0.2mol/L 硼酸-氯化钾与 43.9mL 0.1mol/L NaOH 混合均匀,加水稀释至 100mL	10.0
11	氨基乙酸-氯化钠-氢氧化钠	把 49.0mL 0.1mol/L 氨基乙酸-氯化钠与 51.0mL 0.1mol/L NaOH 混合均匀	11.6
12	磷酸氢二钠-氢氧化钠	把 50.0mL 0.05mol/L Na_2HPO_4 与 26.9mL 0.1mol/L NaOH 混合均匀,加水稀释至 100mL	12.0
13	氯化钾-氢氧化钠	把 25.0mL 0.2mol/L KCl 与 66.0mL 0.2mol/L NaOH 混合均匀,加水稀释至 100mL	13.0

第四节 酸碱质子理论

阿仑尼乌斯(Arrhenius)酸碱电离理论中的酸碱的定义使人类对酸碱的认识实现了从现象到本质的飞跃,但该定义也有局限性,它把酸和碱只限于水溶液。随着人们对酸碱认识的扩展,人们相继提出了溶剂理论、质子理论、电子理论和软硬酸碱的理论。在这里简单介绍酸碱质子理论。

一、酸碱的定义

1923年,布朗斯特(Brönsted)在酸碱电离理论的基础上,提出了酸碱质子理论。酸碱质子理论认为:凡是能给出质子的物质是酸,如 HCl、H_2SO_4、NH_4^+、HCO_3^-、H_2O 等;凡是能接受质子的物质是碱,如 OH^-、Cl^-、SO_4^{2-}、HCO_3^-、H_2O 等。

在 HAc 与 Ac^-、NH_3 与 NH_4^+ 之间仅相差一个质子(H^+),并且通过给出或接受质子可以相互转化,人们把酸碱之间这种相互联系、相互依存的关系称为共轭关系,对应的酸和碱称为共轭酸碱对,共轭酸碱对的通式如下:

$$酸 \rightleftharpoons 碱 + 质子$$
$$HCl \rightleftharpoons Cl^- + H^+$$
$$HAc \rightleftharpoons Ac^- + H^+$$

所以 HCl 和 Cl^- 就是一对共轭酸碱对,Cl^- 是 HCl 的共轭碱,而 HCl 是 Cl^- 的共轭酸。一般来说,共轭酸的酸性越强,相应的共轭碱的碱性越弱。

有些物质既能给出质子,又能接受质子,是两性物质。如 HPO_4^{2-} 在一个反应中是碱,在另一个反应中是酸。水和多元酸的酸式盐都是两性物质。

$$H_2PO_4^- \rightleftharpoons HPO_4^{2-} + H^+$$
$$HPO_4^{2-} \rightleftharpoons PO_4^{3-} + H^+$$

在质子理论中酸和碱可以是分子,也可以是阳离子或阴离子;质子理论中不存在盐的概念,它们分别是离子酸或离子碱。

二、酸碱反应的实质

根据酸碱质子理论，任何酸碱反应都是两个共轭酸碱对之间质子的传递反应，即：

$$\text{酸}_1 + \text{碱}_2 \rightleftharpoons \text{酸}_2 + \text{碱}_1$$

弱电解质的离解，可以看成是质子转移的反应。如 HAc 在水溶液中的离解，反应式如下：

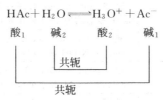

又如，NH_3 在水溶液中离解，反应式如下：

$$NH_3 + H_2O \rightleftharpoons OH^- + NH_4^+$$
$$\text{碱}_1 \quad \text{酸}_2 \quad \text{碱}_2 \quad \text{酸}_1$$

盐类的水解，也可以看成是质子转移的反应。

$$NH_4^+ + H_2O \rightleftharpoons NH_3 + H_3O^+$$

水是两性物质，水分子之间也可以发生质子的传递，称为溶剂水的质子自递作用。

$$H_2O + H_2O \rightleftharpoons H_3O^+ + OH^-$$

酸碱质子理论揭示了各类酸碱反应共同的实质。质子酸碱理论扩大了酸碱物质和酸碱反应的范围，把中和、离解、水解等反应都概括为质子传递反应，还适用于非水溶液和无溶剂体系。

第五节　酸碱指示剂

酸碱指示剂是能够利用自身颜色的改变来指示溶液 pH 值变化的物质。酸碱滴定中，常借助酸碱指示剂颜色的变化来指示终点。

一、酸碱指示剂的变色原理

常用的酸碱指示剂一般都是有机弱酸或弱碱，其共轭酸碱对具有不同的结构，颜色也不相同，当溶液 pH 值发生改变时，共轭酸碱对相互转变，引起颜色的变化。

现以有机弱酸为例，说明指示剂的变色原理。指示剂在溶液中有如下平衡：

$$HIn \rightleftharpoons H^+ + In^-$$
$$\text{酸式色} \qquad \text{碱式色}$$

当溶液的 $[H^+]$ 增加时，电离平衡向左移动而呈现酸式颜色；当溶液的 $[H^+]$ 降低时，电离平衡向右移动而呈现碱式颜色。可见，溶液中 $[H^+]$ 的改变会使指示剂颜色发生变化。酸碱指示剂变色的内因是指示剂本身结构的变化；外因则是溶液 pH 值的变化。

二、酸碱指示剂的变色范围

以弱酸型指示剂 HIn 为例，讨论如下：

$$HIn \rightleftharpoons H^+ + In^-$$
$$\text{酸式} \qquad\qquad \text{碱式}$$

$$K_{HIn} = \frac{[H^+][In^-]}{[HIn]}$$

即

$$\frac{[HIn]}{[In^-]} = \frac{[H^+]}{K_{HIn}}$$

当 $[In^-]=[HIn]$ 时，$pH=pK_{HIn}$ 称为指示剂的理论变色点。一般而言，当 $[In^-]/[HIn] \leqslant 1/10$ 时，只能观察出酸式颜色；当 $[In^-]/[HIn] \geqslant 10$ 时，只能观察出碱式颜色。人们只能在一定浓度比范围内看到指示剂的颜色变化，这一范围就是：

由
$$\frac{[In^-]}{[HIn]} = \frac{1}{10} \quad \text{到} \quad \frac{[In^-]}{[HIn]} = 10$$

人们能看到的指示剂颜色变化的 pH 范围称为指示剂的变色范围。酸碱指示剂变色的范围为：

$$pH = pK_{HIn} \pm 1$$

常用的酸碱指示剂及变色范围见表 6-5。

表 6-5 常用的酸碱指示剂及变色范围

指示剂	变色范围	颜色变化	pK_{HIn}	浓 度
百里酚蓝	1.2～2.8	红～黄	1.62	0.1%的20%乙醇溶液
甲基黄	2.9～4.0	红～黄	3.25	0.1%的90%乙醇溶液
甲基橙	3.1～4.4	红～黄	3.45	0.1%的水溶液
溴酚蓝	3.0～4.6	黄～紫	4.1	0.1%的20%乙醇溶液或其钠盐水溶液
溴甲酚绿	4.0～5.6	黄～蓝	4.9	0.1%的20%乙醇溶液或其钠盐水溶液
甲基红	4.4～6.2	红～黄	5.0	0.1%的60%乙醇溶液或其钠盐水溶液
溴百里酚蓝	6.2～7.6	黄～蓝	7.3	0.1%的20%乙醇溶液或其钠盐水溶液
中性红	6.8～8.0	红～黄橙	7.4	0.1%的60%乙醇溶液
苯酚红	6.8～8.4	黄～红	8.0	0.1%的60%乙醇溶液或其钠盐水溶液
酚酞	8.0～10.0	无～红	9.1	0.2%的90%乙醇溶液
百里酚蓝	8.0～9.6	黄～蓝	8.9	0.1%的20%乙醇溶液
百里酚酞	9.4～10.6	无～蓝	10.0	0.1%的90%乙醇溶液

在实际应用时，指示剂的变色范围越窄越好，这样在酸碱反应达到化学计量点时，pH 值稍微有变化，指示剂可立即由一种颜色变到另一种颜色。

三、混合指示剂

单一指示剂的变色范围宽，变色不灵敏。混合指示剂能弥补上述不足。混合指示剂可分为以下两类。

(1) 由两种以上的酸碱指示剂混合而成　当溶液的 pH 值改变时，各种指示剂都能变色,在某一 pH 值时,各种指示剂的颜色互补,使变色范围变窄,提高颜色变化的敏锐性。如溴甲酚绿和甲基红可组成混合指示剂。

(2) 由一种不随酸度变化而改变颜色的惰性染料和另一种酸碱指示剂混合而成 当溶液的 pH 值改变时,惰性染料不变色,作为背景色,使变色范围变窄,变色敏锐。如甲基橙和靛蓝可组成混合指示剂。

混合指示剂具有变色敏锐、变色范围窄和终点易于观察的特点。常用的酸碱混合指示剂及配制见表 6-6。

表 6-6 常用的酸碱混合指示剂及配制

指示剂组成	配制比例	酸色—碱色	变色点	浓 度
1g/L 甲基黄溶液 1g/L 次甲基蓝酒精溶液	1+1	蓝紫—绿	3.25	pH=3.4 绿色,pH=3.2 蓝紫色
1g/L 甲基橙水溶液 2g/L 靛蓝二磺酸水溶液	1+1	紫—黄绿	4.1	
1g/L 溴甲酚绿酒精溶液 1g/L 甲基红酒精溶液	1+3	酒红—绿	5.1	
1g/L 甲基红酒精溶液 1g/L 次甲基蓝酒精溶液	2+1	红紫—绿	5.4	pH=5.2 红紫,pH=5.4 暗蓝,pH=5.6 紫
1g/L 溴甲酚绿钠盐水溶液 1g/L 氯酚红钠盐水溶液	1+1	黄绿—蓝紫	6.1	pH=5.2 红紫,pH=5.4 暗蓝,pH=5.6 紫
1g/L 中性红酒精溶液 1g/L 次甲基蓝酒精溶液	1+1	蓝紫—绿	7.0	pH=7.0 紫蓝
1g/L 甲酚红钠盐水溶液 1g/L 百里酚蓝钠盐水溶液	1+3	黄—紫	8.3	pH=8.2 玫瑰红,pH=8.4 紫色
1g/L 百里酚蓝 50% 酒精溶液 1g/L 酚酞 50% 酒精溶液	1+3	黄—紫	9.0	从黄到绿再到紫
1g/L 百里酚酞酒精溶液 1g/L 茜素黄酒精溶液	2+1	黄—紫	10.2	

第六节 酸碱滴定的基本原理

在酸碱滴定中,要得到准确的分析结果,除了掌握酸碱指示剂的变色原理和变色范围外,还必须掌握在酸碱滴定过程中溶液 pH 值的变化规律,特别是化学计量点附近溶液 pH 值的变化,才能选择合适的指示剂,正确地指示滴定终点,获得准确的测量结果。酸碱滴定曲线就是表示酸碱滴定过程中溶液 pH 值变化的曲线,它是以溶液的 pH 值为纵坐标,酸或碱标准溶液的加入量为横坐标绘制而成的。

一、一元强酸(碱)的滴定

强酸强碱滴定的基本反应为:

$$H^+ + OH^- \Longrightarrow H_2O$$

现以 0.1000mol/L 的 NaOH 滴定 20.00mL 0.1000mol/L HCl 为例,讨论分析滴定的全过程。

(一) 滴定过程中溶液 pH 值的变化

1. 滴定前

滴定前,溶液中未加入 NaOH,溶液的组成为 HCl,即溶液的 pH 值取决于 HCl 的起始浓度。

$$[H^+]=c_{HCl}=0.1000\text{mol/L} \quad pH=1.00$$

2. 滴定开始至化学计量点前

滴定开始，随着 NaOH 溶液的不断加入，溶液中 HCl 的量将逐渐减少，溶液的组成为产物 NaCl、H_2O 和剩余的 HCl。溶液的 pH 值取决于剩余 HCl 的量。

$$[H^+]=\frac{V_a-V_b}{V_a+V_b}c_a \tag{6-18}$$

从滴定开始至化学计量点前各点的 pH 值都同样计算。当加入 NaOH 溶液 19.98mL 时（-0.1% 相对误差）：

$$[H^+]=\frac{20.00-19.98}{20.00+19.98}\times 0.1000=5.00\times 10^{-5}(\text{mol/L}) \quad pH=4.30$$

3. 化学计量点

当加入 20.00mL NaOH 溶液时，到达化学计量点，NaOH 和 HCl 恰好完全反应，溶液的组成为 NaCl 和 H_2O，溶液呈现中性。此时，溶液中：

$$[H^+]=[OH^-]=1.0\times 10^{-7}\text{mol/L} \quad pH=7.00$$

4. 化学计量点之后

化学计量点后，HCl 被滴定完毕，NaOH 过量，溶液的组成为 NaCl、H_2O 和过量的 NaOH。溶液的 pH 值由过量 NaOH 的量决定：

$$[OH^-]=\frac{V_a-V_b}{V_a+V_b}c_b \tag{6-19}$$

化学计量点后的各点的 pH 值都同样计算。若加入 NaOH 溶液 20.02mL 时（$+0.1\%$ 相对误差）：

$$[OH^-]=\frac{20.02-20.00}{20.02+20.00}\times 0.1000=5.0\times 10^{-5}(\text{mol/L})$$

$$pH=14.00-pOH=9.70$$

（二）滴定曲线的绘制

将上述结果列入表 6-7 中，然后以 NaOH 加入量为横坐标（或滴定分数），对应的 pH 值为纵坐标，绘制滴定曲线如图 6-1 所示。

表 6-7 用 0.1000mol/L NaOH 滴定 20.00mL 0.1000mol/L HCl

加入标准 NaOH		剩余 HCl 溶液体积/mL	过量 NaOH 溶液体积/mL	pH 值
滴定分数(a)	V/mL			
0.000	0.00	20.00		1.00
0.900	18.00	2.00		2.28
0.990	19.80	0.20		3.30
0.998	19.96	0.04		4.00
0.999	19.98	0.02		4.30 ⎫ 突跃
1.000	20.00	0.00		计量点 7.00 ⎭ 范围
1.001	20.02		0.02	9.70
1.002	20.04		0.04	10.00
0.010	20.20		0.20	10.70
1.100	22.00		2.00	11.70
2.000	40.00		20.00	12.52

(三) pH 突跃范围

从表 6-7 中数据和滴定曲线可以看出，滴定过程中溶液 pH 值的变化分为三个阶段：

第一阶段　$\Delta V=19.98(0\sim19.98)$　　　$\Delta pH=3.30(1.00\sim4.30)$
第二阶段　$\Delta V=0.04(19.98\sim20.02)$　　$\Delta pH=5.40(4.30\sim9.70)$
第一阶段　$\Delta V=19.98(20.02\sim40.00)$　$\Delta pH=2.80(9.70\sim12.52)$

第一、三阶段，溶液的 pH 值随标准溶液的体积变化不大，第二阶段即化学计量点前后，标准溶液的 1 滴之差，溶液 pH 值急剧变化。分析化学中，将化学计量点前后相对误差 ±0.1% 范围内 pH 值的变化称为滴定曲线的突跃范围。上述滴定的突跃范围为 4.30~9.70。

(四) 指示剂的选择

滴定突跃是选择指示剂的依据，凡是指示剂变色的 pH 范围全部或部分落在滴定突跃范围之内的酸碱指示剂都可以用来指示滴定终点。此引起的误差小于 ±0.1%。

在该滴定中，突跃范围是 4.30~9.70，酚酞、甲基红、甲基橙（滴定至黄色）、溴百里酚蓝、酚红等酸碱指示剂均可使用。

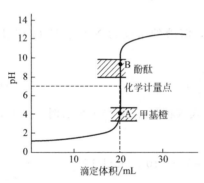

图 6-1　0.1000mol/L NaOH 滴定
0.1000mol/L HCl 的滴定曲线

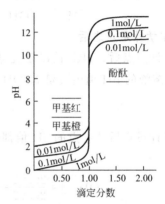

图 6-2　不同浓度 NaOH 滴定不同
浓度 HCl 的滴定曲线

由图 6-2 可以看出，若用 0.01000mol/L、0.1000mol/L、1.000mol/L 三种浓度的 NaOH 进行滴定，滴定的 pH 突跃范围分别为 5.30~8.70、4.30~9.70、3.30~10.70。可见，酸碱溶液的浓度越大，滴定突跃范围越大，可供选择的指示剂越多。

强酸滴定强碱的情况与强碱滴定强酸相似，如果用 0.1000mol/L 的 HCl 滴定 20.00mL 0.1000mol/L NaOH，滴定过程中 pH 值的变化由大到小，滴定曲线的形状与 NaOH 滴定 HCl 恰好相反，如图 6-3 所示。

二、一元弱酸（碱）的滴定

现以浓度为 0.1000mol/L NaOH 滴定 20.00mL 的 0.1000mol/L HAc 为例，讨论如下。
滴定反应为：

$$OH^- + HAc \rightleftharpoons Ac^- + H_2O$$

(一) 滴定过程中溶液 pH 值的变化

1. 滴定前

滴定前，未滴入 NaOH，溶液的组成为 HAc，溶液的 pH 值取决于 HAc 的起始浓度：

$$[H^+] = \sqrt{K_a c} = \sqrt{1.80 \times 10^{-5} \times 0.1000}$$
$$= 1.34 \times 10^{-3} \text{ (mol/L)}$$
$$pH = 2.87$$

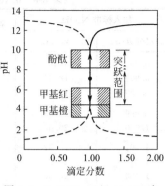

图 6-3　0.1000mol/L NaOH 和 0.1000mol/L HCl 相互滴定曲线

2. 滴定开始至化学计量点前

滴定开始，由于 NaOH 的滴入，溶液中未反应的 HAc 和反应生成的 NaAc 组成缓冲体系，其 pH 值可按式(6-16)进行计算：

$$pH = pK_a - \lg \frac{c_A}{c_S}$$

当滴入 19.98mL NaOH 溶液时：

$$c_{HAc} = \frac{20.00 - 19.98}{20.00 + 19.98} \times 0.1000 = 5.0 \times 10^{-5} (\text{mol/L})$$

$$c_{Ac^-} = \frac{19.98}{20.00 + 19.98} \times 0.1000 = 5.0 \times 10^{-2} (\text{mol/L})$$

$$pH = 4.74 + \lg \frac{5.0 \times 10^{-2}}{5.00 \times 10^{-5}} = 7.74$$

3. 化学计量点时

化学计量点时，HAc 与 NaOH 全部反应生成 NaAc，NaAc 的浓度为 0.0500mol/L，按式(6-11)计算：

$$[OH^-] = \sqrt{c_{Ac^-} K_b} = \sqrt{c_{Ac^-} \frac{K_w}{K_a}} = \sqrt{0.050 \times \frac{1.0 \times 10^{-14}}{1.8 \times 10^{-5}}} = 5.3 \times 10^{-6} \text{ (mol/L)}$$

$$pOH = 5.28 \quad pH = 8.72$$

4. 化学计量点后

化学计量点后，溶液由 NaAc、H_2O 和过量的 NaOH 组成，由于 NaOH 的同离子效应抑制了 NaAc 的水解，溶液的 pH 值主要由过量的 NaOH 决定，计算方法与强碱滴定强酸相同。

当加入 NaOH 溶液 20.02mL，溶液 pH 值为 9.70。

（二）滴定曲线的绘制

将滴定过程中 pH 值变化数据列于表 6-8 中，并绘制滴定曲线，如图 6-4 所示。与滴定 HCl 相比较，NaOH 滴定 HAc 的滴定曲线有如下特点。

① 由于 HAc 是弱酸，滴定前，溶液中的 H^+ 浓度比同浓度的 HCl 中 H^+ 浓度低，因此滴定曲线起点的 pH 值要高一些。

② 化学计量点之前，溶液中未反应的 HAc 和反应产物 NaAc 组成缓冲体系，pH 值的变化相对较缓。

③ 化学计量点时，由于滴定产物 NaAc 的水解，溶液呈碱性，pH=8.72。

④ 化学计量点附近，溶液的 pH 值发生突跃，滴定突跃范围为 7.74～9.70，处于碱性范围内，只能选择碱性指示剂酚酞、百里酚酞等来指示滴定终点。

滴定弱酸（碱），一般先计算出化学计量点时的 pH 值，选择那些变色点尽可能接近化学计量点的指示剂来确定终点。

表 6-8　0.1000mol/L NaOH 滴定 20.00mL 0.1000mol/L HAc

加入标准 NaOH		剩余 HCl 溶液 体积/mL	过量 NaOH 溶液 体积/mL	pH 值
滴定分数(a)	V/mL			
0.000	0.00	20.00		2.89
0.900	18.00	2.00		5.70
0.990	19.80	0.20		6.74
0.999	19.98	0.02		7.74 〕突跃
1.000	20.00	0.00		计量点 8.72 〕范围
1.001	20.02		0.02	9.70
1.010	20.20		0.20	10.70
1.100	22.00		2.00	11.70
2.000	40.00		20.00	12.50

用强碱滴定不同的一元弱酸时滴定突跃范围的大小，与弱酸的离解常数 K_a 和浓度 c 有关，当弱酸的浓度一定时，如图 6-5 所示，弱酸的 K_a 值越小，滴定突跃范围越小；对于同一种弱酸，酸的浓度越大，滴定突跃范围也越大。

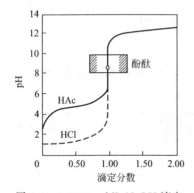 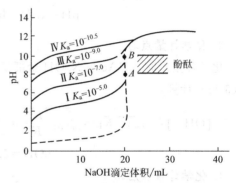

图 6-4　0.1000mol/L NaOH 滴定 0.1000mol/L HAc 的滴定曲线　　图 6-5　NaOH 溶液滴定不同弱酸溶液的滴定曲线

一元弱酸准确滴定的条件是：

$$cK_a \geqslant 10^{-8}$$

同理，强酸滴定弱碱，例如，用 0.1000mol/L HCl 滴定 20.00mL 0.1000mol/L 氨水：

$$H^+ + NH_3 \longrightarrow NH_4^+$$

滴定曲线与 NaOH 滴定 HAc 的相似，但 pH 值变化的方向相反。化学计量点时显酸性（pH=5.28），滴定突跃范围为 4.30~6.25，可选用酸性指示剂甲基红、溴甲酚绿来指示滴定终点。

一元弱碱准确滴定的条件是：

$$cK_b \geqslant 10^{-8}$$

三、多元酸（碱）的滴定

常见的多元弱酸在水溶液中分步离解，其滴定规律如下。

① 当满足条件 $cK_{a1} \geqslant 10^{-8}$，$cK_{a2} \geqslant 10^{-8}$，且 $K_{a1}/K_{a2} > 10^5$，可以分步滴定，出现两个滴定突跃范围。

② 当满足条件 $cK_{a1} \geqslant 10^{-8}$，$cK_{a2} \geqslant 10^{-8}$，但 $K_{a1}/K_{a2} < 10^5$，可以同时滴定，只有一个

滴定突跃范围。

③ 当满足条件 $cK_{a1} \geqslant 10^{-8}$，$cK_{a2} < 10^{-8}$，且 $K_{a1}/K_{a2} > 10^5$，只有第一级电离的 H^+ 可以被准确滴定。

多元酸滴定曲线计算比较复杂，在实际工作中，为了选择指示剂，通常只须计算化学计量点时的 pH 值，然后在此值附近选择指示剂即可。图 6-6 是 NaOH 溶液滴定 H_3PO_4 溶液的滴定曲线。

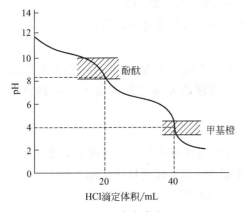

图 6-6　NaOH 溶液滴定 H_3PO_4 溶液的滴定曲线

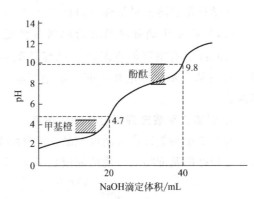

图 6-7　HCl 溶液滴定 Na_2CO_3 溶液的滴定曲线

多元碱的滴定和多元酸的滴定相类似，判断能否分步滴定原则如下。

① $cK_{b1} \geqslant 10^{-8}$，$cK_{b2} \geqslant 10^{-8}$，且 $K_{b1}/K_{b2} \geqslant 10^5$，可以分步滴定。

② $cK_{b1} \geqslant 10^{-8}$，$cK_{b2} \geqslant 10^{-8}$，且 $K_{b1}/K_{b2} < 10^5$，不能分步滴定，两步电离的氢离子同时被准确滴定，只有一个突跃范围。

③ $cK_{b1} \geqslant 10^{-8}$，$cK_{b2} < 10^{-8}$，且 $K_{b1}/K_{b2} \geqslant 10^5$，只有第一步电离的氢离子可被准确滴定，有一个突跃范围。

图 6-7 是 HCl 溶液滴定 Na_2CO_3 溶液的滴定曲线。

第七节　酸碱滴定法的应用

一、标准酸碱溶液的配制和标定

在酸碱滴定法中常用强酸、强碱配制标准溶液，但大多数的强酸、强碱不符合基准物质条件，不能直接配制成标准溶液，只能先配制成近似浓度的溶液，再用基准物质标定。

常用的酸标准溶液有 HCl 和 H_2SO_4 溶液。碱标准溶液有 NaOH 和 KOH 溶液。

（一）盐酸标准溶液的配制与标定

市售盐酸，密度为 1.19g/mL，含 HCl 约 37%，其物质的量浓度约 12mol/L。因此，需将浓 HCl 稀释成所需近似浓度，然后用基准物质进行标定，考虑到浓盐酸中 HCl 的挥发性，配制时所取浓盐酸的量适当多一些。

标定盐酸溶液常用的基准物质有无水 Na_2CO_3 和硼砂。

1. 无水 Na_2CO_3 标定 HCl 溶液

无水 Na_2CO_3 容易提纯，价格便宜，但易吸潮，使用前应在 270~300℃ 干燥至恒重，密封保存于干燥器中备用。标定反应式如下：

$$Na_2CO_3 + 2HCl = 2NaCl + CO_2\uparrow + H_2O$$

化学计量点溶液呈酸性（pH=5.12），以甲基红为指示剂确定滴定终点。

2. 硼砂$Na_2B_4O_7 \cdot 10H_2O$标定HCl溶液

硼砂容易制得纯品，分子量大，不易吸水，常保存在盛有饱和蔗糖和NaCl溶液（保持相对湿度为60%~70%）的恒温容器中。标定反应式如下：

$$Na_2B_4O_7 + 2HCl + 5H_2O = 4H_3BO_3 + 2NaCl$$

化学计量点溶液呈酸性（pH=5.12），以甲基红为指示剂确定滴定终点。

（二）氢氧化钠标准溶液的配制与标定

NaOH具有很强的吸湿性，也容易吸收空气中的CO_2，只能采用间接法配制标准溶液，再以基准物质标定其浓度。常用于标定NaOH溶液的基准物质有邻苯二甲酸氢钾和草酸。

1. 邻苯二甲酸氢钾标定NaOH溶液

邻苯二甲酸氢钾容易制得纯品，不含结晶水，在空气中性质稳定，不吸潮，摩尔质量较大，是较好的基准物质。使用前应在110~120℃干燥2~3h。标定反应式如下：

邻苯二甲酸氢钾 + NaOH = 邻苯二甲酸钾钠 + H_2O

化学计量点溶液呈碱性（pH=9.10），可选用酚酞作指示剂。

2. 草酸标定NaOH溶液

草酸（$H_2C_2O_4 \cdot 2H_2O$）易提纯，稳定性很好，常用来标定NaOH溶液。

草酸是二元酸，满足条件$cK_{a1} \geq 10^{-8}$，$cK_{a2} \geq 10^{-8}$，但$K_{a1}/K_{a2} < 10^5$，两级离解的H^+同时滴定，只有一个滴定突跃范围。标定反应式如下：

$$H_2C_2O_4 + 2NaOH = Na_2C_2O_4 + 2H_2O$$

化学计量点溶液呈碱性（pH=8.36），可选用酚酞作指示剂。

二、应用实例

（一）直接滴定法

1. 食醋中总酸度的测定

食醋的主要成分是醋酸，此外还含有少量其他弱酸如乳酸等。食醋中醋酸的含量为3%~5%，浓度较大，必须稀释后滴定。用氢氧化钠标准溶液滴定可测出酸的总含量，其反应式为：

$$HAc + NaOH = NaAc + H_2O$$

由于生成的NaAc水解后溶液呈碱性，化学计量点时的pH值约为8.74，因此用酚酞指示剂确定终点。按下式计算食醋的总酸度，以醋酸的质量浓度（g/mL）来表示。

$$\rho(HAc) = \frac{c(NaOH) \times V(NaOH) \times 60.05/100.0}{V_S}(g/mL)$$

2. 水中总碱度的测定

水样碱度是指水中所含能与强酸定量作用的碱性物质的总量。水中碱度的测定方法是用盐酸标准溶液滴定水样，由消耗盐酸的量计算水样的碱度，以mmol/L表示。测定时以甲基橙作指示剂，用 HCl 标准溶液滴定，按下式计算水的总碱度：

$$总碱度(mmol/L) = \frac{c_{HCl} V_{HCl}}{V} \times 1000$$

需注意的是，以甲基橙作指示剂测得的是总碱度，即溶液中所有碱性物质（强碱性物质和弱碱性物质）的总浓度；而以酚酞为指示剂测得的是强碱性物质的浓度，不是总碱度。

3. 混合碱的分析

混合碱一般指 NaOH 与 Na_2CO_3 或 $NaHCO_3$ 和 Na_2CO_3 的混合物，可采用双指示剂法进行分析，测定各组分的含量。双指示剂法是指在待测混合碱试液中先加入酚酞指示剂，用 HCl 标准溶液滴定至溶液由红色刚好变为无色。此时试液中所含的 NaOH 完全被中和，Na_2CO_3 也被滴定成 $NaHCO_3$，消耗 HCl 的体积为 V_1，反应式为：

$$NaOH + HCl == NaCl + H_2O$$
$$Na_2CO_3 + HCl == NaHCO_3 + NaCl$$

向上述滴定液中加入甲基橙指示剂，继续用 HCl 标准溶液滴定至溶液由黄色变为橙色即为终点。此时 $NaHCO_3$ 被中和成 Na_2CO_3，消耗 HCl 的体积为 V_2，反应式为：

$$NaHCO_3 + HCl == NaCl + CO_2 + H_2O$$

根据 V_1 和 V_2 的关系，可以判断出混合碱的组成，并计算其含量。

体积	$V_1=0$	$V_2=0$	$V_1=V_2$	$V_1>V_2$	$V_1<V_2$
组成	$NaHCO_3$	NaOH	Na_2CO_3	$NaOH+Na_2CO_3$	$NaHCO_3+Na_2CO_3$

（1）测 NaOH 和 Na_2CO_3 的含量　$V_1>V_2$，混合碱的组成是 NaOH 和 Na_2CO_3，则有：

$$w(NaOH) = \frac{\frac{[c(V_1-V_2)]_{HCl}}{1000} \times 40.00}{m_x} \times 100\%$$

$$w(Na_2CO_3) = \frac{\frac{(cV_2)_{HCl}}{1000} \times 106.0}{m_x} \times 100\%$$

（2）测 $NaHCO_3$ 和 Na_2CO_3 的含量　$V_1<V_2$，混合碱的组成是 $NaHCO_3$ 和 Na_2CO_3，则有：

$$w(NaHCO_3) = \frac{\frac{[c(V_2-V_1)]_{HCl}}{1000} \times 84.01}{m_x} \times 100\%$$

$$w(Na_2CO_3) = \frac{\frac{(cV_1)_{HCl}}{1000} \times 106.0}{m_x} \times 100\%$$

（二）间接滴定法

许多不能满足直接滴定条件的酸、碱物质，如 NH_4^+、ZnO、$Al_2(SO_4)_3$ 以及许多有机物质，都可以考虑采用间接法测定。

1. 铵盐中含氮量的测定

常见的铵盐有硫酸铵、氯化铵、硝酸铵等。由于 NH_4^+ 酸性很弱，$K_a = 5.6 \times 10^{-10}$，不能直接用碱标准溶液滴定，可采用间接法测定。一些含氮有机物质（如含蛋白质的食品、饲料以及生物碱等），可以通过化学反应将有机氮转化为 NH_4^+，再依 NH_4^+ 的蒸馏法进行测定,这种方法称为克氏(Kjeldahl)定氮法。

(1) 蒸馏法 向铵盐试样溶液中加入过量的浓碱溶液,加热使 NH_3 逸出,并用过量的 H_3BO_3 溶液吸收,然后用 HCl 标准溶液滴定硼酸吸收液:

$$NH_4^+ + OH^- \Longrightarrow NH_3\uparrow + H_2O$$

$$NH_3 + H_3BO_3 \Longrightarrow H_2BO_3^- + NH_4^+$$

$$H_2BO_3^- + H^+ \Longrightarrow H_3BO_3$$

终点的产物是 H_3BO_3 和 NH_4^+(混合弱酸),pH≈5,可用甲基红作指示剂。

也可以用 HCl 标准溶液吸收逸出的 NH_3,过量的酸以 NaOH 标准溶液返滴,间接测定含氮量。

(2) 甲醛法 甲醛与铵盐作用后,可生成质子化的六亚甲基四胺和游离的氢,反应式如下:

$$4NH_4^+ + 6HCHO \Longrightarrow (CH_2)_6N_4H^+ + 3H^+ + 6H_2O$$

反应生成的酸(质子化六亚甲基四胺和游离的氢)可以用 NaOH 标准溶液滴定:

$$(CH_2)_6N_4H^+ + 3H^+ + 4OH^- \Longrightarrow (CH_2)_6N_4 + 4H_2O$$

$(CH_2)_6N_4$ 为弱碱,$K_b = 1.4 \times 10^{-9}$,应选酚酞指示剂。

2. 硼酸的测定

硼酸是极弱的酸,$K_a = 5.8 \times 10^{-10}$,不能用 NaOH 溶液直接滴定,可采取强化酸碱的办法来滴定。在硼酸溶液中加入甘油或甘露醇等多元醇,可与硼酸根形成稳定的配合物,从而增加硼酸在水中的离解,使硼酸转变成为中强酸。例如,当溶液中有较大量甘露醇存在时,硼酸将按下式生成配合物:

$$2 \begin{matrix} H \\ R-C-OH \\ R-C-OH \\ H \end{matrix} + H_3BO_3 \Longrightarrow \left[\begin{matrix} H & H \\ R-C-O & O-C-R \\ & B & \\ R-C-O & O-C-R \\ H & H \end{matrix} \right]^- H^+ + 3H_2O$$

该配合物的酸性很强,$pK_a = 4.26$,可用 NaOH 溶液准确滴定,以酚酞作指示剂。

本章要点

一、弱电解质溶液的离解平衡

一元弱酸的离解平衡 $[H^+] = \sqrt{K_a c}$

一元弱碱的离解平衡 $[OH^-] = \sqrt{K_b c}$

多元弱酸在水溶液中分步离解 $[H^+] = \sqrt{K_{a1} c}$

二、水的离解和溶液的酸碱性

水的离解平衡与离子积常数 $K_w = [H^+][OH^-]$

溶液的酸碱性和 pH 值

中性溶液:$[H^+] = [OH^-] = 1.00 \times 10^{-7}$ mol/L,pH=7

酸性溶液:$[H^+] > 1.00 \times 10^{-7}$ mol/L,$[H^+] > [OH^-]$,pH<7

碱性溶液:$[OH^-] > 1.00 \times 10^{-7}$ mol/L,$[H^+] < [OH^-]$,pH>7

盐类的水解规律

盐类的组成		溶液的酸碱性	近似计算公式
强碱弱酸盐		显碱性	$[OH^-]=\sqrt{K_h c}$
强酸弱碱盐		显酸性	$[H^+]=\sqrt{K_h c}$
弱酸弱碱盐		$K_a \approx K_b$ 显中性 $K_a > K_b$ 显酸性 $K_a < K_b$ 显碱性	$[H^+]=\sqrt{K_w \dfrac{K_a}{K_b}}$
强酸强碱盐		不水解,显中性	$[H^+]=[OH^-]=\sqrt{K_w}$
多元弱酸盐		显碱性	$[OH^-]=\sqrt{K_{h1} c}$
多元弱酸酸式盐	$NaHA$、NaH_2A 型盐		$[H^+]=\sqrt{K_{a1} K_{a2}}$
	Na_2HA 型盐		$[H^+]=\sqrt{K_{a2} K_{a3}}$

三、缓冲溶液

在弱电解质溶液中,由于加入具有相同离子的强电解质,使得弱电解质的离解度降低的现象,称为同离子效应。

缓冲溶液是能够抵抗外加少量的强酸、强碱或适当稀释,而保持溶液pH值基本不变的溶液。

缓冲溶液的作用原理:当向缓冲溶液中加入少量的强酸或强碱时,由于抗酸成分和抗碱成分的作用,仅仅造成了弱电解质离解平衡的左右移动,实现了抗酸成分和抗碱成分的互变,溶液的pH值基本不变。缓冲溶液适当稀释时两组分浓度以相同倍数减小,所以pH值基本不变。

四、酸碱质子理论

酸是能给出质子的物质;碱是能接受质子的物质。酸和碱可以是中性分子、阳离子或阴离子。酸碱反应的实质是两个共轭酸碱对之间质子的传递。

五、酸碱指示剂

酸碱指示剂理论变色点 pK_{HIn} 和理论变色范围 $pK_{HIn} \pm 1$。

指示剂的选择原则:指示剂的变色范围全部或部分落在滴定突跃范围之内。

六、酸碱滴定法的原理

pH突跃范围:化学计量点前后相对误差在±0.1%范围内,pH值的急剧变化范围。

一元弱酸(碱)准确滴定的条件:

$$cK_a \geqslant 10^{-8} \qquad cK_b \geqslant 10^{-8}$$

多元弱酸(碱)分步滴定的条件:

$$cK_{a1} \geqslant 10^{-8},\ cK_{a2} \geqslant 10^{-8},\ 且\ K_{a1}/K_{a2} > 10^5$$

$$cK_{b1} \geqslant 10^{-8},\ cK_{b2} \geqslant 10^{-8},\ 且\ K_{b1}/K_{b2} > 10^5$$

习 题

1. 填空题

(1) 根据酸碱质子理论,PO_4^{3-}、NH_4^+、HCO_3^-、S^{2-}、Ac^- 离子中,是酸、不是碱的是_____,其共轭碱分别是_____,是碱、不是酸的是_____,其共轭酸分别是_____,既是酸又是碱的是_____。

(2) 水能微弱离解,它既是质子酸,又是_____,H_3O^+ 的共轭碱是_____,OH^- 的共轭酸是_____。

(3) 0.10mol/L H_2S 溶液中,$[H^+]$ 为 1.14×10^{-4} mol/L,则 $[HS^-]$ 为_____,$[S^{2-}]$ 为_____。

(4) 在弱酸 HA 溶液中,加入_____能使其离解度降低,引起平衡向_____移动,称为同离子_____效应。

2. 是非题

(1) 酸性水溶液中不含 OH^-,碱性水溶液中不含 H^+。(   )

(2) 在一定温度下,改变溶液的 pH 值,水的离子积常数不变。(   )

(3) 某一元酸是弱酸,则其共轭碱一定是强碱。(   )

(4) H_2S 溶液中 $[H^+]=2[S^{2-}]$。(   )

(5) 稀释 HAc 溶液时,其离解度增大,pH 值降低。(   )

(6) 将氨水和 HCl 混合,不论两者比例如何,一定不可能组成缓冲溶液。(   )

(7) 等量的 HAc 和 HCl(浓度相等),分别用等量的 NaOH 中和,所得溶液的 pH 值相等。(   )

(8) 用氢氧化钠标准溶液滴定未知浓度的盐酸溶液,滴定前由于锥形瓶中沾有少量蒸馏水,会使测定结果偏低。(   )

3. 已知在 298K 时,某一元弱酸的浓度为 0.010mol/L,测得其 pH 值为 4.0,求这一弱酸的离解常数 K_a 及该条件下的离解度 α。

4. 计算 0.10mol/L 甲酸(HCOOH)溶液的 pH 值及其离解度。

5. 计算室温下饱和 CO_2 水溶液(即 0.04mol/L)中 $c(H^+)$,$c(HCO_3^-)$,$c(CO_3^{2-})$。

6. 计算下列溶液的 pH 值:

(1) 0.05mol/L NaAc   (2) 0.05mol/L NH_4Cl (3) 0.05mol/L NaH_2PO_4

(4) 0.1mol/L NaCl   (5) 0.05mol/L $NaHCO_3$ (6) 0.05mol/L Na_2S

7. 在氨水中加入少量下列物质时,$NH_3 \cdot H_2O$ 的离解度和溶液的 pH 值将如何变化?

(1) 加 NH_4Cl (2) 加 NaOH   (3) 加 HCl   (4) 加水稀释

8. 向 100mL 0.10mol/L HAc 溶液中,加入 50mL 0.10mol/L NaOH 溶液,求混合液的 pH 值。

9. 指出下列各酸的共轭碱:HAc,H_2CO_3,HCO_3^-,H_3PO_4,$H_2PO_4^-$,NH_4^+,H_2S,HS^-。

10. 指出下列各碱的共轭酸:Ac^-,CO_3^{2-},PO_4^{3-},HPO_4^{2-},S^{2-},NH_3,CN^-,OH^-。

11. 取苯甲酸溶液 25.00mL,用 0.1000mol/L NaOH 溶液 20.70mL 滴定至化学计量点。(1) 计算苯甲酸溶液的浓度;(2) 求化学计量点的 pH 值。

12. 下列多元酸能否分步滴定?若能,有几个 pH 突跃?各选用什么指示剂?

(1) 0.10mol/L 草酸   (2) 0.10mol/L H_2SO_3 (3) 0.10mol/L H_2SO_4

13. 称取不纯的 $CaCO_3$ 试样 0.3000g,加入浓度为 0.2500mol/L HCl 标准溶液 25.00mL。用浓度为 0.2012mol/L NaOH 标准溶液返滴定过量酸,消耗了 5.84mL。计算试样中 $CaCO_3$ 的质量分数。

14. 蛋白质试样 0.2320g 经克氏法处理后,加浓碱蒸馏,用过量硼酸吸收蒸出的氨,然后用 0.1200mol/L HCl 21.00mL 滴定至终点,计算试样中氮的质量分数。

15. 称取混合碱试样 0.6800g,以酚酞为指示剂,用 0.2000mol/L HCl 标准溶液滴定至终点,消耗 HCl 溶液体积 $V_1=26.80$mL,然后加甲基橙指示剂滴定至终点,消耗 HCl 溶液 $V_2=23.00$mL,判断混合碱的组分,并计算试样中各组分的含量。

16. 称取混合碱试样 0.6800g,以酚酞为指示剂,用 0.1800mol/L HCl 标准溶液滴定至终点,消耗 HCl 溶液体积 $V_1=23.00$mL,然后加甲基橙指示剂滴定至终点,消耗 HCl 溶液 $V_2=26.80$mL,判断混合碱的组分,并计算试样中各组分的含量。

17. 有工业硼砂 1.000g,用 0.1988mol/L HCl 24.52mL 恰好滴定至终点,计算试样中 $Na_2B_4O_7 \cdot 10H_2O$、$Na_2B_4O_7$ 和 B 的质量分数。

18. 称取分析纯 $CaCO_3$ 0.1750g 溶于过量的 40.00mL HCl 溶液中,反应完全后滴定过量的 HCl 消耗 3.05mL NaOH 溶液。已知 20.00mL 该 NaOH 溶液相当于 22.06mL HCl 溶液,计算此 HCl 和 NaOH 溶液的浓度。

知识链接　　电离学说的创立者阿仑尼乌斯

　　Svante August Arrhenius（1859～1927 年），瑞典化学家。提出了电解质在水溶液中电离的阿仑尼乌斯理论，研究了温度对化学反应速率的影响，得出阿仑尼乌斯方程。由于在物理化学方面的杰出贡献，被授予 1903 年诺贝尔化学奖。

　　阿仑尼乌斯出生于瑞典乌普萨拉附近的威克，从小就喜欢数学，8 岁进入教会学校，充分表现出在数学和物理上的天赋。1876 年从学校毕业，进入乌普萨拉大学。在大学中，阿仑尼乌斯对于当时的物理和化学教学不满。1881 年他进入斯德哥尔摩的瑞典科学院物理研究所工作，主要方向是电解质的导电性。

　　在这一阶段，阿仑尼乌斯进行了大量实验和理论思考，于 1884 年向乌普萨拉大学提交了 150 页的博士毕业论文，其中基本提出了阿仑尼乌斯理论，很多概念至今仍在沿用，这些工作后来也为他获得了诺贝尔化学奖。但当时负责评审的教授只给了他勉强通过的分数。阿仑尼乌斯将文章寄给了当时物理化学研究的领袖人物，如伦道夫·克劳修斯、威廉·奥斯特瓦尔德与雅格布斯·范特霍夫，得到很高评价。

　　1885 年底，阿仑尼乌斯获得瑞典科学院的一笔奖金，从而使他有了出国深造的条件，他到奥斯特瓦尔德（俄国，在里加工学院）、科尔劳什（武尔茨堡）、玻耳兹曼（格拉茨）以及范特霍夫（荷兰，阿姆斯特丹）实验室进行短期研究。通过与这些科学家的交流，阿仑尼乌斯开始对化学反应速率问题进行研究。他通过提出了活化能概念对化学反应常常需要吸热才能发生这一现象给出了解释，并给出了描述温度活化能反应速率常数关系的阿仑尼乌斯方程。此后，阿仑尼乌斯来到莱比锡，在奥斯特瓦尔德领导的物理化学研究所从事新的实验研究，进一步丰富与完善了电离理论。

　　1891 年他回到瑞典，在皇家理工学院工作。1903 年被授予诺贝尔化学奖。1905 年诺贝尔物理研究所建立，这一阶段他主要从事天体物理研究，阿仑尼乌斯一直担任所长直到 1927 年退休。

　　阿仑尼乌斯科学的一生，给后人以很大的思想启迪。首先，在哲学上他是一位坚定的自然科学唯物主义者。他终生不信宗教，坚信科学。当 19 世纪的自然科学家们还在深受形而上学思想束缚的时候，他却能打破学科的局限，从物理与化学的联系上去研究电解质溶液的导电性，因而能冲破传统观念，独创电离学说。其次，他知识渊博，对自然科学的各个领域都学有所长，早在学生时代就已精通英、德、法和瑞典语等四五种语言，这对他周游各国，广泛求师进行学术交流起了重大作用。另外，他对祖国的热爱，为报效祖国而放弃国外的荣誉和优越条件，在当今仍不失为科学工作者的楷模。

第七章 沉淀溶解平衡与沉淀滴定法

> **知识目标**
>
> 掌握沉淀溶解平衡、溶度积概念、溶度积常数与溶解度的关系、溶度积规则;掌握莫尔法、佛尔哈德法和法扬斯法的原理和滴定条件。
>
> **能力目标**
>
> 掌握银量法的操作技术及其应用;掌握溶度积与溶解度之间的互换。能利用溶度积规则判断沉淀的生成和溶解以及分步沉淀等;掌握沉淀滴定结果的计算方法。

第一节 溶度积原理

事实证明任何难溶电解质在水溶液中总是或多或少地溶解的,绝对不溶的物质是不存在的。通常把溶解度小于 0.01g/100g 水的物质称为难溶物质;溶解度在 0.01~0.1g/100g 水之间的物质称为微溶物质;溶解度大于 0.1g/100g 水的物质称为易溶物质。

一、沉淀溶解平衡和溶度积

将难溶电解质如固体 AgCl 放入水中,晶体表面的 Ag^+ 和 Cl^- 在水分子的作用下,不断从固体表面溶入水中,形成水合离子,这个过程称为溶解。由于水合离子的热运动,当碰到固体的表面时又会沉积于固体表面,这个过程称为沉淀。这是两个相反的过程,可表示如下:

$$AgCl(s) \rightleftharpoons Ag^+ + Cl^-$$

当溶解的速度和沉淀的速度相等时,体系达到平衡状态,这个平衡称为沉淀溶解平衡。溶液中离子的浓度在温度一定时不再改变,此时的溶液为饱和溶液。根据化学平衡原理,则:

$$K_{sp} = [Ag^+][Cl^-]$$

K_{sp} 称为难溶电解质的溶度积常数,简称溶度积。

若难溶电解质为 A_mB_n 型,在一定温度下,其饱和溶液中存在下列沉淀溶解平衡:

$$A_mB_n(s) \rightleftharpoons mA^{n+} + nB^{m-}$$

其溶度积常数的表达式为:

$$K_{sp} = [A^{n+}]^m \cdot [B^{m-}]^n$$

因此溶度积可定义为:在一定温度下,难溶电解质的饱和溶液中,有关离子浓度幂的乘积为一常数,称为溶度积常数。

K_{sp} 的大小主要取决于难溶电解质的本性,也与温度有关,而与离子浓度无关。在一定温度下,K_{sp} 的大小可以反映物质的溶解能力和生成沉淀的难易。K_{sp} 的值越大,表明该物质在水中溶解的趋势越大，生成沉淀的趋势越小；反之 K_{sp} 的值越小，表明该物质在水中溶解的趋势越小，生成沉淀的趋势越大。常见难溶电解质的溶度积常数见附录五。

二、溶度积与溶解度的关系

溶解度 s 和溶度积 K_{sp} 都反映了难溶电解质的溶解能力，二者之间必然存在联系，单位统一时可以相互换算，换算时 s 的单位用 mol/L。

【例 7-1】 已知室温时，AgBr 的溶解度为 $8.8×10^{-7}$ mol/L，求该温度下 AgBr 的溶度积。

解：
$$AgBr \rightleftharpoons Ag^+ + Br^-$$
$$K_{sp}(AgBr) = [Ag^+][Br^-] = s^2 = (8.8×10^{-7})^2 = 7.7×10^{-13}$$

【例 7-2】 已知 25℃ 时，Ag_2CrO_4 的溶解度是 $2.2×10^{-3}$ g/100g 水，求 $K_{sp(Ag_2CrO_4)}$。

解：Ag_2CrO_4 的溶解度换算为物质的量浓度：
$$s(Ag_2CrO_4) = 2.2×10^{-3}/332 = 6.6×10^{-5} \ (mol/L)$$
$$Ag_2CrO_4 \rightleftharpoons \underset{2s}{2Ag^+} + \underset{s}{CrO_4^{2-}}$$
$$K_{sp} = [Ag^+]^2[CrO_4^{2-}] = (2s)^2 s = 4s^3 = 4×(6.6×10^{-5})^3 = 1.1×10^{-5} \ (mol/L)$$

通过以上计算可将溶解度与溶度积的换算公式总结见表 7-1。

表 7-1 溶解度与溶度积的换算

电解质类型	举例	计算公式（溶解度 s 以 mol/L 表示）
AB	AgBr	$K_{sp} = s^2$
A_2B 或 AB_2	Ag_2CrO_4、CaF_2	$K_{sp} = 4s^3$
AB_3 或 A_3B	$Fe(OH)_3$、Ag_3PO_4	$K_{sp} = s(3s)^3 = 27s^4$
A_3B_2	$Ca_3(PO_4)_2$	$K_{sp} = (3s)^3(2s)^2 = 108s^5$

由此可见，溶度积大的难溶电解质，其溶解度不一定也大，这与其类型有关。如属于同种类型时（如 AgCl、AgBr、AgI 都属于 AB 型），可直接用 K_{sp} 的数值大小来比较它们溶解度的大小；但属于不同类型时（如 AgCl 是 AB 型，Ag_2CO_3 是 A_2B 型），其溶解度的相对大小须经计算才能进行比较。

第二节 沉淀的生成和溶解

一、溶度积规则

（一）溶度积规则

在某难溶电解质的溶液中，有关离子浓度幂次方的乘积称为离子积，用符号 Q_i 表示：
$$A_mB_n(s) \rightleftharpoons mA^{n+} + nB^{m-}$$
$$Q_i = [A^{n+}]^m \cdot [B^{m-}]^n$$

Q_i 和 K_{sp} 的表达式完全一样，但 Q_i 表示任意情况下的有关离子浓度方次的乘积，其数值不定；而 K_{sp} 仅表示达到沉淀溶解平衡时有关离子浓度方次的乘积，在一定温度下，是个常数。二者有本质区别。在任何给定的难溶电解质的溶液中 Q_i 与 K_{sp} 做比较有以下三种情况。

① $Q_i < K_{sp}$ 时，为不饱和溶液，无沉淀析出。若体系中有固体存在，固体将溶解直至饱和为止。所以 $Q_i < K_{sp}$ 是沉淀溶解的条件。

② $Q_i = K_{sp}$ 时，是饱和溶液，处于动态平衡状态。

③ $Q_i > K_{sp}$ 时，为过饱和溶液，有沉淀析出，直至饱和。所以 $Q_i > K_{sp}$ 是沉淀生成的条件。

以上就是溶度积规则的具体内容，它是难溶电解质多相离子平衡移动规律的总结。据此可以判断体系中是否有沉淀生成或溶解，也可以通过控制离子的浓度，使沉淀生成或使沉淀溶解。

（二）影响溶解度的因素

(1) **本性** 难溶电解质的本质是决定其溶解度大小的主要因素。

(2) **温度** 大多数难溶电解质的溶解过程是吸热过程，故温度升高将使其溶解度增大；反之亦然。

(3) **同离子效应** 根据溶度积规则，若向 $BaSO_4$ 饱和溶液中加入 $BaCl_2$ 溶液，由于 Ba^{2+} 浓度增大，使得 $Q_i > K_{sp}$，溶液中有 $BaSO_4$ 沉淀析出，从而使 $BaSO_4$ 的溶解度降低。同样，若加入 Na_2SO_4 也会产生相同效果。这种加入含有相同离子的可溶性电解质，而引起难溶电解质溶解度降低的现象称为难溶电解质的同离子效应。

(4) **盐效应** 根据溶度积规则，在 AgCl 饱和溶液中加入少许强电解质 KNO_3，溶液中的离子总数明显增多。由于离子间的相互作用，使得 Ag^+ 与 Cl^- 相互碰撞并结合成 AgCl 的沉淀速度有所降低，因而破坏了 AgCl 的沉淀溶解平衡关系，促使 AgCl 溶解，直至达到新的平衡状态，这时 AgCl 的溶解度比纯水中的大。

这种由于加入含有大量非相同离子的强电解质（或过量沉淀剂），使得难溶电解质的溶解度增大的现象称为盐效应。难溶电解质产生同离子效应时，也伴随着盐效应，但两者相比较，盐效应很小，可以忽略不计。

【例 7-3】 已知 CaF_2 的溶度积为 5.2×10^{-9}，求 CaF_2 在下列情况时的溶解度（以 mol/L 表示）。

(1) 在纯水中；

(2) 在 1.0×10^{-2} mol/L NaF 溶液中；

(3) 在 1.0×10^{-2} mol/L $CaCl_2$ 溶液中。

解：(1) 在纯水中：$CaF_2(s) \rightleftharpoons Ca^{2+} + 2F^-$

$$K_{sp}(CaF_2) = [Ca^{2+}][F^-]^2 = s(2s)^2 = 4s^3 = 5.2 \times 10^{-9} \text{ mol/L}$$

$$s = \sqrt[3]{\frac{K_{sp}}{4}} = \sqrt[3]{\frac{5.2 \times 10^{-9}}{4}} = 1.1 \times 10^{-3} \text{ (mol/L)}$$

(2) 在 1.0×10^{-2} mol/L NaF 溶液中：$CaF_2(s) \rightleftharpoons Ca^{2+} + 2F^-$

$\qquad\qquad\qquad\qquad\qquad\qquad\qquad s \quad (2s+1.0\times 10^{-2})$

$$s = \frac{K_{sp}}{[F^-]^2} = \frac{5.2 \times 10^{-9}}{(1.0 \times 10^{-1})^2} = 5.2 \times 10^{-5} \text{ (mol/L)}$$

(3) 在 1.0×10^{-2} mol/L $CaCl_2$ 溶液中：$CaF_2(s) \rightleftharpoons Ca^{2+} + 2F^-$

$\qquad\qquad\qquad\qquad\qquad\qquad\qquad (s+1.0\times 10^{-2}) \quad 2s$

$$s = \sqrt{\frac{K_{sp}}{4[Ca^{2+}]}} = \sqrt{\frac{5.2 \times 10^{-9}}{4 \times 1.0 \times 10^{-2}}} = 3.6 \times 10^{-4} \text{ (mol/L)}$$

二、沉淀的生成

根据溶度积规则，在难溶电解质的溶液中，如果 $Q_i > K_{sp}$，就会生成沉淀，这是生成沉淀的必要条件；当需要溶液析出沉淀或要沉淀得更完全时，就必须创造条件，促使沉淀向人们预期的方向转化。

【例 7-4】 通过计算说明，将下列各组溶液等体积混合时，能否形成沉淀？各混合溶液中 Ag^+ 和 Cl^- 的浓度分别是多少？

(1) 1.5×10^{-6} mol/L 的 $AgNO_3$ 和 1.5×10^{-5} mol/L 的 NaCl；

(2) 1.5×10^{-4} mol/L 的 $AgNO_3$ 和 1.5×10^{-4} mol/L 的 NaCl。

解： $K_{sp}(AgCl) = 1.80 \times 10^{-10}$

(1) 等体积混合后，$c(Ag^+) = 7.5 \times 10^{-7}$ mol/L；$c(Cl^-) = 7.5 \times 10^{-6}$ mol/L

$Q = c(Ag^+)c(Cl^-) = 5.6 \times 10^{-12} < K_{sp}$，不生成 AgCl 沉淀。

(2) 等体积混合后，$c(Ag^+) = 7.5 \times 10^{-5}$ mol/L；$c(Cl^-) = 7.5 \times 10^{-5}$ mol/L

$Q = c(Ag^+)c(Cl^-) = 5.6 \times 10^{-9} > K_{sp}$，有 AgCl 沉淀生成。

由于 Ag^+ 和 Cl^- 正好完全反应，溶液中 $[Ag^+] = [Cl^-] = \sqrt{K_{sp}} = 1.3 \times 10^{-5}$ mol/L。

由于没有绝对不溶于水的物质，所以任何一种沉淀的析出，实际上都不能绝对完全。因为溶液中沉淀溶解平衡总是存在的，即溶液中总会含有极少量的待沉淀的离子残留。一般认为，当残留在溶液中的某种离子浓度小于 10^{-5} mol/L 时，就可以认为这种离子沉淀完全了。

用沉淀反应来分离溶液中的某种离子时，要使离子沉淀完全，一般应采取以下几种措施。

(1) 选择适当的沉淀剂，使沉淀的溶解度尽可能小。例如，Ca^{2+} 可以沉淀为 $CaSO_4$ 和 CaC_2O_4，它们的 K_{sp} 分别为 9.1×10^{-6} 和 4.0×10^{-9}，它们都属同类型的难溶电解质，因此，常常选用 $C_2O_4^{2-}$ 作为 Ca^{2+} 的沉淀剂，从而可使 Ca^{2+} 沉淀得更加完全。

(2) 可加入适当过量的沉淀剂。这实际上是根据同离子效应，加入过量的沉淀剂使沉淀更加完全。但沉淀剂的用量不是越多越好，在分析化学中一般沉淀剂过量 20%~50%，再多就会引起其他效应（盐效应、配位效应等）。

(3) 对于某些离子沉淀时，还必须控制溶液的 pH 值，才能确保沉淀完全。

【例 7-5】 假如溶液中 Fe^{3+} 离子的浓度为 0.1 mol/L，求 (1) 开始生成 $Fe(OH)_3$ 沉淀的 pH 值是多少？(2) 沉淀完全时的 pH 值又是多少？已知 $K_{sp}[Fe(OH)_3] = 1.1 \times 10^{-36}$。

解： 已知 $Fe(OH)_3(s) \rightleftharpoons Fe^{3+}(aq) + 3OH^-(aq)$，$K_{sp}[Fe(OH)_3] = c_{Fe^{3+}} \cdot c_{OH^-}^3$

(1) 开始沉淀时所需 OH^- 的浓度为：

$$c_{OH^-} = \sqrt[3]{\frac{K_{sp}[Fe(OH)_3]}{c_{Fe^{3+}}}} = \sqrt[3]{\frac{1.1 \times 10^{-36}}{0.1}} = 2.2 \times 10^{-12} \text{ (mol/L)}$$

即 $pOH = lg c_{OH^-} = lg 2.2 \times 10^{-12} = 11.66$，$pH = 14 - pOH = 14 - 11.66 = 2.34$

(2) 沉淀完全时，$c_{Fe^{3+}} = 10^{-5}$ mol/L，则此时的 c_{OH^-} 为：

$$c_{OH^-} = \sqrt[3]{\frac{K_{sp}[Fe(OH)_3]}{c_{Fe^{3+}}}} = \sqrt[3]{\frac{1.1 \times 10^{-36}}{10^{-5}}} = 4.8 \times 10^{-11} \text{ (mol/L)}$$

即 $pOH = lg c_{OH^-} = lg 4.8 \times 10^{-11} = 10.32$，$pH = 14 - pOH = 14 - 10.32 = 3.68$

所以，0.1mol/L 的 Fe^{3+} 开始沉淀的 pH 值是 2.34，沉淀完全时的 pH 值是 3.68。

上例还说明，氢氧化物开始沉淀和沉淀完全可以是酸性环境，不同氢氧化物的 K_{sp} 不同，组成也不同，它们沉淀完全所需的 pH 值也不同，因此，通过控制溶液的 pH 值，就可以达到分离某些金属离子的目的。另外，很多金属硫化物都是难溶电解质，不同难溶金属硫化物的 K_{sp} 不同，在 H_2S 的饱和溶液中，S^{2-} 离子的浓度可以通过控制溶液的 pH 值来调节，从而使溶液中的某些金属离子达到分离或提纯的目的。

三、分步沉淀

在生产和实践中常常会遇到溶液中同时存在多种离子。当加入某种沉淀剂时，往往可以和这几种离子作用生成难溶化合物。那么，如何控制条件使这几种离子分别沉淀出来，从而达到分离的目的？

例如，在浓度均为 0.10mol/L Cl^- 和 CrO_4^{2-} 离子的溶液中，逐滴加入 $AgNO_3$ 溶液时，首先是白色的 AgCl 沉淀生成，加到一定量时才出现砖红色的 Ag_2CrO_4 沉淀。这种由于难溶电解质溶度积不同，加入同一种沉淀剂后使混合离子按顺序先后沉淀下来的现象称为分步沉淀。

【例 7-6】 现有 0.10L 溶液，其中含有 0.0010mol 的 NaCl 和 0.0010mol 的 K_2CrO_4，逐滴加入 $AgNO_3$ 溶液时，何者先沉淀？

解：已知 AgCl 的 $K_{sp}=1.8\times10^{-10}$，Ag_2CrO_4 的 $K_{sp}=2.0\times10^{-12}$。

所以生成 AgCl 沉淀所需 Ag^+ 最低浓度为：

$$c_1=[Ag^+]=\frac{K_{sp}(AgCl)}{[Cl^-]}=\frac{1.8\times10^{-10}}{1.0\times10^{-3}}=1.8\times10^{-7}(mol/L)$$

生成 Ag_2CrO_4 沉淀所需 Ag^+ 最低浓度为：

$$c_2=[Ag^+]=\sqrt{\frac{K_{sp}}{[CrO_4^{2-}]}}=\sqrt{\frac{2.0\times10^{-12}}{1.0\times10^{-3}}}=4.5\times10^{-5}(mol/L)$$

AgCl 沉淀析出所需 Ag^+ 浓度小，所以 AgCl 先沉淀。

分步沉淀的顺序并不完全取决于溶度积，它还与混合溶液中各离子的浓度有关。当两难溶电解质的溶度积数值相差不大时，适当改变有关离子的浓度可使沉淀顺序发生改变。

总之，当溶液中同时存在几种离子时，离子积 Q_i 最先达到溶度积 K_{sp}（即 $Q_i>K_{sp}$）的难溶电解质首先沉淀，这是分步沉淀的基本原则。只要掌握了这一原则，就可以根据具体情况，适当地控制条件，从而达到分离离子的目的。K_{sp} 相差越大，分离得越完全。分步沉淀在分析化学和工业生产上具有重要的实用意义。

四、沉淀的溶解

根据溶度积规则，沉淀溶解的必要条件是 $Q_i<K_{sp}$。因此，只要降低溶液中某种离子的浓度，就可使沉淀溶解。最常见的方法有以下几种。

（一）生成弱电解质

如氢氧化镁在铵盐溶液中，因生成弱电解质氨水，降低了 OH^- 的浓度，使平衡向右移动，从而导致沉淀溶解。

$$Mg(OH)_2(s) \rightleftharpoons Mg^{2+} + 2OH^-$$
$$+$$
$$2NH_4Cl \longrightarrow 2Cl^- + 2NH_4^+$$
$$\Updownarrow$$
$$2NH_3 \cdot H_2O$$

上述反应的总反应为:$Mg(OH)_2(s)+2NH_4Cl \longrightarrow MgCl_2+2NH_3 \cdot H_2O$
又如氢氧化镁在盐酸中,因生成水而溶解。

$$Mg(OH)_2(s) \rightleftharpoons Mg^{2+} + 2OH^-$$
$$+$$
$$2HCl \longrightarrow 2Cl^- + 2H^+$$
$$\Updownarrow$$
$$2H_2O$$

上述反应的总反应为:$Mg(OH)_2(s)+2HCl \longrightarrow MgCl_2+2H_2O$

由于反应生成弱电解质 $NH_3 \cdot H_2O$ 或 H_2O,从而大大降低了 OH^- 的浓度,使 $Mg(OH)_2$ 的 $Q_i<K_{sp}$ 沉淀溶解。只要加入足够量的酸或铵盐,可使沉淀全部溶解。对于 $Al(OH)_3$、$Fe(OH)_3$ 等溶解度很小的氢氧化物则难溶于铵盐而只能溶于酸中。

碳酸盐、亚硫酸盐和某些硫化物等难溶盐,溶于强酸,生成微溶气体,而使沉淀溶解。例如:

$$CaCO_3(s) \rightleftharpoons Ca^{2+} + CO_3^{2-}$$
$$+$$
$$2HCl \longrightarrow 2Cl^- + 2H^+$$
$$\Updownarrow$$
$$H_2CO_3 \longrightarrow CO_2 \uparrow + H_2O$$

上述反应的总反应为:$CaCO_3(s)+2HCl \longrightarrow CaCl_2+CO_2 \uparrow +H_2O$

由于 CO_3^{2-} 与 H^+ 结合生成弱酸 H_2CO_3,并分解为 H_2O 和 CO_2,从而降低了 CO_3^{2-} 的浓度,使 $CaCO_3$ 的 $Q_i<K_{sp}$。

(二) 发生氧化还原反应

溶度积较小的金属硫化物,不溶于盐酸。但加入氧化剂,使某离子发生氧化还原反应,使沉淀溶解。例如,加入稀 HNO_3 将 CuS 中的 S^{2-} 氧化成 S,从而降低 S^{2-} 离子的浓度,使溶液中 Cu^{2+} 和 S^{2-} 的离子积小于其溶度积,CuS 溶解。

$$3CuS+8HNO_3(稀) \Longrightarrow 3S\downarrow +2NO\uparrow +3Cu(NO_3)_2+4H_2O$$

(三) 生成配合物

加入适当的配位剂与某一离子生成稳定的配合物,使沉淀溶解。例如,AgCl 沉淀溶于氨水中,降低了 Ag^+ 浓度,则 $Q_i<K_{sp}$,使平衡向右移动。

$$AgCl(s) \rightleftharpoons Ag^+ + Cl^-$$
$$+$$
$$2NH_3 \cdot H_2O$$
$$\Updownarrow$$
$$[Ag(NH_3)_2]^+ + 2H_2O$$

上述反应的总反应为：$AgCl + 2NH_3 \cdot H_2O \Longrightarrow [Ag(NH_3)_2]Cl + 2H_2O$

五、沉淀的转化

借助于某一试剂的作用使一种难溶电解质转变为另一种难溶电解质的过程，称为沉淀的转化。

例如，在含有白色 $BaCO_3$ 粉末的溶液中，加入黄色的 K_2CrO_4 溶液搅拌，沉降后，溶液黄色消退，沉淀呈黄色，表明 $BaCO_3$ 白色沉淀已转化为黄色的 $BaCrO_4$ 沉淀。

$BaCO_3$ 白色沉淀与溶液中的 Ba^{2+} 和 CO_3^{2-} 离子建立了沉淀-溶解平衡，当加入 K_2CrO_4 溶液时，CrO_4^{2-} 离子与 Ba^{2+} 离子生成黄色的 $BaCrO_4$ 沉淀，此时 $BaCO_3$ 与溶液中的 CO_3^{2-}、CrO_4^{2-} 又建立新的沉淀-溶解平衡。由于 $BaCrO_4$ 的 $K_{sp}(1.2 \times 10^{-10})$ 小于 $BaCO_3$ 的 $K_{sp}(8.0 \times 10^{-9})$，因此 $BaCrO_4$ 的沉淀-溶解平衡破坏了 $BaCO_3$ 的沉淀-溶解平衡。由于 Ba^{2+} 离子浓度的降低，使得 $BaCO_3$ 的平衡不断向右移动，$BaCO_3$ 不断溶解，$BaCrO_4$ 不断沉淀，直至 $BaCO_3$ 全部转化为 $BaCrO_4$ 为止，竞争的结果是，$BaCO_3$ 的沉淀-溶解平衡被破坏，而建立 $BaCrO_4$ 的沉淀-溶解平衡。其转化过程表示为：

$$BaCO_3 \Longrightarrow Ba^{2+} + CO_3^{2-}$$
$$+$$
$$K_2CrO_4 \longrightarrow CrO_4^{2-} + 2K^+$$
$$\Downarrow$$
$$BaCrO_4 \downarrow （黄色）$$

总反应为：$BaCO_3(s) + CrO_4^{2-} \Longrightarrow BaCrO_4(s) + CO_3^{2-}$

在实际应用中，常遇到一些既难溶于水又难溶于酸的沉淀，须设法使它转化成易溶于酸的沉淀，便于处理。如锅炉中的锅垢常含有难溶于水及酸的 $CaSO_4$，常用 Na_2CO_3 使 $CaSO_4$ 转化为能溶于酸的 $CaCO_3$，然后用酸清除掉。

第三节　沉淀滴定法

一、沉淀滴定法概述

沉淀滴定法是以沉淀反应为基础的一类滴定分析方法。虽然许多化学反应能生成沉淀，但符合滴定分析要求，适用于滴定分析的沉淀反应并不多。因为很多沉淀的组成不恒定，或溶解度大，或易形成过饱和溶液，或达到平衡速度慢，或共沉淀现象严重等。用于沉淀滴定反应必须符合下列条件。

① 沉淀的组成恒定，溶解度小，在沉淀过程中不易发生共沉淀现象。
② 反应速率快，不易形成过饱和溶液。
③ 有确定化学计量点的简单方法。
④ 沉淀的吸附现象不影响化学计量点的测定。

目前应用最多的是生成难溶银盐的反应。例如：

$$Ag^+ + X^- \Longrightarrow AgX \downarrow (X = Cl^-, Br^-, I^-)$$
$$Ag^+ + SCN^- \Longrightarrow AgSCN \downarrow$$

这种利用生成难溶银盐反应的测定方法称为银量法。银量法可以测定 Cl^-、Br^-、I^-、Ag^+、CN^-、SCN^- 等离子，用于化工、农业及处理"三废"等生产部门的检测工作。根据确定终点采用的指示剂不同，银量法主要分为莫尔法、佛尔哈德法和法扬斯法。

二、莫尔法

（一）原理

以 K_2CrO_4 作指示剂，在中性或弱碱性溶液中用 $AgNO_3$ 标准溶液直接滴定 Cl^- 或 Br^- 离子。

由于 AgCl 的溶解度小于 Ag_2CrO_4 的溶解度，首先析出 AgCl 白色沉淀，当 Cl^- 被 Ag^+ 定量沉淀完全后，稍过量的 Ag^+ 与 CrO_4^{2-} 形成砖红色沉淀，以此指示滴定终点。其反应式为：

计量点前　　　　　　　$Ag^+ + Cl^- =\!=\!= AgCl\downarrow$（白色）
计量点时　　　　　　$2Ag^+ + CrO_4^{2-} =\!=\!= Ag_2CrO_4\downarrow$（砖红色）

（二）滴定条件

① 严格控制 K_2CrO_4 的用量。如果 K_2CrO_4 的浓度过大，终点将提早出现；浓度过小，终点将拖后。一般 K_2CrO_4 的浓度以 0.005mol/L 为宜。

② 溶液的酸度。莫尔法应当在中性或弱碱性介质中进行。因为在酸性溶液中 CrO_4^{2-} 转化为 $Cr_2O_7^{2-}$，使 CrO_4^{2-} 浓度降低，影响 Ag_2CrO_4 沉淀的生成。

如果溶液的碱性太强，将析出 Ag_2O 沉淀。因此，莫尔法适合的酸度条件为 pH=6.5～10.5。如果溶液碱性太强，可用稀硫酸调节；如果溶液酸性太强，可用氢氧化钠调节。

（三）应用范围

莫尔法可用于测定 Cl^- 或 Br^-，但不能用于测定 I^- 和 SCN^-，因为 AgI 或 AgSCN 的吸附能力太强，滴定到终点时有部分 I^- 或 SCN^- 被吸附，将引起较大的负误差。AgCl 沉淀也容易吸附 Cl^-，在滴定过程中，应剧烈振荡溶液，可以减少吸附，以期获得正确的终点。

三、佛尔哈德法

（一）原理

佛尔哈德法是以铁铵矾 $[NH_4Fe(SO_4)_2 \cdot 12H_2O]$ 作指示剂，在酸性介质中，用 KSCN 或用 NH_4SCN 为标准溶液滴定。由于测定的对象不同，佛尔哈德法可分为直接滴定法和返滴定法。

1. 直接滴定法

在含有 Ag^+ 的硝酸溶液中加入铁铵矾指示剂，用 NH_4SCN 标准溶液滴定，先析出白色的 AgSCN 沉淀，达到化学计量点时，微过量的 NH_4SCN 就与 Fe^{3+} 生成 $FeSCN^{2+}$，指示滴定终点到达。其反应式为：

$$Ag^+ + SCN^- =\!=\!= AgSCN\downarrow（白色）$$
$$Fe^{3+} + SCN^- =\!=\!= FeSCN^{2+}（红色）$$

AgSCN 会吸附溶液中的 Ag^+，所以在滴定时必须剧烈振荡，避免指示剂过早显色，减小测定误差。直接滴定法的溶液中氢离子浓度一般控制在 0.1～1mol/L。若酸性太低，Fe^{3+} 将水解，生成棕色的 $Fe(OH)_3$，影响终点观察。

2. 返滴定法

在含有卤素离子的硝酸溶液中，加入一定已知过量的 $AgNO_3$ 标准溶液，以铁铵矾为指示剂，用 NH_4SCN 标准溶液回滴过量的 $AgNO_3$。如滴定 Cl^- 时的主要反应式为：

$$Ag^+ + Cl^- =\!\!=\!\!= AgCl\downarrow$$

当过量半滴 SCN^- 溶液时，Fe^{3+} 便与 SCN^- 反应生成红色 $FeSCN^{2+}$ 指示终点到达。

（二）滴定条件

① 指示剂用量。实验证明，能观察到红色，$FeSCN^{2+}$ 的最低浓度为 6.0×10^{-6} mol/L，根据溶度积公式，Fe^{3+} 的浓度约为 0.03 mol/L。实际上，Fe^{3+} 浓度太大，溶液黄色较深，影响终点观察，通常 Fe^{3+} 的浓度为 0.015 mol/L。

② 溶液酸度。滴定应在酸性溶液中进行，以防止 Fe^{3+} 水解。一般控制溶液氢离子浓度在 $0.1\sim1.0$ mol/L 之间。

③ 当用返滴定法测 Cl^- 时，由于 AgCl 溶解度大于 AgSCN 溶解度，会发生沉淀转化：

$$AgCl + SCN^- =\!\!=\!\!= AgSCN + Cl^-$$

使终点拖后，甚至无法到达终点。为防止这种情况发生，滴定前加入少量硝基苯，覆盖于 AgCl 沉淀表面。也可过滤分离后再滴定。

④ 测 I^- 时须先加过量 $AgNO_3$ 后，再加入指示剂，防止 Fe^{3+} 氧化 I^-，无法指示终点。

（三）应用范围

返滴定法用于测定 Cl^-、Br^-、I^-、SCN^-、PO_4^{3-}、AsO_4^{3-}；直接滴定法用于测定 Ag^+。在农业上也常用此法测定有机氯农药等。

四、法扬斯法

该法是用吸附指示剂指示滴定终点的一种银量法。

（一）原理

吸附指示剂是一类有机染料，当它被沉淀表面吸附后，引起颜色的变化，而指示滴定终点。例如，用 $AgNO_3$ 标准溶液滴定 Cl^- 时，可用荧光黄吸附指示剂来指示滴定终点。荧光黄吸附指示剂是一种弱酸，在溶液中解离出黄绿色的 FIn^- 阴离子。

$$HFIn \rightleftharpoons H^+ + FIn^-$$
$$\text{黄绿色}$$

在化学计量点前，溶液中有剩余的 Cl^- 存在，AgCl 沉淀吸附 Cl^- 而带负电荷，不吸附指示剂阴离子 FIn^-。因此，FIn^- 阴离子留在溶液中呈黄绿色。

在化学计量点后，稍过量的 Ag^+ 被 AgCl 沉淀吸附而带正电荷，这时溶液中 FIn^- 阴离子被吸附，溶液颜色由黄绿色变为粉红色，指示滴定终点到达。

$$(AgCl)\cdot Ag^+ + FIn^- \longrightarrow (AgCl)\cdot Ag\cdot FIn$$
$$\text{黄绿色} \qquad\qquad \text{粉红色}$$

（二）滴定条件

① 尽可能使沉淀保持溶胶状态，以具有较大的比表面，便于吸附更多的指示剂。故常在滴定时加入糊精或淀粉等胶体保护剂。

② 应控制适当的酸度，使指示剂呈阴离子状态。酸度大时，H^+ 与指示剂阴离子结合成不被吸附的指示剂分子，无法指示终点。例如，荧光黄适用于 pH=7～10 的条件下进行滴

定。若 pH<7，荧光黄主要以分子形式存在，不被吸附，无法指示终点。

③ 避免强光照射。卤化银易感光变黑，影响终点观察，应避免在强光下滴定。

④ 沉淀对指示剂的吸附能力，应略小于对待测离子的吸附能力，否则指示剂将在化学计量点前变色。但如果太小，又会使颜色变化不敏锐，终点推迟。

卤化银对卤化物和几种吸附指示剂的吸附能力的次序如下：

$$I^- > SCN^- > Br^- > 曙红 > Cl^- > 荧光黄$$

（三）应用范围

法扬斯法可用于测定 Cl^-、Br^-、I^- 和 SCN^- 及生物碱盐类等。测定 Cl^- 时用荧光黄作指示剂；测定 Br^-、I^-、SCN^- 时则用曙红作指示剂。

本章要点

一、溶解度和溶度积

1. 沉淀-溶解平衡

当难溶电解质的溶解与沉淀速度相等时，达到沉淀-溶解平衡。

$$A_mB_n(s) \underset{沉淀}{\overset{溶解}{\rightleftharpoons}} mA^{n+} + nB^{m-}$$

2. 溶度积常数

对于一般的难溶电解质 A_mB_n，其溶度积常数的一般表达式为：

$$K_{sp} = [A^{n+}]^m \cdot [B^{m-}]^n$$

对于同类型的难溶电解质，在一定温度下，K_{sp} 越大，溶解度越大。对于不同类型的电解质，不能从溶度积的大小立即判断出物质的溶解度，必须换算后，才能得出准确的结论。

二、沉淀的生成和溶解

1. 溶度积规则

在任意状态下：

$$Q = c^m(A^{n+})c^n(B^{m-})$$

当 $Q > K_{sp}$，溶液呈过饱和态，将有沉淀析出，直到溶液中的 $Q = K_{sp}$ 为止；

当 $Q < K_{sp}$，溶液处于不饱和态，若体系有沉淀，沉淀将溶解直到 $Q = K_{sp}$；

当 $Q = K_{sp}$，为饱和溶液，体系处于沉淀-溶解平衡状态。

2. 沉淀的生成

① 产生沉淀的唯一条件：溶液中离子积大于该物质的溶度积。$Q > K_{sp}$。

② 沉淀的完全程度：若残留在溶液中离子的浓度$<10^{-5}$ mol/L，认为沉淀完全。

③ 同离子效应：难溶电解质的溶液中，加入含有相同离子的强电解质，使难溶电解质的溶解度降低的效应，称为同离子效应。

④ 盐效应：由于加入含有大量非相同离子的强电解质（或过量沉淀剂），使得难溶电解质的溶解度增大的现象，称为盐效应。

3. 沉淀的溶解

生成弱电解质（生成弱酸、弱碱、水）、发生氧化还原反应、生成配合物。

三、分步沉淀和沉淀的转化

由于难溶电解质溶度积不同，加入同一种沉淀剂后使混合离子按顺序先后沉淀下来的现象，称为分步沉淀。

由一种难溶电解质转化为另一种难溶电解质的过程，称为沉淀的转化。

四、沉淀滴定对沉淀反应的要求

① 沉淀反应按一定的化学计量关系进行，反应速率要快。
② 生成的沉淀具有恒定的化学组成，且沉淀溶解度要小。
③ 有确定化学计量点的简单方法。
④ 沉淀的吸附现象应不妨碍滴定终点的确定。

五、银量法的滴定原理

沉淀滴定法是利用沉淀反应进行滴定分析的方法，其中应用最广的是利用生成难溶银盐来进行滴定的银量法。根据确定终点的方法不同，银量法主要分为以下三类：

银量法分类	莫尔法	佛尔哈德法	法扬斯法
指示剂	K_2CrO_4	$NH_4Fe(SO_4)_2 \cdot 12H_2O$	吸附指示剂
滴定剂	$AgNO_3$	NH_4SCN	$AgNO_3$ 或 Cl^-
滴定反应	$Ag^+ + Cl^- \longrightarrow AgCl\downarrow$	$Ag^+ + SCN^- \longrightarrow AgSCN\downarrow$	$Ag^+ + Cl^- \longrightarrow AgCl\downarrow$
指示反应	$2Ag^+ + CrO_4^{2-} \longrightarrow Ag_2CrO_4\downarrow$	$Fe^{3+} + SCN^- \longrightarrow FeSCN^{2+}$	$AgCl \cdot Ag^+ + FIn^-$（黄绿色）$\longrightarrow AgCl \cdot AgFIn$（粉红色）
酸度	$pH=6.5\sim10.5$	$[H^+]$为 $0.1\sim 1mol/L$	与指示剂种类有关，一般为中性
测定对象	Cl^-、Br^-、I^-	直接滴定法测 Ag^+；返滴定法测 Cl^-、Br^-、I^-、SCN^- 等	Cl^-、Br^-、I^-、SCN^- 和 Ag^+ 等

习 题

一、思考题

1. 说明下列各对化学名词的区别和联系：
(1) 溶解度和浓度　　(2) 溶解度和溶度积　　(3) 离子积和溶度积

2. 什么叫溶度积规则？其实质是什么？将等量 NaCl 和 $AgNO_3$ 溶液混合时，此时溶液中还有无 Ag^+ 存在？为什么？

3. 试用溶度积规则解释下列事实：
(1) $CaCO_3$ 溶于稀 HCl 溶液中
(2) AgCl 沉淀中加入 I^-，能生成淡黄色的 AgI 沉淀
(3) CuS 沉淀不溶于 HCl，却溶于 HNO_3
(4) AgCl 不溶于水而溶于 $NH_3 \cdot H_2O$ 中

4. 什么叫分步沉淀？在含有相同浓度的 Cl^-、Br^- 和 I^- 的溶液中，逐滴加入 $AgNO_3$ 溶液，问 AgCl、AgBr 和 AgI 能否分步沉淀完全。

5. 往 $MgCl_2$ 溶液（含有杂质 Fe^{3+}）中加入氨的水溶液，将溶液 pH 值调到 7～8 左右，加热至沸，以除去杂质 Fe^{3+} 离子。问 pH 值过大或过小将有何影响？

6. 洗涤 $BaSO_4$ 最好用蒸馏水还是稀硫酸？

二、计算

1. 已知下列物质的溶解度，计算其溶度积常数。
(1) AgI：$s=2.1\times 10^{-6}$ g/L
(2) $CaCO_3$：$s=5.3\times 10^{-3}$ g/L

2. 根据 PbI_2 的溶度积 $K_{sp}(PbI_2)=1.39\times 10^{-8}$ 计算：
(1) PbI_2 在水中的溶解度

(2) PbI_2 饱和溶液中 Pb^{2+} 和 I^- 离子的浓度

(3) PbI_2 在 0.1mol/L $Pb(NO_3)_2$ 溶液中的溶解度

(4) PbI_2 在 0.1mol/L KI 饱和溶液中 Pb^{2+} 离子的浓度

3. 某难溶电解质 AB_2（摩尔质量为 80g/mol），常温下在水中的溶解度为 100mL 含 2.4×10^{-4} g，求 AB_2 的溶度积是多少？

4. 将下列各组溶液等体积混合，问哪些可以生成沉淀？哪些不能？

(1) 0.01mol/L $AgNO_3$ 和 1×10^{-3} mol/L NaCl 混合液

(2) 1.5×10^{-5} mol/L $AgNO_3$ 和 1.0×10^{-6} mol/L NaCl 混合液

(3) 0.1mol/L $AgNO_3$ 和 0.5mol/L NaCl 混合液

5. 在 10mL 0.0015mol/L $MnSO_4$ 溶液中，加入 5mL 0.15mol/L 的氨水，问能否生成 $Mn(OH)_2$ 沉淀？若在此 10mL 0.0015mol/L $MnSO_4$ 溶液中，先加入 0.495g 固体的硫酸铵，然后再加入 5mL 0.15mol/L 的氨水，问能否生成 $Mn(OH)_2$ 沉淀？（加入固体后溶液体积变化忽略不计）

6. 将 10mL 0.001mol/L 的 $BaCl_2$ 溶液和 5mL 0.002mol/L 的 H_2SO_4 溶液混合后，有无 $BaSO_4$ 沉淀生成？

7. 将 H_2S 气体通入 0.075mol/L 的 $Fe(NO_3)_2$ 溶液中达到饱和状态，试计算 FeS 开始沉淀的 pH 值。[已知 $K_{sp}(FeS)=3.7\times10^{-19}$，饱和 $[H_2S]=0.1$mol/L]

8. 用 $AgNO_3$ 溶液滴定 KI 和 NH_4SCN 的混合溶液，当开始产生 AgSCN 时，溶液中 SCN^- 浓度是 I^- 浓度的多少倍？

9. 将 0.1173g NaCl 溶解后，再加入 30.00mL $AgNO_3$ 标准溶液，过量的银离子用 NH_4SCN 标准溶液滴定，耗去 3.20mL。已知 $AgNO_3$ 滴定上述 NH_4SCN 时，每 20.00mL $AgNO_3$ 溶液消耗 NH_4SCN 标准溶液 21.06mL，问 $AgNO_3$ 标准溶液和 NH_4SCN 标准溶液的浓度各是多少？

10. 称取纯 NaCl 0.1169g，加水溶解后，以 K_2CrO_4 为指示剂，用 $AgNO_3$ 溶液滴定时，共用去 20.00mL，求该 $AgNO_3$ 溶液的浓度。

知识链接　　草酸与草酸钙结石

一、草酸

草酸是含有二分子结晶水的无色柱状晶体，是植物特别是草本植物常具有的成分，多以钾盐或钙盐的形式存在。秋海棠、芭蕉中以游离酸的形式存在。草酸又名乙二酸，是最简单的二元酸。晶体受热至 100℃时失去结晶水，成为无水草酸。无水草酸的熔点为 189.5℃，能溶于水或乙醇，不溶于乙醚。实验室可以利用草酸受热分解来制取一氧化碳气体。在人尿中也含有少量草酸，草酸钙是尿道结石的主要成分。

二、草酸钙

草酸钙是一种白色晶体粉末。不溶于水、醋酸，溶于稀盐酸或稀硝酸。灼烧时转变成碳酸钙或氧化钙。草酸钙由钙盐水溶液与草酸作用制得，用于陶瓷上釉、制草酸等。

三、草酸钙结石

草酸钙结石是五种肾结石里最为常见的一种，占肾结石的 80% 以上，在酸性或中性尿中形成，发病多为青壮年，男性为多。

肾结石的形成，主要原因就是饮食。它是由饮食中可形成结石的有关成分摄入过多引起的。

草酸积存过多是最大原因。体内草酸的大量积存，是导致肾结石的因素之一。如菠菜、豆类、葡萄、可可、茶叶、橘子、番茄、土豆、李子、竹笋等这些人们普遍爱吃的东西，正是含草酸较高的食物。医生们通过研究发现：200g 菠菜中，含草酸 725.6mg，如果一人一次将 200g 菠菜全部吃掉，食后 8h，检查尿中草酸排泄量为 20~25mg，相当于正常人 24h 排出的草酸平均总量。

原因之二是糖分增高。糖是人体的重要养分，要经常适量增补，但一下子增加太多，尤其是乳糖，也会为结石形成创造条件。专家们发现：不论正常人或结石病人，在食用100g蔗糖后，2h后去检查他们的尿，发现尿中的钙和草酸浓度均上升，若是服用乳糖，它更能促进钙的吸收，更可能导致草酸钙在体内的积存而形成肾结石。

原因之三是蛋白质过量。对肾结石成分进行化验分析，发现结石中的草酸钙占87.5%。这么大比重的草酸钙的来源就是因为蛋白质里除含有草酸的原料——甘氨酸、羟脯氨酸之外，蛋白质还能促进肠道功能对钙的吸收。如果经常过量食用高蛋白质的食物，便使肾脏和尿中的钙、草酸、尿酸的成分普遍增高。如果不能及时有效地通过肾脏功能把多余的钙、草酸、尿酸排出体外，这样，得肾结石症、输尿管结石症的条件就形成了。当今世界经济发达国家人们肾结石发病率增高的主要原因就在于此。

第八章 氧化还原平衡和氧化还原滴定法

知识目标

掌握原电池的组成、原电池、半电池的符号书写；掌握氧化数、氧化还原半反应、氧化还原电对、电极反应、电池反应、电极电势、标准电极电势和电动势等概念；掌握氧化还原反应方程式的配平方法；了解氧化还原滴定曲线及其影响滴定曲线因素；掌握氧化还原指示剂的变色原理和选择原则。

能力目标

掌握电极电势的计算（即能斯特方程）及其应用；掌握氧化还原滴定终点确定的方法，学会正确选择指示剂；掌握高锰酸钾法、重铬酸钾法及碘量法的操作技术；掌握氧化还原滴定法分析结果的计算。

氧化还原反应是一类普遍存在的化学反应，动植物体内的代谢过程、土壤中某些元素存在状态的转化、金属冶炼、基本化工原料和成品的生产都涉及氧化还原反应。以氧化还原反应为基础的滴定法称为氧化还原滴定法。氧化还原滴定法可用来直接或间接地测定很多无机物和有机物的含量。

第一节 氧化还原的基本概念

一、氧化数

按有无电子的得失或偏移来判断某反应是否属于氧化还原反应，有时会遇到困难。因为有些化合物，特别是结构复杂的化合物，它们的电子结构式不易给出，因而很难确定它们在反应中是否有电子的得失或偏移。为了克服这些困难，人们引入氧化数这一概念，以表示各元素原子在化合物中所处的化合状态。

1970 年国际纯粹与应用化学联合会（IUPAC）较严格地定义了氧化数的概念：氧化数是某元素一个原子的荷电数，这个荷电数可由假设每个键中的电子指定给电负性更大的原子而求得。根据此定义，确定氧化数的规则如下。

① 在单质中，元素的氧化数为零。如 Fe、H_2、O_2 等物质中元素的氧化数为零。

② 在中性分子中各元素的氧化数的代数和等于零，在单原子离子中元素的氧化数等于离子所带电荷数，在复杂离子中各元素的氧化数的代数和等于离子的电荷数。如 NaCl 中，Na 的氧化数为 +1，Cl 的氧化数为 −1。

③ 某些元素在化合物中的氧化数：通常氢在化合物中的氧化数为 +1，但在活泼金属（ⅠA 和 ⅡA）氢化物中氢的氧化数为 −1；通常氧的氧化数为 −2，但在过氧化物如 H_2O_2

中为 -1,在超氧化物如 NaO_2 中为 $-1/2$,在臭氧化物如 KO_3 中为 $-1/3$,在氟氧化物如 O_2F_2 和 OF_2 中分别为 $+1$ 和 $+2$;氟的氧化数皆为 -1;碱金属的氧化数为 $+1$,碱土金属的氧化数皆为 $+2$。

根据以上规则,可确定出化合物中任一元素的氧化数。

【例 8-1】 求硫代硫酸钠 $Na_2S_2O_3$ 和连四硫酸根 $S_4O_6^{2-}$ 中 S 的氧化数。

解:设 $Na_2S_2O_3$ 中 S 的氧化数为 x_1,$S_4O_6^{2-}$ 中 S 的氧化数为 x_2,根据氧化数规则有:

$$(+1) \times 2 + 2x_1 + (-2) \times 3 = 0$$

$$4x_2 + (-2) \times 6 = -2$$

解得 $\qquad x_1 = +2 \qquad x_2 = +2.5$

【例 8-2】 试求 Fe_3O_4 中 Fe 的氧化数。

解:设 Fe 的氧化数为 x,根据氧化数规则有:

$$3x + 4 \times (-2) = 0$$

解得 $\qquad x = +8/3$

由此可见,氧化数是为了说明物质的状态而引入的一个概念,它是人为规定的,可以是正数,也可以是负数,还允许为分数或小数。

二、氧化还原反应

在反应过程中,氧化数发生变化的化学反应称为氧化还原反应。元素氧化数升高的变化称为氧化,氧化数降低的变化称为还原。而在氧化还原反应中氧化与还原是同时发生的,且元素氧化数升高的总数必等于氧化数降低的总数。

(一)氧化剂和还原剂

在氧化还原反应中,如果某物质的组成原子或离子氧化数升高,称此物质为还原剂。还原剂使另一物质还原,其本身在反应中被氧化,它的反应产物称为氧化产物;反之,称为氧化剂,氧化剂使另一物质氧化,其本身在反应中被还原,它的反应产物称为还原产物。

$$2K\overset{+7}{Mn}O_4 + 5H_2\overset{-1}{O_2} + 3H_2SO_4 == 2\overset{+2}{Mn}SO_4 + K_2SO_4 + 5\overset{0}{O_2}\uparrow + 8H_2O$$

$$\text{氧化剂} \qquad \text{还原剂} \qquad\qquad \text{还原产物} \qquad\qquad \text{氧化产物}$$

化学式上面的数字,代表各相应元素的氧化数。上述反应中,$KMnO_4$ 是氧化剂,Mn 的氧化数从 $+7$ 降到 $+2$,它本身被还原,使得 H_2O_2 被氧化。H_2O_2 是还原剂,O 的氧化数从 -1 升到 0,它本身被氧化,使 $KMnO_4$ 被还原。虽然 H_2SO_4 也参加了反应,但没有氧化数的变化,通常把这类物质称为介质。

氧化剂和还原剂是同一物质的氧化还原反应,称为自身氧化还原反应。例如:

$$2KClO_3 == 2KCl + 3O_2\uparrow$$

某物质中同一元素同一氧化态的原子部分被氧化、部分被还原的反应称为歧化反应。歧化反应是自身氧化还原反应的一种特殊类型。例如:

歧化反应 $\qquad\qquad Cl_2 + H_2O == HClO + HCl$

非歧化反应 $\qquad\qquad 4HNO_3 == 4NO_2\uparrow + O_2\uparrow + 2H_2O$

(二)氧化还原电对和半反应

在氧化还原反应中,表示氧化、还原过程的式子,分别称为氧化反应和还原反应,统称为半反应。如在氧化还原反应 $Zn + Cu^{2+} == Zn^{2+} + Cu$ 中:

氧化反应 $\qquad$ $Zn - 2e \rightleftharpoons Zn^{2+}$
还原反应 $\qquad$ $Cu^{2+} + 2e \rightleftharpoons Cu$

通常将半反应中氧化数较大的那种物质称为氧化态（如 Zn^{2+}、Cu^{2+}）；氧化数较小的那种物质称为还原态（如 Zn、Cu）。半反应中的氧化态和还原态是彼此依存、相互转化的，这种共轭的氧化还原体系称为氧化还原电对，电对用"氧化态/还原态"的形式表示，如 Cu^{2+}/Cu、Zn^{2+}/Zn。一个电对就代表一个半反应，半反应可用下列通式表示：

$$氧化态 + ne \rightleftharpoons 还原态$$

每个氧化还原反应都是由两个半反应组成的。

第二节 氧化还原反应方程式的配平

氧化还原反应的特征是元素的氧化数发生变化，配平氧化还原反应方程式的方法很多，常用的有氧化数法和离子-电子法。

一、氧化数法

氧化数法配平方程式的原则是：在氧化还原反应中，氧化剂氧化数降低的总数与还原剂氧化数升高的总数相等。

【例 8-3】 配平下列反应式：

$$As_2S_3 + HNO_3 \longrightarrow H_3AsO_4 + H_2SO_4 + NO$$

解：（1）标出相关元素的氧化数。

$$\overset{+3}{As_2}\overset{-2}{S_3} + H\overset{+5}{N}O_3 \longrightarrow H_3\overset{+5}{As}O_4 + H_2\overset{+6}{S}O_4 + \overset{+2}{N}O$$

（2）计算相关元素氧化数的改变量，找出基本系数。

$$\left.\begin{array}{l} As \quad 2\times(5-3) = +4 \\ S \quad 3\times[6-(-2)] = +24 \end{array}\right\} = +28 \quad \times 3$$
$$N \quad 2-5 = -3 \qquad\qquad\qquad\qquad \times 28$$

（3）在反应式上配上系数。

$$3As_2S_3 + 28HNO_3 \longrightarrow 6H_3AsO_4 + 9H_2SO_4 + 28NO$$

（4）检查反应式两边各元素的原子数目，方程即配平。

$$3As_2S_3 + 28HNO_3 + 4H_2O \rightleftharpoons 6H_3AsO_4 + 9H_2SO_4 + 28NO$$

二、离子-电子法

离子-电子法配平方程式的原则是：在氧化还原反应中，氧化剂和还原剂得失电子的总数相等。

【例 8-4】 写出酸性介质中，高锰酸钾与草酸反应的化学方程式。

解：（1）写出未配平的离子方程式。

$$MnO_4^- + H_2C_2O_4 \longrightarrow Mn^{2+} + CO_2$$

（2）将反应改写成两个半反应。

氧化反应 $\qquad$ $H_2C_2O_4 \longrightarrow CO_2$
还原反应 $\qquad$ $MnO_4^- \longrightarrow Mn^{2+}$

（3）配平半反应的原子数。

$$H_2C_2O_4 \longrightarrow 2CO_2 + 2H^+$$

$$MnO_4^- + 8H^+ \longrightarrow Mn^{2+} + 4H_2O$$

（4）用电子配平电荷数。

$$H_2C_2O_4 \longrightarrow 2CO_2 + 2H^+ + 2e$$

$$MnO_4^- + 8H^+ + 5e \longrightarrow Mn^{2+} + 4H_2O$$

（5）根据氧化剂和还原剂得失电子总数相等的原则，合并两个半反应，消去式中的电子，即得配平的反应式。

$$2MnO_4^- + 5H_2C_2O_4 + 6H^+ \Longrightarrow 2Mn^{2+} + 10CO_2 + 8H_2O$$

配平半反应式时，如果氧化剂或还原剂与其产物内所含的氧原子数目不同，可以根据介质的酸碱性，分别在半反应式中加 H^+、OH^- 和 H_2O，并利用水的电离平衡使两边的氢和氧原子数相等。表 8-1 为不同介质下配平氧原子的一种经验规则，表中 [O] 表示氧原子。

表 8-1　不同介质下配平氧原子的经验规则

介质种类	反应物中	
	多一个氧原子[O]	少一个氧原子[O]
酸性介质	$+2H^+ \xrightarrow{结合[O]} H_2O$	$+H_2O \xrightarrow{提供[O]} +2H^+$
碱性介质	$+H_2O \xrightarrow{结合[O]} +2OH^-$	$+2OH^- \xrightarrow{结合[O]} +H_2O$
中性介质	$+H_2O \xrightarrow{结合[O]} +2OH^-$	$+H_2O \xrightarrow{提供[O]} +2H^+$

【例 8-5】　用离子-电子法配平 $KMnO_4$ 与 Na_2SO_3 反应的方程式（中性溶液中）。

解：（1）写出离子方程式。

$$MnO_4^- + SO_3^{2-} \longrightarrow MnO_2 + SO_4^{2-}$$

（2）将反应改写成两个半反应，并配平原子个数和电荷数。

$$MnO_4^- + 2H_2O + 2e \longrightarrow MnO_2 + 4OH^-$$

$$SO_3^{2-} + 2OH^- \longrightarrow SO_4^{2-} + H_2O + 2e$$

（3）合并两个半反应，消去式中的电子，即得配平的反应式。

$$2MnO_4^- + 3SO_3^{2-} + H_2O \Longrightarrow 2MnO_2 + 3SO_4^{2-} + 2OH^-$$

第三节　电极电势

一、原电池

（一）原电池工作原理

一切氧化还原反应均为电子从还原剂转移给氧化剂的过程。例如，将 Zn 片放到 $CuSO_4$ 溶液中，即发生如下的氧化还原反应：

$$\overset{2e}{\overset{\frown}{Zn + Cu^{2+}}} \Longrightarrow Zn^{2+} + Cu$$

上述反应虽然发生了电子从 Zn 转移到 Cu 的过程。但没有形成有秩序的电子流，反应的化学能没有转变为电能，而变成了热能释放出来，导致溶液的温度升高。若把 Zn 片和

ZnSO₄ 溶液、Cu 片和 CuSO₄ 溶液分别放在两个容器内，两溶液以盐桥（由饱和 KCl 溶液和琼脂装入 U 形管中制成，其作用是沟通两个半电池，保持溶液的电荷平衡，使反应能持续进行）沟通，金属片之间用导线接通，并串联一个检流计，如图 8-1 所示。当线路接通后，会看到检流计的指针立刻发生偏转，说明导线上有电流通过；从指针偏转的方向判断，电流是由 Cu 极流向 Zn 极或者电子是由 Zn 极流向 Cu 极。与此同时，还可以观察到，Zn 片慢慢溶解，Cu 片上有金属铜析出。说明发生了与上述相同的氧化还原反应，这种利用氧化还原反应把化学能转变为电能的装置称为原电池。

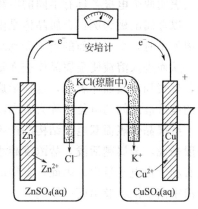

图 8-1　铜-锌原电池示意图

原电池是由两个半电池组成的，每个半电池称为一个电极，原电池中根据电子流动的方向来确定正、负极，向外电路输出电子的一极为负极，如 Zn 极，负极发生氧化反应；从外电路接受电子的一极为正极，如 Cu 极，正极发生还原反应，将两电极反应合并，即得电池反应。如在 Cu-Zn 原电池中发生了如下反应：

负极（氧化反应）　　　　　$Zn - 2e \rightleftharpoons Zn^{2+}$

正极（还原反应）　　　　　$Cu^{2+} + 2e \rightleftharpoons Cu$

电池反应（氧化还原反应）　$Zn + Cu^{2+} \rightleftharpoons Zn^{2+} + Cu$

（二）原电池符号

为了应用方便，通常用电池符号来表示一个原电池的组成，如铜-锌原电池可表示如下：

$$(-)Zn(s) | ZnSO_4(1mol/L) \| CuSO_4(1mol/L) | Cu(s)(+)$$

电池符号书写有如下规定。

① 一般把负极写在左边，正极写在右边。

② 用"｜"表示物质间有一界面；不存在界面时用"，"表示；用"‖"表示盐桥。

③ 用化学式表示电池物质的组成，并要注明物质的状态，气体要注明其分压，溶液要注明其浓度。如不注明，一般指 100kPa 或 1mol/L。

④ 对于某些电极的电对自身不是金属导电体时，则需外加一个能导电而又不参与电极反应的惰性电极，通常用铂作惰性电极。

【例 8-6】　将氧化还原反应：$Sn^{2+} + 2Fe^{3+} \rightleftharpoons Sn^{4+} + 2Fe^{2+}$ 设计成一个原电池，写出电极反应及电池符号。

解：电极反应

负极　　　　　　　　　$Sn^{2+} - 2e \rightleftharpoons Sn^{4+}$

正极　　　　　　　　　$Fe^{3+} + e \rightleftharpoons Fe^{2+}$

电池反应　　　　　　　$Sn^{2+} + 2Fe^{3+} \rightleftharpoons Sn^{4+} + 2Fe^{2+}$

电池符号为：$(-)Pt | Sn^{2+}(c_1), Sn^{4+}(c_2) \| Fe^{3+}(c_3), Fe^{2+}(c_4) | Pt(+)$

理论上，任何一个氧化还原反应都可以设计成原电池，但实际操作有时会遇到困难。

二、电极电势

（一）电极电势的产生

当接通铜-锌原电池时，电池中产生电流，说明在两极之间存在电势差，而电势差的产生又表明两个电极各具有不同的电势。电极电势是如何产生的？

以金属电极为例：金属晶体是由金属原子、金属离子和自由电子组成的。当金属晶体浸入溶液中时，金属表面的离子受到水分子的吸引和作用，有些金属与水分子作用形成水合离子，从而进入溶液使金属晶体表面富余电子而带负电，同时溶液中的金属离子受负电荷的吸引，聚集到金属晶体表面，这样形成了双电层结构，产生一定的电位差。这种产生在金属和它的盐溶液之间的电位差称为金属的电极电势，用符号 E 表示。

金属晶体表面双电层结构的产生受金属的活泼性以及溶液中金属离子浓度大小的影响。一般来说，金属越活泼，盐浓度越小，将有利于失电子过程；金属越不活泼，盐浓度越大，将有利于得电子过程。因此，金属的电极电势大小主要取决于金属本身的活泼性，同时受到溶液中离子浓度及温度的影响。

(二) 标准电极电势

电极处于标准状态时的电极电势称为标准电极电势，符号为 $E^{\ominus}$。电极的标准状态是指组成电极的物质的浓度为 1mol/L，气体的分压为 100kPa，液体或固体为纯净状态。温度通常为 298.15K，可见标准的电极电势仅取决于电极的本性。

在水溶液中，电极电势标志着元素原子得失电子能力的大小，可衡量氧化还原能力的强弱。但迄今为止还无法直接测得电极电势的绝对值。按 IUPAC 惯例选择标准氢电极作为标准电极。标准氢电极的组成和装置如图 8-2 所示。测定 Zn^{2+}/Zn 电极电势的装置如图 8-3 所示。

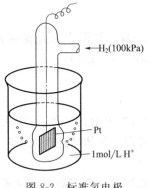

图 8-2 标准氢电极

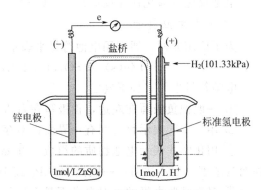

图 8-3 测定 Zn^{2+}/Zn 电极电势的装置

将镀有一层铂黑的铂片，浸入氢离子浓度为 1mol/L 的酸溶液中，在 298.15K 时，不断地通入高纯度的氢气流，氢气被吸附在铂黑的表面，其分压达到 100kPa，此时氢气与溶液中的氢离子建立了平衡，这样形成的电位差称为标准氢电极电势。

标准氢电极的电极电势，电化学上规定为零，即 $E^{\ominus}(H^+/H_2)=0.00V$。在原电池中，当无电流通过时两电极之间的电势差称为电池的电动势，用 ε 表示；当两电极均处于标准状态时称为标准电动势，用 $\varepsilon^{\ominus}$ 表示，即：

$$\varepsilon = E_{(+)} - E_{(-)}$$

$$\varepsilon^{\ominus} = E^{\ominus}_{(+)} - E^{\ominus}_{(-)}$$

标准电极电势的测定按以下步骤进行。

① 将待测电极与标准氢电极组成原电池。
② 用电势差计测定原电池的电动势。
③ 用检流计确定原电池的正负极。

如将标准锌电极与标准氢电极组成原电池，测其电动势 $\varepsilon^\ominus = 0.763V$。由电流的方向可知，标准锌电极为负极，标准氢电极为正极，由 $\varepsilon^\ominus = E^\ominus(H^+/H_2) - E^\ominus(Zn^{2+}/Zn)$ 得：

$$E^\ominus(Zn^{2+}/Zn) = 0.00 - 0.763 = -0.763(V)$$

（三）标准电极电势表

运用同样的方法，理论上可测得各种电极的标准电极电势，但有些电极与水剧烈反应，不能直接测得，可通过热力学数据间接求得。常见电极的标准电极电势见附录三。标准电极电势表给人们研究氧化还原反应带来很大的方便，为了正确使用标准电极电势表，应注意下面几点。

① 表中电极反应常写成：氧化型 $+ ne \rightleftharpoons$ 还原型，氧化型与氧化态，还原型与还原态略有不同。如电极反应：$MnO_4^- + 8H^+ + 5e \rightleftharpoons Mn^{2+} + 4H_2O$，$MnO_4^-$ 为氧化态，$MnO_4^- + 8H^+$ 为氧化型，即氧化型包括氧化态和介质；Mn^{2+} 为还原态，$Mn^{2+} + 4H_2O$ 为还原型，还原型包括还原态和介质产物。

② $E^\ominus$ 值越小，电对中的氧化态物质得电子倾向越小，是越弱的氧化剂，而还原态物质越易失去电子，是越强的还原剂。$E^\ominus$ 值越大，电对中的氧化态物质越易获得电子，是越强的氧化剂，而还原态物质越难失去电子，是越弱的还原剂。较强的氧化剂可以与较强的还原剂反应，所以，位于表左下方的氧化剂可以氧化右上方的还原剂，即 $E^\ominus$ 值较大的电对中的氧化态物质能和 $E^\ominus$ 值较小的电对中的还原态物质反应。

③ $E^\ominus$ 值与电极反应的书写形式、物质的计量系数无关，仅取决于电极的本性。例如：

$$Cu^{2+} + 2e^- \rightleftharpoons Cu \quad E^\ominus = 3.37V$$

$$\frac{1}{2}Cu^{2+} + e^- \rightleftharpoons \frac{1}{2}Cu \quad E^\ominus = 3.37V$$

④ 使用电极电势时一定要注明相应的电极。如 $E^\ominus(Fe^{3+}/Fe^{2+}) = 0.77V$，而 $E^\ominus(Fe^{2+}/Fe) = 0.44V$。

⑤ 标准电极电势表分为酸表和碱表，在电极反应中，无论在反应物或产物中出现 H^+，皆查酸表；在电极反应中，无论在反应物或产物中出现 OH^-，皆查碱表。在电极反应中无 H^+ 或 OH^- 出现时，可以从存在的状态来分析。如电对 Fe^{3+}/Fe^{2+}，Fe^{3+} 和 Fe^{2+} 都只能在酸性溶液中存在，故查酸表。

三、影响电极电势的因素

化学反应实际上经常在非标准状态下进行，影响电极反应的因素，除了电极本性外，还同溶液的浓度、气体的分压及温度有关。

（一）能斯特方程

德国化学家能斯特（W. Nernst）将影响电极电势大小的诸多因素如电极物质的本性、溶液中相关物质的浓度或分压、介质和温度等因素概括为一个公式，称为能斯特方程。对于任意给定的电极反应：

$$a \text{氧化态} + ne \rightleftharpoons b \text{还原态}$$

能斯特方程为：

$$E = E^\ominus + \frac{RT}{nF} \ln \frac{[c(\text{氧化态})]^a}{[c(\text{还原态})]^b} \tag{8-1}$$

式中，E 为电极在任意状态时的电极电势；$E^{\ominus}$ 为电极在标准状态时的电极电势；R 为气体常数，8.314J/(mol·K)；n 为电极反应中转移电子的物质的量；F 为法拉第常数，96487C/mol；T 为热力学温度；a、b 分别为在电极反应中氧化型、还原型物质的计量系数。当温度为 298.15K 时，能斯特方程的形式可简化为：

$$E = E^{\ominus} + \frac{0.0592}{n} \lg \frac{[氧化态]^a}{[还原态]^b} \tag{8-2}$$

应用能斯特方程时须注意以下几点。

① 如果电对中某一物质是固体、纯液体或水溶液中的 H_2O，它们的浓度为常数，不写入能斯特方程中。例如：

$$Fe^{2+} + e \rightleftharpoons Fe$$

$$E = E^{\ominus} + \frac{0.0592}{2} \lg [Fe^{2+}]$$

$$MnO_4^- + 8H^+ + 5e \rightleftharpoons Mn^{2+} + 4H_2O$$

$$E = E^{\ominus} + \frac{0.0592}{5} \lg \frac{[MnO_4^-][H^+]^8}{[Mn^{2+}]}$$

② 如果电对中某一物质是气体。其浓度用相对分压代替。

（二）浓度对电极电势的影响

由能斯特方程可知，电对中的氧化型或还原型物质的浓度发生改变，使电极电势受到影响。下面通过一些例子来进行讨论。

【例 8-7】 已知电极反应：$Fe^{3+} + e \rightleftharpoons Fe^{2+}$，$E^{\ominus} = 0.773V$，求 $c(Fe^{3+}) = 1mol/L$，$c(Fe^{2+}) = 0.01mol/L$ 时的电极电势。

解：
$$Fe^{3+} + e \rightleftharpoons Fe^{2+}$$

$$E = E^{\ominus} + \frac{0.0592}{1} \lg \frac{[Fe^{3+}]}{[Fe^{2+}]}$$

$$= 0.773 + \frac{0.0592}{1} \lg \frac{1}{0.01} = 0.891(V)$$

通过计算说明，当还原态（或氧化态）物质浓度减小时，电极电势增加（或减少），氧化态（或还原态）物质的氧化能力（或还原能力）增强（或减弱）。

（三）酸度对电极电势的影响

许多物质的氧化还原能力与溶液的酸度有关，如酸性溶液中 Cr^{3+} 很稳定，而在碱性介质中 $Cr(Ⅲ)$ 却很容易被氧化为 $Cr(Ⅳ)$。再如 NO_3^- 的氧化能力随酸度增大而增强，浓 HNO_3 是极强的氧化剂，而 KNO_3 水溶液则没有明显的氧化性，这些现象说明溶液的酸度对物质的氧化还原能力有影响。如果有 H^+ 或 OH^- 参加反应，由能斯特方程可知，改变介质的酸度，电极电势必随之改变，从而改变电对物质的氧化还原能力。

【例 8-8】 已知 $MnO_4^- + 8H^+ + 5e \rightleftharpoons Mn^{2+} + 4H_2O$，$E^{\ominus} = 1.51V$，求 $c(H^+) = 0.10mol/L$，$c(H^+) = 1.0 \times 10^{-3} mol/L$ 时的电极电势。（设其他物质均处于标准状态）

解： $E(MnO_4^-/Mn^{2+}) = E^{\ominus}(MnO_4^-/Mn^{2+}) + \frac{0.0592}{5} \lg \frac{[MnO_4^-][H^+]^8}{[Mn^{2+}]}$

$$= 1.51 + \frac{0.0592}{5} \lg \frac{1.0 \times 0.1^8}{1.0} = 1.41(V)$$

$$E(MnO_4^-/Mn^{2+}) = E^{\ominus}(MnO_4^-/Mn^{2+}) + \frac{0.0592}{5}\lg\frac{[MnO_4^-][H^+]^8}{[Mn^{2+}]}$$

$$= 1.51 + \frac{0.0592}{5}\lg\frac{1.0\times(1.0\times10^{-3})^8}{1.0} = 1.23(V)$$

计算结果表明，MnO_4^- 的氧化能力随 H^+ 浓度的增大而明显增大。因此，在实验室及工业生产中用来作氧化剂的盐类等物质，总是将它们溶于强酸性介质中制成溶液备用。

第四节 电极电势的应用

一、判断氧化剂和还原剂的相对强弱

$E^{\ominus}$ 值大小标志着物质得失电子能力的相对强弱。$E^{\ominus}$ 值大，电对中氧化态物质的氧化能力强，是强氧化剂；而对应还原态物质的还原能力弱，是弱还原剂。$E^{\ominus}$ 值小，电对中还原态物质的还原能力强，是强还原剂；而对应氧化态物质的氧化能力弱，是弱氧化剂。所以可根据 $E^{\ominus}$ 值大小判断氧化剂和还原剂的相对强弱。最强的还原剂在标准电极电势表的右上方，最强的氧化剂在标准电极电势表的左下方。

【例 8-9】 比较标准状态下，下列电对物质氧化还原能力的相对大小：
$$E^{\ominus}(Cl_2/Cl^-) = 1.36V, \quad E^{\ominus}(Br_2/Br^-) = 1.07V, \quad E^{\ominus}(I_2/I^-) = 0.53V$$

解：比较上述电对的 $E^{\ominus}$ 值大小可知，氧化态物质的氧化能力相对大小为：$Cl_2 > Br_2 > I_2$；还原态物质的还原能力相对大小为：$I^- > Br^- > Cl^-$。

值得注意的是，$E^{\ominus}$ 值大小只可用于判断标准状态下氧化剂、还原剂的氧化还原能力的相对强弱。如果电对处于非标准状态时，应根据能斯特方程计算出 E 值，然后用 E 值大小来判断物质的氧化性和还原性的强弱。

二、判断氧化还原反应进行的方向

氧化还原反应自发进行的方向总是：

$$强氧化剂 + 强还原剂 \Longleftrightarrow 弱还原剂 + 弱氧化剂$$

即 E 值大的氧化态物质能氧化 E 值小的还原态物质。所以要判断一个氧化还原反应的方向，可将此反应组成原电池，使反应物中的氧化剂对应的电对为正极，还原剂对应的电对为负极，然后根据以下规则来判断反应进行的方向。

(1) 当 $\varepsilon > 0$，即 $E_{(+)} > E_{(-)}$ 时，则反应正向自发进行。
(2) 当 $\varepsilon = 0$，即 $E_{(+)} = E_{(-)}$ 时，则反应处于平衡状态。
(3) 当 $\varepsilon < 0$，即 $E_{(+)} < E_{(-)}$ 时，则反应逆向自发进行。

当各物质均处于标准状态时，则用标准电动势或标准电极电势判断。

【例 8-10】 在标准状态下，金属铜能否和三氯化铁反应？

解：查表得：

正极　　　　　$Fe^{3+} + e \rightleftharpoons Fe^{2+}$　　　$E^{\ominus}(Fe^{3+}/Fe^{2+}) = 0.77V$

负极　　　　　$Cu^{2+} + 2e \rightleftharpoons Cu$　　　$E^{\ominus}(Cu^{2+}/Cu) = 0.34V$

$E^{\ominus}(Fe^{3+}/Fe^{2+}) > E^{\ominus}(Cu^{2+}/Cu)$，即 $E^{\ominus}_{(+)} > E^{\ominus}_{(-)}$，故该反应能正向自发进行。

三、确定氧化还原反应进行的程度

衡量氧化还原反应进行的程度可用平衡常数 K。

$$\lg K = \frac{n\varepsilon^{\ominus}}{0.0592} = \frac{n(E_1^{\ominus} - E_2^{\ominus})}{0.0592}$$

平衡常数 K 越大，反应进行的程度越大。

【例 8-11】 已知反应：$2Ag^+ + Zn \rightleftharpoons 2Ag + Zn^{2+}$，计算反应的平衡常数 K。

解： $\varepsilon^{\ominus} = E^{\ominus}(Ag^+/Ag) - E^{\ominus}(Zn^{2+}/Zn) = 0.799 - (-0.763) = 1.562(V)$

$$\lg K = \frac{n\varepsilon^{\ominus}}{0.0592} = \frac{2 \times (0.799 + 0.763)}{0.0592} = 52.77$$

$$K = 5.90 \times 10^{52}$$

计算说明，此反应进行得非常彻底。

显然，氧化剂与还原剂的标准电极电势 $E^{\ominus}$ 相差越大，则平衡常数 K 值越大，反应进行得越完全。

四、判断氧化还原反应进行的次序

在生产和科研中常会遇到这样的问题，在某一溶液中同时存在多种离子，这些离子都能和所加入的还原剂（或氧化剂）发生反应。例如，在 Fe^{2+} 和 Cu^{2+} 混合物中加入 Zn，则 Fe^{2+}、Cu^{2+} 都可以被 Zn 还原。

即
$$Zn + Fe^{2+} \rightleftharpoons Zn^{2+} + Fe$$
$$Zn + Cu^{2+} \rightleftharpoons Zn^{2+} + Cu$$

这两种离子是同时被还原呢？还是按一定的先后次序被还原呢？

查表得：

$E^{\ominus}(Zn^{2+}/Zn) = -0.763V$；$E^{\ominus}(Fe^{2+}/Fe) = -0.440V$；$E^{\ominus}(Cu^{2+}/Cu) = 0.337V$

$\varepsilon_1^{\ominus} = E^{\ominus}(Fe^{2+}/Fe) - E^{\ominus}(Zn^{2+}/Zn) = -0.440V - (-0.763V) = 0.323V$

$\varepsilon_2^{\ominus} = E^{\ominus}(Cu^{2+}/Cu) - E^{\ominus}(Zn^{2+}/Zn) = +0.337V - (-0.763V) = 1.10V$

由计算可知 $\varepsilon_1^{\ominus} < \varepsilon_2^{\ominus}$，$Cu^{2+}$ 首先被还原。随着 Cu^{2+} 浓度不断下降，从而导致 $E(Cu^{2+}/Cu)$ 不断下降。当降低到 Fe^{2+} 开始还原的电极电势时［若开始时，$c(Fe^{2+}) = c(Cu^{2+}) = 1.0 mol/L$］：

即 $E(Cu^{2+}/Cu) = E^{\ominus}(Cu^{2+}/Cu) + \dfrac{0.0592}{2}\lg c(Cu^{2+}) = E^{\ominus}(Fe^{2+}/Fe)$

此时 Cu^{2+} 离子的浓度为：

$$\lg c(Cu^{2+}) = \frac{2}{0.0592}[E^{\ominus}(Fe^{2+}/Fe) - E^{\ominus}(Cu^{2+}/Cu)]$$

$$= \frac{2}{0.0592V}(-0.440V - 0.337V) = -26.25$$

所以 $c(Cu^{2+}) = 5.62 \times 10^{-27} mol/L$。

计算表明，当 Fe^{2+} 开始被 Zn 还原时，可以认为 Cu^{2+} 实际上已被还原完全。这说明在一定条件下，氧化还原反应首先发生在电极电势差值最大的两个电对之间，差值越大，反应越完全。应该说明的是，有些氧化还原反应速率比较缓慢（即动力学原因），电极电势差值大，不一定反应速率就快；只根据电极电势来判断氧化还原反应次序，有时会与实际中观察到的反应先后次序不符，在这种情况下还应考虑反应速率的影响，否则容易得出错误的结论。

五、选择合适的氧化剂和还原剂

在生产和科学实验中，有时只需要对一个试样的某一（或某些）组分进行选择性的氧化或还原处理，而要求试样中其他组分不发生氧化还原反应。这可对各组分有关电对的标准电极电势数据进行考查和比较，从而选出合适的氧化剂或还原剂。

【例 8-12】 在含有 Cl^-、Br^-、I^- 离子的混合液中，欲使 I^- 氧化为 I_2，而不使 Cl^-、Br^- 氧化，常用的氧化剂 $Fe_2(SO_4)_3$ 和 $KMnO_4$，哪一个符合上述要求？

解：先查表得：

$$E^{\ominus}(I_2/I^-)=0.5345V；E^{\ominus}(Fe^{3+}/Fe^{2+})=0.771V；E^{\ominus}(Br_2/Br^-)=1.51V；$$
$$E^{\ominus}(Cl_2/Cl^-)=1.36V；E^{\ominus}(MnO_4^-/Mn^{2+})=1.51V$$

欲使 I^- 氧化为 I_2，而 Br^-、Cl^- 不被氧化，则应选用标准电极电势值在 $0.5345\sim1.065V$ 之间电对的氧化态物质。显然选用 $Fe_2(SO_4)_3$ 作为氧化剂能符合要求。

在分析化学中，需要从含有 Cl^-、Br^-、I^- 的混合液中做个别离子定性鉴定时，常用 $Fe_2(SO_4)_3$ 将 I^- 氧化成 I_2，再用 CCl_4 将 I_2 萃取出来，就基于此原理。

第五节 氧化还原滴定原理

一、氧化还原滴定法概述

氧化还原滴定法是以氧化还原反应为基础的滴定分析法，凡是能与氧化剂或还原剂直接或间接发生反应的物质大都可用氧化还原滴定法测定其含量。因此，氧化还原滴定法的应用范围非常广泛。根据所用的氧化剂不同，氧化还原滴定法可分为高锰酸钾法、重铬酸钾法、碘量法、铈量法、溴酸盐法等。

氧化还原反应是电子转移的反应，反应机理比较复杂，反应速率较慢，有时还伴有副反应发生，因此，在氧化还原滴定中，必须创造和控制适当的反应条件，加快反应速率，防止副反应发生，以便得到准确的分析结果。

二、氧化还原滴定曲线

酸碱滴定曲线是以滴定过程中溶液的 pH 值变化为特征的曲线，在化学计量点附近溶液的 pH 值发生突跃。氧化还原滴定过程中随着标准溶液的加入，溶液电势不断发生变化。用标准溶液加入量与溶液电势变化描绘的曲线称为氧化还原滴定曲线。图 8-4 是 $0.1000mol/L\ Ce^{4+}$ 滴定 $0.1000mol/L\ Fe^{2+}$ 的滴定曲线。

氧化还原滴定曲线突跃的大小和氧化剂与还原剂两电对的条件电极电位的差值大小

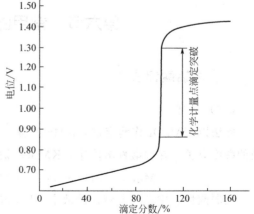

图 8-4　$0.1000mol/L\ Ce^{4+}$ 滴定 $0.1000mol/L$ Fe^{2+} 的滴定曲线（$1mol/L\ H_2SO_4$）

有关。两电对的条件电极电位相差较大，滴定突跃就较大；反之，其滴定突跃就较小。

三、氧化还原指示剂

氧化还原指示剂本身具有一定氧化或还原能力，且氧化态与还原态具有不同的颜色。在滴定过程中，因其被氧化或被还原而发生颜色变化，从而可用来指示滴定终点。以 $In(O)$ 和 $In(R)$ 分别表示指示剂的氧化态和还原态。

$$In(O) + ne \rightleftharpoons In(R)$$

$$E = E^{\ominus} + \frac{0.0592}{n} \lg \frac{[O]}{[R]}$$

氧化还原指示剂的变色范围，可表示为：

$$E = E^{\ominus} \pm \frac{0.0592}{n}$$

显然氧化还原滴定指示剂的选择，应该使指示剂的变色范围落在滴定曲线的电位突跃范围内。表 8-2 是常用的氧化还原指示剂及其配制。

表 8-2　常用的氧化还原指示剂及其配制

指示剂	$E_{In}^{\ominus}/V$ $[H^+]=1mol/L$	颜色变化		配 制 方 法
		In(R)	In(O)	
亚甲基蓝	+0.52	无	蓝	0.05%水溶液
二苯胺磺酸钠	+0.85	无	紫红	0.8g 指示剂，2g Na_2CO_3 加水稀释至 100mL
邻苯氨基苯甲酸	+0.89	无	紫红	0.11g 指示剂溶于 20mL 5% Na_2CO_3 溶液中，加水稀释至 100mL
邻二氮菲亚铁	+1.06	红	浅蓝	1.485g 邻二氮菲，0.695g $FeSO_4 \cdot 7H_2O$，加水溶解，稀释至 100mL

另外，有些标准溶液本身指示反应终点，如高锰酸钾具有特殊的紫红色，当滴定到达终点后，过量半滴，溶液立呈红色，即表示反应到达终点，高锰酸钾是自身指示剂。特殊指示剂是指示剂可与标准溶液或反应的生成物形成特殊颜色从而指示终点，如在碘量法中常用淀粉液作指示剂。

第六节　常用的氧化还原滴定法

一、高锰酸钾法

（一）概述

此法以 $KMnO_4$ 作滴定剂，$KMnO_4$ 是一种强氧化剂，它的氧化能力和还原产物都与溶液的酸度有关。在强酸性溶液中，$KMnO_4$ 被还原为 Mn^{2+}：

$$MnO_4^- + 8H^+ + 5e^- \rightleftharpoons Mn^{2+} + 4H_2O \qquad E^{\ominus} = 1.51V$$

在弱酸性、中性或弱碱性溶液中，$KMnO_4$ 被还原成 MnO_2：

$$MnO_4^- + 2H_2O + 3e^- \rightleftharpoons MnO_2 + 4OH^- \qquad E^{\ominus} = 0.59V$$

在强碱性溶液中，MnO_4^- 被还原成 MnO_4^{2-}：

$$MnO_4^- + e^- \rightleftharpoons MnO_4^{2-} \qquad E^\ominus = 0.56V$$

由于 $KMnO_4$ 在强酸性溶液中有更强的氧化能力，同时生成无色的 Mn^{2+}，便于滴定终点的观察，因此一般都在强酸性条件下使用。但是，在碱性条件下 $KMnO_4$ 氧化有机物的反应速率比在酸性条件下更快，所以用高锰酸钾法测定有机物时，大都在碱性溶液中进行。

应用高锰酸钾法，可直接滴定许多还原性物质，如 Fe^{2+}、As^{3+}、Sb^{3+}、W^{5+}、H_2O_2、$C_2O_4^{2-}$、NO_2^- 等，也可以通过 MnO_4^- 与 $C_2O_4^{2-}$ 的反应间接测定一些非氧化性物质，如 Ca^{2+}、Th^{4+} 等。此外，对于某些具有氧化性的物质，例如 MnO_2 的含量也可以用间接法测定。

高锰酸钾法的优点是氧化能力强，可直接或间接地测定许多无机物和有机物，在滴定时自身可作指示剂。但是 $KMnO_4$ 标准溶液不够稳定，滴定的选择性差。

（二）$KMnO_4$ 标准溶液的配制和标定

1. 配制

因为高锰酸钾试剂中常含有少量的 MnO_2 和其他杂质，$KMnO_4$ 与还原性物质会发生缓慢的反应，生成 $MnO(OH)_2$ 沉淀，MnO_2 和 $MnO(OH)_2$ 又能进一步促进 $KMnO_4$ 分解。所以 $KMnO_4$ 标准溶液不能直接配制，通常先配制成近似浓度的溶液后再进行标定。配制时，首先要称取稍多于理论用量的 $KMnO_4$，溶于一定体积的蒸馏水中，加热至沸并保持微沸约 1h（蒸馏水中也含有微量还原性物质），放置 2～3 天，使溶液中存在的还原性物质完全氧化。将过滤后的 $KMnO_4$ 溶液贮于棕色试剂瓶中。

2. 标定

标定溶液的基准物质有 $Na_2C_2O_4$、$H_2C_2O_4 \cdot 2H_2O$、$(NH_4)Fe(SO_4)_2 \cdot 2H_2O$、$As_2O_3$ 和纯铁丝等。其中最常用的是 $Na_2C_2O_4$，它易于提纯，性质稳定，不含结晶水。$Na_2C_2O_4$ 在 105～110℃ 烘干约 2h，冷却后就可以使用。在 H_2SO_4 溶液中，MnO_4^- 与 $C_2O_4^{2-}$ 的反应式为：

$$2MnO_4^- + 5C_2O_4^{2-} + 16H^+ = 2Mn^{2+} + 10CO_2\uparrow + 8H_2O$$

标定后的 $KMnO_4$ 溶液贮放时应注意避光避热，若发现有 $MnO(OH)_2$ 沉淀析出，应过滤和重新标定。

（三）高锰酸钾法应用示例

1. H_2O_2 的测定

在酸性溶液中，过氧化氢能定量地还原 MnO_4^-，其反应式为：

$$5H_2O_2 + 2MnO_4^- + 6H^+ = 2Mn^{2+} + 5O_2\uparrow + 8H_2O$$

可在室温下于 H_2SO_4 介质中进行滴定，开始时反应较慢，随着 Mn^{2+} 生成，Mn^{2+} 起催化作用，从而反应速率加快。但是，H_2O_2 中若含有机物质也会消耗 $KMnO_4$，致使分析结果偏高。遇此情况应采用碘量法进行测定。

2. 钙的测定

高锰酸钾法测定钙，是在一定条件下使 Ca^{2+} 与 $C_2O_4^{2-}$ 完全反应生成草酸钙沉淀，经过滤洗涤后，将 CaC_2O_4 沉淀溶于热的稀 H_2SO_4 溶液中，最后用 $KMnO_4$ 标准溶液滴定 $H_2C_2O_4$，根据所消耗 $KMnO_4$ 的量间接求得钙的含量。

Ba^{2+}、Zn^{2+}、Cd^{2+}、Th^{4+} 等能与 $C_2O_4^{2-}$ 定量地生成草酸盐沉淀，因此，都可应用高锰酸钾法间接测定。

二、重铬酸钾法

(一) 概述

此法以 $K_2Cr_2O_7$ 作滴定剂，$K_2Cr_2O_7$ 是一种强氧化剂，它只能在酸性条件下应用，其半反应式为：

$$Cr_2O_7^{2-} + 14H^+ + 6e^- \rightleftharpoons 2Cr^{3+} + 7H_2O \qquad E^{\ominus} = 1.33V$$

虽然 $K_2Cr_2O_7$ 在酸性溶液中的氧化能力不如 $KMnO_4$ 强，应用范围不如高锰酸钾法广泛，但重铬酸钾法与高锰酸钾法相比却具有许多优点：$K_2Cr_2O_7$ 易于提纯，干燥后可作为基准物质，可直接配制成标准溶液；$K_2Cr_2O_7$ 溶液稳定，长期保存在密闭容器中，其浓度不变；用 $K_2Cr_2O_7$ 滴定时，可在盐酸溶液中进行。采用重铬酸钾法滴定，需要用氧化还原指示剂确定滴定终点。

(二) 重铬酸钾法应用示例

1. 铁矿石中全铁量的测定

重铬酸钾法是测定铁矿石中全铁量的经典方法。试样（铁矿石）一般用热浓盐酸溶解，用 $SnCl_2$ 趁热把 Fe^{3+} 还原为 Fe^{2+}，冷却后用 $HgCl_2$ 氧化过量的 $SnCl_2$。用水稀释并加入 H_2SO_4-H_3PO_4 混合酸，以二苯胺磺酸钠为指示剂，用 $K_2Cr_2O_7$ 标准溶液滴定至溶液由浅绿色变为紫红色，即为滴定终点，其反应式如下：

$$6Fe^{2+} + Cr_2O_7^{2-} + 14H^+ \Longrightarrow 6Fe^{3+} + 2Cr^{3+} + 7H_2O$$

在滴定前加入 H_3PO_4 的目的是生成无色的 $Fe(HPO_4)_2^-$，消除 Fe^{3+} （黄色）的影响，同时降低溶液中 Fe^{3+} 的浓度，从而降低 Fe^{3+}/Fe^{2+} 电极电位，增大化学计量点的电位突跃，使二苯胺磺酸钠指示剂变色的电位范围较好地落在滴定的电位突跃内，避免指示剂引起的终点误差。

上述滴定方法简便、快速又准确，生产上广泛使用。但因预还原用的汞有毒，造成环境严重污染，近年来研究了无汞测铁的许多新方法，如以 $SnCl_2$-$TiCl_3$ 溶液联合还原剂等。

2. 化学需氧量（COD）的测定

在一定条件下，用强氧化剂氧化废水试样（有机物）所消耗氧化剂的量，称为化学需氧量，它是衡量水体被还原性物质污染的主要指标之一，目前已成为环境监测分析的重要项目。

化学需氧量测定的方法是在酸性溶液中以硫酸银为催化剂，加入过量 $K_2Cr_2O_7$ 标准溶液，当加热煮沸 $K_2Cr_2O_7$ 时能完全氧化废水中有机物质和其他还原性物质。过量的 $K_2Cr_2O_7$ 以邻二氮杂菲-$Fe(\text{Ⅱ})$ 为指示剂，用硫酸亚铁铵标准溶液回滴。从而计算出废水试样中还原性物质所消耗的 $K_2Cr_2O_7$ 量，即可换算出水样中的化学需氧量。

三、碘量法

(一) 概述

以 I_2 作为氧化剂或以 I^- 作为还原剂进行测定的方法称为碘量法。由于固体 I_2 在水中的溶解度很小（0.0013mol/L）且易挥发，所以将 I_2 溶解在 KI 溶液中，I_2 以 I_3^- 形式：

$$I_2 + I^- \rightleftharpoons I_3^-$$

为方便和明确化学计量关系，一般仍简写为 I_2，其半反应式为：

$$I_2 + 2e^- \rightleftharpoons 2I^- \qquad E^\ominus = +0.545V$$

由电对的电极电势的数值可知,I_2 是较弱的氧化剂,可与较强的还原剂作用;而 I^- 则是中等强度的还原剂,能与许多氧化剂作用,因此,碘量法测定可用直接法和间接法两种方式进行。

1. 直接碘量法

电极电势比 $E^\ominus(I_2/I^-)$ 小的还原性物质,可以直接用 I_2 标准溶液滴定,这种方法称为直接碘量法。利用直接碘量法可以测定 SO_2、S^{2-}、As_2O_3、$S_2O_3^{2-}$、Sn(Ⅱ)、Sb(Ⅲ)、维生素 C 等强还原剂。

但是,直接碘量法不能在碱性溶液中进行,当溶液的 pH>8 时,I_2 发生歧化反应:

$$3I_2 + 6OH^- \rightleftharpoons IO_3^- + 5I^- + 3H_2O$$

会带来测定误差。在酸性溶液中也只有少数还原能力强而不受 H^+ 浓度影响的物质才能发生定量反应,又由于碘的标准电极电势不高,所以直接碘量法不如间接碘量法应用广泛。

2. 间接碘量法

电极电势比 $E^\ominus(I_2/I^-)$ 大的氧化性物质,在一定条件下用 I^- 还原,定量析出的 I_2 可用 $Na_2S_2O_3$ 标准溶液进行滴定,这种方法称为间接碘量法。例如,铜的测定是将过量的 KI 与 Cu^{2+} 反应,定量析出 I_2,然后用 $Na_2S_2O_3$ 标准溶液滴定,其反应式如下:

$$2Cu^{2+} + 4I^- \rightleftharpoons 2CuI\downarrow + I_2$$

$$I_2 + 2S_2O_3^{2-} \rightleftharpoons 2I^- + S_4O_6^{2-}$$

间接碘量法可用于测定 Cu^{2+}、$KMnO_4$、K_2CrO_4、$K_2Cr_2O_7$、H_2O_2、AsO_4^{3-}、SbO_4^{3-}、ClO_4^-、NO_2^-、IO_3^-、BrO_3^- 等氧化性物质。

在间接碘量法的应用过程中必须注意如下三个反应条件。

① 控制溶液的酸度。I_2 和 $S_2O_3^{2-}$ 之间的反应必须在中性或弱酸性溶液中进行,如果在碱性溶液中,I_2 与 $S_2O_3^{2-}$ 会发生副反应:

$$S_2O_3^{2-} + 4I_2 + 10OH^- \rightleftharpoons 2SO_4^{2-} + 8I^- + 5H_2O$$

在碱性溶液中 I_2 还会发生歧化反应。若在强酸性溶液中,$Na_2S_2O_3$ 溶液会分解:

$$S_2O_3^{2-} + 2H^+ \rightleftharpoons SO_2\uparrow + S\downarrow + H_2O$$

② 防止碘的挥发和空气中的 O_2 氧化 I^-。必须加入过量的 KI(一般比理论用量大 2~3 倍),增大碘的溶解度,降低 I_2 的挥发性。滴定一般在室温下进行,操作要迅速,不宜过分振荡溶液,以减少 I^- 与空气的接触。

酸度较高和阳光直射,都可促进空气中的 O_2 对 I^- 的氧化作用:

$$2I^- + O_2 + 4H^+ \rightleftharpoons I_2 + 2H_2O$$

因此,酸度不宜太高,同时要避免阳光直射,滴定时最好用带有磨口塞的碘量瓶。

③ 注意淀粉指示剂的使用。应用间接碘量法时,一般要在滴定接近终点前才加入淀粉指示剂。若加入太早,则大量的 I_2 与淀粉结合生成蓝色物质,这一部分 I_2 就不易与 $Na_2S_2O_3$ 溶液反应,将给滴定带来误差。

(二)I_2 标准溶液和 $Na_2S_2O_3$ 标准溶液

1. I_2 溶液的配制和标定

由于 I_2 挥发性强,准确称量有一定困难,所以一般是用市售的碘与过量 KI 共置于研钵中加少量水研磨,待溶解后再稀释到一定体积,配制成近似浓度的溶液,然后再进行标定。

I_2 溶液应避免与橡皮接触,并防止日光照射、受热等。

I_2 标准溶液的准确浓度,可以用已知准确浓度的 $Na_2S_2O_3$ 标准溶液比较滴定而求得,也可以用基准物质 As_2O_3(砒霜,有剧毒)来标定。

2. $Na_2S_2O_3$ 溶液的配制和标定

固体 $Na_2S_2O_3 \cdot 5H_2O$ 容易风化,并含有少量 S、S^{2-}、SO_3^{2-}、CO_3^{2-} 和 Cl^- 等杂质,不能直接配制标准溶液,而且配好的 $Na_2S_2O_3$ 溶液也不稳定,易分解,其浓度发生变化的主要原因如下:

① 溶于水中的 CO_2 使水呈弱酸性,而 $Na_2S_2O_3$ 在酸性溶液中会缓慢分解:

$$Na_2S_2O_3 + H_2CO_3 \Longrightarrow NaHCO_3 + NaHSO_3 + S\downarrow$$

这个分解作用一般在配制成溶液后的最初几天内发生。

② 水中的微生物会消耗 $Na_2S_2O_3$ 中的硫,使它变成 Na_2SO_3,这是 $Na_2S_2O_3$ 浓度变化的主要原因。

③ 空气中氧的氧化作用:

$$2Na_2S_2O_3 + O_2 \longrightarrow 2Na_2SO_4 + 2S\downarrow$$

此反应速率较慢,但水中的微量 Cu^{2+} 或 Fe^{3+} 等杂质能加速反应。

因此,配制 $Na_2S_2O_3$ 溶液一般采用如下步骤:称取需要量的 $Na_2S_2O_3 \cdot 5H_2O$,溶于新煮沸且冷却的蒸馏水中,这样可除去 CO_2 和灭菌,加入少量 Na_2CO_3,使溶液保持微碱性,可抑制微生物的作用,防止 $Na_2S_2O_3$ 的分解。配制的 $Na_2S_2O_3$ 溶液应贮于棕色瓶中,放置暗处,约一周后再进行标定。长时间保存的 $Na_2S_2O_3$ 标准溶液,应定期加以标定。若发现溶液变浑浊或有硫析出,要过滤后再标定其浓度,或弃去重配。

$Na_2S_2O_3$ 溶液的准确浓度,可用 $K_2Cr_2O_7$、KIO_3、$KBrO_3$ 等基准物质进行标定。常采用间接碘量法标定,如称取一定量的 $K_2Cr_2O_7$ 在酸性溶液中与过量 KI 作用,析出相当量的 I_2,用 $Na_2S_2O_3$ 溶液滴定析出的碘,其反应式如下:

$$Cr_2O_7^{2-} + 6I^- + 14H^+ \Longrightarrow 2Cr^{3+} + 3I_2 + 7H_2O$$

$$2S_2O_3^{2-} + I_2 \Longrightarrow 2I^- + S_4O_6^{2-}$$

根据 $K_2Cr_2O_7$ 的质量及 $Na_2S_2O_3$ 溶液的用量,可以计算出 $Na_2S_2O_3$ 标准溶液的准确浓度。

(三) 碘量法应用示例

1. 维生素C的测定

维生素C又称抗坏血酸,其分子式为 $C_6H_8O_6$,摩尔质量为 176.12g/mol。由于维生素C分子中的烯二醇基具有还原性,所以它能被 I_2 定量地氧化成二酮基,其反应式为:

$$\text{C}_6\text{H}_8\text{O}_6 + I_2 \Longrightarrow \text{C}_6\text{H}_6\text{O}_6 + 2HI$$

维生素C的半反应式为:

$$C_6H_6O_6 + 2H^+ + 2e^- \Longrightarrow C_6H_8O_6 \qquad E^{\ominus}(C_6H_6O_6/C_6H_8O_6) = +0.18V$$

维生素C含量的测定方法:准确称取含维生素C(药片)试样,溶解在新煮沸且冷却的蒸馏水中,以 HAc 酸化,加入淀粉指示剂,迅速用 I_2 标准溶液滴定至终点。

必须注意:维生素C的还原性很强,在空气中易被氧化,在碱性介质中更容易被氧化,所以在实验操作上不但要熟练，而且在酸化后应立即滴定。由于蒸馏水中含有溶解氧，必须事先煮沸，否则会使测定结果偏低。如果有能被 I_2 直接氧化的物质存在，则对该测定有干扰。

2. 水中溶解氧（DO）含量的测定

溶解于水中的氧气称为溶解氧，通过测定溶解氧的含量，可间接估计水中有机物污染物的含量。间接碘量法测定水中溶解氧的主要步骤如下。

水样在碱性条件下加入 $MnSO_4$，Mn^{2+} 与 OH^- 作用形成白色沉淀：

$$Mn^{2+} + 2OH^- =\!=\!= Mn(OH)_2 \downarrow$$

$Mn(OH)_2$ 很不稳定，立即与水中的溶解氧反应，生成 $MnO(OH)_2$ 沉淀：

$$2Mn(OH)_2 + O_2 \underset{溶解氧}{=\!=\!=} 2MnO(OH)_2 \downarrow$$

加入浓 H_2SO_4 和 KI，I^- 与 $MnO(OH)_2$ 反应析出 I_2：

$$MnO(OH)_2 + 2KI + 2H_2SO_4 =\!=\!= MnSO_4 + K_2SO_4 + I_2 + 3H_2O$$

析出的 I_2 用 $Na_2S_2O_3$ 标准溶液滴定：

$$I_2 + 2S_2O_3^{2-} =\!=\!= 2I^- + S_4O_6^{2-}$$

根据所用 $Na_2S_2O_3$ 标准溶液的浓度和体积可计算水中溶解氧的含量。

本章要点

一、氧化还原反应

氧化还原反应的实质是反应物间存在电子的转移或偏移。物质失去电子（或氧化数升高）是还原剂，自身被氧化；物质得到电子（或氧化数降低）是氧化剂，自身被还原。氧化反应与还原反应同时发生、相互依存。电对是指同一元素得失电子后，形成的不同氧化态之间的关系。

二、原电池

原电池是将化学能转变为电能的装置，电池的正极发生还原反应，负极发生氧化反应，正负电极的电势差为电池的电动势。

三、电极电势

电极电势受物质的本性、溶液中离子的浓度、温度等因素的影响，其关系用能斯特方程表示：

$$E = E^{\ominus} + \frac{0.0592}{n} \lg \frac{[氧化态]^a}{[还原态]^b}$$

电极电势值的大小标志着物质氧化还原能力的大小。E 值越大，说明电对中氧化态物质的氧化能力越强，E 值越小，说明电对中还原态物质的还原能力越强。

当 $E_正 > E_负$ 时，氧化还原反应正方向进行；当 $E_正 < E_负$ 时，氧化还原反应逆方向进行。

四、氧化还原滴定

氧化还原滴定法是以氧化还原反应为基础的滴定分析法。是基于电子转移的反应，其特点是反应机理比较复杂，反应经常是分步进行，除了主反应外还经常发生副反应，且速率较慢。

根据所用的氧化剂和还原剂的不同，可将氧化还原滴定法分为高锰酸钾法、重铬酸钾法、碘量法、溴酸钾法等。

习 题

一、思考题

1. 元素的氧化数和元素的化合价有什么不同？
2. 组成原电池的条件是什么？
3. 书写电池符号时，需要注意什么？
4. 什么叫标准电极电势？
5. 什么是氧化还原滴定法？它与酸碱滴定法有什么不同？
6. 配制碘标准溶液和硫代硫酸钠标准溶液时，应注意什么？
7. 配平下列化学反应：

(1) $Cr_2O_4^{2-} + Fe^{2+} \longrightarrow Cr^{3+} + Fe^{3+}$（酸性介质）

(2) $I_2 + OH^- \longrightarrow I^- + IO_3^-$

(3) $Bi(OH)_3 + Cl_2 \longrightarrow BiO_3^- + Cl^-$（碱性介质）

(4) $Zn + HNO_3(稀) \longrightarrow Zn(NO_3)_2 + NH_4NO_3 + H_2O$

(5) $H_2O_2 + KMnO_4 + H_2SO_4 \longrightarrow MnSO_4 + O_2 + K_2SO_4 + H_2O$

(6) $FeS_2 + O_2 \longrightarrow Fe_3O_4 + SO_3$

(7) $Cu_2S + HNO_3 \longrightarrow Cu(NO_3)_2 + H_2SO_4 + NO + H_2O$

8. 用标准电极电势判断下列反应的方向：

(1) $Sn^{2+} + 2Fe^{3+} \Longleftrightarrow Sn^{4+} + 2Fe^{2+}$

(2) $2Br^- + 2Fe^{3+} \Longleftrightarrow 2Fe^{2+} + Br_2$

(3) $10Br^- + 2MnO_4^- + 16H^+ \Longleftrightarrow 5Br_2(l) + 2Mn^{2+} + 8H_2O$

二、填空题

(1) 分别填写下列化合物中氮元素的氧化数：N_2H_4 _____，NH_2OH _____，NCl_3 _____，N_2O_4 _____。

(2) 在 K_2O_2 中 O 的氧化数是 _____。在 $HS_3O_{10}^-$ 中 S 的氧化数是 _____。

(3) 如果用反应 $Cr_2O_7^{2-} + 6Fe^{2+} + 14H^+ \Longleftrightarrow 2Cr^{3+} + 6Fe^{3+} + 7H_2O$ 设计一个电池，在该电池正极进行的反应为 _____，负极的反应为 _____。

(4) 在原电池中，流出电子的极为 _____，接受电子的极为 _____，在正极发生的是 _____，负极发生的是 _____。原电池可将 _____ 能转化为 _____ 能。

三、选择题

(1) 乙酰氯 (CH_3COCl) 中碳的氧化数是（　　）。

A. +4　　　　　　B. +2　　　　　　C. 0　　　　　　D. -4

(2) 对于反应 $I_2 + 2ClO_3^- \Longleftrightarrow 2IO_3^- + Cl_2$，下面说法中不正确的是（　　）。

A. 此反应为氧化还原反应　　　　　　B. I_2 得到电子，ClO_3^- 失去电子

C. I_2 是还原剂，ClO_3^- 是氧化剂　　　D. 碘的氧化数由 0 增至 +5，氯的氧化数由 +5 降至 0

(3) 已知：$Fe^{3+} + e^- \Longleftrightarrow Fe^{2+}$，$E^{\ominus} = 0.77V$；$Cu^{2+} + 2e^- \Longleftrightarrow Cu$，$E^{\ominus} = 0.34V$；$Fe^{2+} + 2e^- \Longleftrightarrow Fe$，$E^{\ominus} = -0.44V$；$Al^{3+} + 3e^- \Longleftrightarrow Al$，$E^{\ominus} = -1.66V$；则最强的还原剂是（　　）。

A. Al^{3+}　　　　　B. Fe^{2+}　　　　　C. Fe　　　　　D. Al

(4) 用能斯特方程计算 Br_2/Br^- 电对的电极电势，下列叙述中正确的是（　　）。

A. Br_2 的浓度增大，E 增大　　　　　B. Br^- 的浓度增大，E 减小

C. H^+ 浓度增大，E 减小　　　　　　D. 温度升高对 E 无影响

(5) 已知金属 M 的下列标准电极电势数据：$M^{2+} + e^- \Longleftrightarrow M^+$，$E^{\ominus} = -0.60V$；$M^{3+} + 2e^- \Longleftrightarrow M^+$，

$E^{\ominus}=0.20V$；则 $M^{3+}+e^-$ ⇌ M^{2+} 的 $E^{\ominus}$ 是（　　）。

A. 0.80V　　　　B. −0.20V　　　　C. −0.40V　　　　D. 1.00V

(6) $E^{\ominus}$ 值与下列哪些因素有关（　　）。

A. 温度　　　　B. 电极的书写形式　　　　C. 电极本身　　　　D. 温度和电极本身

(7) 用反应 $Zn+2Ag^+$ ⇌ $2Ag+Zn^{2+}$ 组成原电池，当 [Zn^{2+}] 和 [Ag^+] 均为 1mol/L，在 298.15K 时，该电池的标准电动势 $\varepsilon^{\ominus}$ 为（　　）。

A. $\varepsilon^{\ominus}=2E^{\ominus}(Ag^+/Ag)-E^{\ominus}(Zn^{2+}/Zn)$　　B. $\varepsilon^{\ominus}=[E^{\ominus}(Ag^+/Ag)]^2-E^{\ominus}(Zn^{2+}/Zn)$
C. $\varepsilon^{\ominus}=E^{\ominus}(Ag^+/Ag)-E^{\ominus}(Zn^{2+}/Zn)$　　D. $\varepsilon^{\ominus}=E^{\ominus}(Zn^{2+}/Zn)-E^{\ominus}(Ag^+/Ag)$

(8) 两个半电池，电极相同，电解质溶液中的物质也相同，都可以进行电极反应，但溶液的浓度不同，它们组成电池的电动势（　　）。

A. $\varepsilon^{\ominus}=0$，$\varepsilon=0$　　B. $\varepsilon^{\ominus}\neq0$，$\varepsilon\neq0$　　C. $\varepsilon^{\ominus}\neq0$，$\varepsilon=0$　　D. $\varepsilon^{\ominus}=0$，$\varepsilon\neq0$

(9) 由下列反应设计的电池不需要惰性电极的是（　　）。

A. $H_2(g)+Cl_2(g)$ ⇌ $2HCl(aq)$　　　　B. $Ce^{4+}+Fe^{2+}$ ⇌ $Ce^{3+}+Fe^{3+}$
C. $Zn+Ni^{2+}$ ⇌ $Zn^{2+}+Ni$　　　　D. $Cu+Br_2$ ⇌ $Cu^{2+}+2Br^-$

(10) 有一原电池：(−)Pt | Fe^{3+}(1mol/L)，Fe^{2+}(1mol/L) ‖ Ce^{4+}(1mol/L)，Ce^{3+}(1mol/L) | Pt(+)，则该电池的电池反应是（　　）。

A. $Ce^{3+}+Fe^{3+}$ ⇌ $Ce^{4+}+Fe^{2+}$　　　　B. $Ce^{4+}+Fe^{2+}$ ⇌ $Ce^{3+}+Fe^{3+}$
C. $Ce^{3+}+Fe^{2+}$ ⇌ $Ce^{4+}+Fe$　　　　D. $Ce^{4+}+Fe^{3+}$ ⇌ $Ce^{3+}+Fe^{2+}$

四、计算题

1. 将 Cu 片插于盛有 0.5mol/L 的 $CuSO_4$ 溶液的烧杯中，Ag 片插于盛有 0.5mol/L 的 $AgNO_3$ 溶液的烧杯中。

(1) 写出该原电池的符号。

(2) 写出电极反应和原电池的电池反应。

(3) 求该电池的电动势。

2. 原电池：(−)Pt | Fe^{2+}(1.00mol/L)，Fe^{3+}(1.00×10^{-4} mol/L) ‖ I^-(1.0×10^{-4} mol/L) | I_2，Pt(+)，已知：$E^{\ominus}(Fe^{3+}/Fe^{2+})=0.770V$，$E^{\ominus}(I_2/I^-)=0.535V$，求 $E(Fe^{3+}/Fe^{2+})$、$E(I_2/I^-)$ 和 ε，写出电极反应和电池反应。

3. 将下列反应组成原电池：$Cu^{2+}+Fe$ ⇌ $Cu+Fe^{2+}$，写出该原电池的电池符号；当 $c(Cu^{2+})=0.002mol/L$，$c(Fe^{2+})=0.0001mol/L$ 时，求出该电池的电动势，并判断这个电池反应是否可以自发正向进行？

4. 在 pH=6 时，下列反应能否自发进行。(设其他物质均处于标准状态)

$$2MnO_4^-+10Cl^-+16H^+ \longrightarrow 2Mn^{2+}+5Cl_2+8H_2O$$

5. 已知 $E^{\ominus}(Ni^{2+}/Ni)=-0.23V$，$E^{\ominus}(Ag^+/Ag)=+0.80V$，$E^{\ominus}(Pb^{2+}/Pb)=-0.13V$，$E^{\ominus}(Cu^{2+}/Cu)=+0.34V$，写出下列电池的电池反应，并求电动势，判断该电池反应能否自发进行。

(−)Ag | Ag^+(0.050mol/L) ‖ Ni^{2+}(0.20mol/L) | Ni(+)

(−)Pb | Pb^{2+}(0.50mol/L) ‖ Cu^{2+}(0.30mol/L) | Cu(+)

6. 已知电池 Cd | Cd^{2+}(2mol/L) ‖ Ni^{2+}(2.00mol/L) | Ni 的 E 为 0.200V，$E^{\ominus}(Cd^{2+}/Cd)=-0.402V$，$E^{\ominus}(Ni^{2+}/Ni)=-0.23V$，求电池中 $c(Cd^{2+})$ 为多少？

7. 已知 $E^{\ominus}(Ni^{2+}/Ni)=-0.229V$，由 $Ni+2H^+$ ⇌ $Ni^{2+}+H_2$ 组成的原电池，当 $c(Ni^{2+})=0.010mol/L$ 时，求电池的电动势为多少？

8. 已知 $E^{\ominus}(Fe^{3+}/Fe^{2+})=0.77V$，$E^{\ominus}(I_2/I^-)=0.54V$，问在标准状态下 Fe^{3+} 能否把 I^- 氧化为 I_2？

9. 已知 $E^{\ominus}(Cu^{2+}/Cu^+)=0.159V$，$E^{\ominus}(Cu^+/Cu)=0.52V$，$2Cu^+$ ⇌ $Cu+Cu^{2+}$，求 298.15K 时反应的平衡常数。

10. 已知电极反应 Ag^++e ⇌ Ag，$E^{\ominus}=0.80V$，现往该电极中加入 KI，使其生成 AgI 沉淀，达到平

衡时，使 $c(I^-)=1.0\text{mol/L}$，求此时的 $E(Ag^+/Ag)$。已知 $K_{sp}(AgI)=1.5\times10^{-16}$。

11. 将下列反应组成原电池：
$$2Ag^+ + Zn \Longrightarrow Ag + Zn^{2+}$$
（1）写出该原电池的电池符号。
（2）计算出在标准状态下的电池电动势。
（3）计算平衡常数。

12. 用重铬酸钾法测定铁的含量。先称取 0.7300g $K_2Cr_2O_7$，溶解后于 100mL 容量瓶中定容。再称取样品 0.5246g，经适当处理后，使铁（Ⅲ）全部溶解并转化为铁（Ⅱ）。用去上述 $K_2Cr_2O_7$ 溶液 30.56mL。求样品中 Fe 的质量分数。

13. 称取基准物质 $Na_2C_2O_4$ 0.1725g 溶于稀硫酸中，用 $KMnO_4$ 标准溶液滴定至终点，消耗 23.25mL $KMnO_4$ 标准溶液。计算 $KMnO_4$ 标准溶液的浓度。

14. 胆矾是农药波尔多液的主要原料。取 2.00mL 波尔多液酸化后，加入过量的 KI，析出 I_2，用 0.1000mol/L 的标准溶液滴定，消耗 3.40mL，求试样中 Cu^{2+} 的含量。

知识链接　　　　　　燃料电池

一、概述

燃料电池（fuel cell）是一种将存在于燃料与氧化剂中的化学能直接转化为电能的发电装置。燃料和空气分别送进燃料电池，电就被奇妙地生产出来。从外表上看它有正负极和电解质等，像一个蓄电池，但实质上它不能"储电"，而是一个"发电厂"。燃料电池的概念是 1839 年 G. R. Grove 提出的，至今已有大约 170 年的历史。

二、燃料电池的特点

燃料电池十分复杂，涉及化学热力学、电化学、电催化、材料科学、电力系统及自动控制等学科的有关理论，具有发电效率高、环境污染少等优点。燃料电池具有以下特点。

① 能量转化效率高，直接将燃料的化学能转化为电能，中间不经过燃烧过程，因而不受卡诺循环的限制。目前燃料电池系统的燃料-电能转换效率为 45%～60%，而火力发电和核电的效率大约为 30%～40%。

② 有害气体 SO_x、NO_x 排放及噪声都很低，CO_2 排放因能量转换效率高而大幅度降低，无机械振动。

③ 燃料适用范围广。

④ 积木化强，规模及安装地点灵活，燃料电池电站占地面积小，建设周期短，电站功率可根据需要由电池堆组装，十分方便。燃料电池无论作为集中电站还是分布式电站，或是作为小区、工厂、大型建筑的独立电站都非常合适。

⑤ 负荷响应快，运行质量高，燃料电池在数秒内可以从最低功率变换到额定功率，而且电厂离负荷可以很近，从而改善了地区频率偏移和电压波动，降低了现有变电设备和电流载波容量，减少了输变线路投资和线路损失。

三、"燃料"和"电池"

为了利用煤或者石油这样的燃料来发电，必须先燃烧煤或者石油。它们燃烧时产生的能量可以对水加热而使之变成蒸汽，蒸汽则可以用来使涡轮发电机在磁场中旋转。这样就产生了电流。换句话说，是把燃料的化学能转变为热能，然后把热能转换为电能。在这种双转换的过程中，许多原来的化学能浪费掉了。然而，燃料相对较便宜，虽有这种浪费，也不妨碍生产大量的电力，而无须昂贵的费用。还有可能把化学能直接转换为电能，而无须先转换为热能。为此，必须使用电池。

电池由一种或多种化学溶液组成，其中插入两根称为电极的金属棒。每一个电极上都进行特殊的化学反应，电子不是被释出就是被吸收。一个电极上的电势比另一个电极上的大，因此，如果这两个电极用一根导线连接起来，电子就会通过导线从一个电极流向另一个电极。这样的电子流就是电流，只要电池中进行化学反应，这种电流就会继续下去。手电筒用的电池是这种电池的一个例子。在某些情况下，当一个电池用完了以后,人们迫使电流返回流入这个电池,电池内会反过来发生化学反应,因此,电池能够贮存化学能,并用于再次产生电流。汽车用的蓄电池就是这种可逆电池的一个例子。在一个电池里,浪费的化学能要少得多,因为其中只通过一个步骤就将化学能转变为电能。然而,电池中的化学物质都是非常昂贵的。锌用来制造手电筒用的电池。如果有人试图使用足够的锌或类似的金属来为整个城市准备电力,那么一天就要花费成本数十亿美元。

燃料电池是一种把燃料和电池两种概念结合在一起的装置。它是一种电池,但不需用昂贵的金属而只用相对便宜的燃料来进行化学反应。这些燃料的化学能仅通过一个步骤就可转变为电能,比通常通过两步方式的能量损失少得多,可以为人类提供的电量就大大增加了。

目前,燃料电池按电解质可分为六种:碱性燃料电池(AFC)、磷酸盐型燃料电池(PAFC)、熔融碳酸盐型燃料电池(MCFC)、固体氧化物型燃料电池(SOFC)、固体聚合物燃料电池(SPFC)[又称质子交换膜燃料电池(PEMFC)]和生物燃料电池(BEFC)。

按工作温度的不同燃料电池又分为高温、中温和低温燃料电池。工作温度从室温到373K(100℃)的为常温燃料电池,如SPFC;工作温度在373~573K(100~300℃)之间的为中温燃料电池,如PAFC;工作温度在873K(600℃)以上的为高温燃料电池,如MCFC和SOFC。

第九章 配位平衡和配位滴定法

知识目标

熟悉配位化合物的组成和命名，理解配位平衡原理及配合物稳定常数的意义；了解EDTA的组成、结构及性质，理解配位平衡中副反应产生的原因及其对主反应的影响；掌握配位滴定的基本原理和滴定曲线的特点，初步学会配位滴定中溶液酸度的控制；理解金属指示剂的作用原理及常用的金属指示剂的选择；掌握提高配位滴定选择性的方法；熟悉常见的配位滴定法的应用。

能力目标

能利用配位平衡进行稳定常数的相关计算。通过对实验操作的训练，使学生进一步熟练规范使用分析天平和滴定分析仪器；熟练配制和标定 EDTA 标准溶液；熟练应用 EDTA 法测定钙片中钙含量及水的硬度，并能正确处理实验数据；能应用配位滴定法相关知识来解决一些实际问题。

第一节 配位化合物的概念

一、配合物的定义

通过实验知道，在硫酸铜溶液中，加入氨水，有浅蓝色的碱式硫酸铜 $Cu_2(OH)_2SO_4$ 生成。当氨水过量时，蓝色沉淀消失，生成深蓝色的 $[Cu(NH_3)_4]SO_4$ 溶液。如果在这种深蓝色溶液中加入少量的 NaOH 溶液，没有 $Cu(OH)_2$ 沉淀，而加入少量 $BaCl_2$ 溶液，却有白色的 $BaSO_4$ 沉淀生成，说明该溶液中含有大量的 SO_4^{2-}，而 Cu^{2+} 很少，在 $[Cu(NH_3)_4]SO_4$ 溶液中存在大量的复杂离子 $[Cu(NH_3)_4]^{2+}$ 和 SO_4^{2-}。

在 $[Cu(NH_3)_4]^{2+}$ 中，Cu^{2+} 外层有空轨道，而 NH_3 中的 N 原子上有孤对电子，两者以配位键结合形成复杂离子，称为配离子，由配离子组成的复杂化合物称为配合物。

二、配合物的组成

配合物一般由内界和外界两部分组成，内界和外界之间以离子键结合。

（一）中心离子（原子）

中心离子（原子）位于配合物的中心位置，称为配合物的形成体，其结构特点是最外层上有能接受孤对电子的空轨道。形成体一般是金属阳离子或原子，特别是过渡金属离子，如 $[Cu(NH_3)_4]SO_4$ 中的 Cu^{2+}，$K_4[Fe(CN)_6]$ 中的 Fe^{2+}，$[Ni(CO)_4]$ 中的 Ni 原子，但也有少数高氧化数的非金属元素，如 $[SiF_6]^{2-}$ 中的 Si^{4+}。

(二) 配位体和配位原子

结合在中心离子（原子）周围的一些中性分子或阴离子称为配位体，配位体与中心离子（原子）间以配位键结合形成配离子，称为配合物的内界，通常写在方括号内，方括号外的部分称为外界。

在配位体中与中心离子（或原子）成键的原子称为配位原子，其结构特点是外围电子层上有孤对电子，一般为电负性较大的非金属元素，常见的配位原子有 O、S、N、C 及卤素原子等。如 NH_3 中的 N，H_2O 中的 O，$[SiF_6]^{2-}$ 中的 F^-。

只含有一个配位原子的配位体称为单齿配位体。如 NH_3、CN^-、F^-、H_2O、SCN^-、CO 等。含有两个或两个以上配位原子同时与一个中心离子（原子）结合的配位体称为多齿配位体。如乙二胺 $H_2NCH_2CH_2NH_2$（简写 en）和草酸根 $C_2O_4^{2-}$ 均为双齿配位体，乙二胺四乙酸（EDTA）为六齿配位体。

(三) 配位数

在配合物中直接与中心离子（原子）配位的原子数目称为该中心离子（原子）的配位数。如果是单齿配位体，配位数就等于配位体的数目；如果是多齿配位体，中心离子的配位数为配体数乘以齿数。如 $[Cu(NH_3)_4]^{2+}$ 中 Cu^{2+} 的配位数为 4，$[Cu(en)_2]^{2+}$ 中 Cu^{2+} 的配位数为 4。

(四) 配离子的电荷

中心离子和配位体电荷的代数和即为配离子的电荷数，如 $[Fe(CN)_6]^{3-}$ 配离子，中心离子为 Fe^{3+}，配位体为 CN^-，配离子电荷为 $(+3)+6\times(-1)=-3$。由于整个分子是电中性的，因此可以从配合物外界的电荷总数来推断配离子的电荷数。

下面以 $[Cu(NH_3)_4]SO_4$ 和 $K_4[Fe(CN)_6]$ 为例说明配合物的组成。

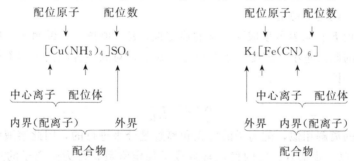

三、配合物的命名

配合物的命名一般遵循无机化合物的命名原则，阴离子在前，阳离子在后，称为某化某、某酸某或某某酸等。若外界的阴离子是简单离子（如 Cl^-），命名为"某化某"；若外界的阴离子是复杂离子（如 SO_4^{2-}），命名为"某酸某"；若外界为氢离子，则命名为"某某酸"。对于配合物的内界按以下次序命名：配位数→配位体名称→合→中心离子（氧化数），中心离子的氧化数用罗马字母标出。如果含有多种配位体，不同的配位体之间用"·"隔开，其命名的顺序为：无机配位体在前，有机配位体在后；阴离子在前，中性分子在后；同类配位体的名称按配位原子的元素符号在英文字母中的顺序排列。例如：

$K_3[Fe(CN)_6]$　　　　　六氰合铁(Ⅲ)酸钾

$H_2[SiF_6]$　　　　　　六氟合硅(Ⅳ)酸

$[CrCl_2(NH_3)_4]Cl$	氯化二氯·四氨合铬(Ⅲ)
$[CoCl_2(NH_3)_3H_2O]Cl$	氯化二氯·三氨·一水合钴(Ⅲ)
$[Ni(CO)_4]$	四羰基合镍(0)
$[PtCl_2(NH_3)_2]$	二氯·二氨合铂(Ⅱ)
$[Co(NCS)(NH_3)_5]Cl_2$	二氯化异硫氰酸根·五氨合钴(Ⅲ)

第二节 配位平衡

一、配位平衡

配合物的内界和外界之间以离子键结合,当溶于水时,完全离解为配离子和外界离子,配离子在溶液中具有不同的稳定性,能发生不同程度的离解。如 $[Cu(NH_3)_4]^{2+}$ 在水溶液中,可离解出少量的 Cu^{2+} 和 NH_3,同时 Cu^{2+} 和 NH_3 又会配合生成 $[Cu(NH_3)_4]^{2+}$,在一定温度下,体系达到动态平衡,这种平衡称为配位平衡。

$$[Cu(NH_3)_4]^{2+} \underset{配位}{\overset{离解}{\rightleftharpoons}} Cu^{2+} + 4NH_3$$

二、配离子的稳定常数

上述平衡的标准平衡常数 $K_{不稳}$ 的表达式为:

$$K_{不稳} = \frac{[Cu^{2+}][NH_3]^4}{[Cu(NH_3)_4^{2+}]}$$

$K_{不稳}$ 称为配离子的不稳定常数,又称离解常数。$K_{不稳}$ 值越大,配离子在溶液中离解的倾向越大,配离子就越不稳定。

通常还可以用 $K_{稳}$ 来表示生成配离子的稳定性,$K_{稳}$ 值越大,说明配位反应进行得越完全,配离子离解的倾向越小,即配离子越稳定。显然,对同一种配离子的不稳定常数与其稳定常数互为倒数,即:

$$K_{不稳} = \frac{1}{K_{稳}}$$

与多元弱酸的离解相似,配离子的生成和离解是分级进行的,因此溶液中存在一系列的配位-离解平衡,每一步都有相应的稳定常数或不稳定常数,称为配离子的逐级稳定常数或逐级不稳定常数。以 $[Cu(NH_3)_4]^{2+}$ 离子的生成为例,逐级配位平衡如下:

$$Cu^{2+} + NH_3 \rightleftharpoons [Cu(NH_3)]^{2+} \qquad K_{稳1} = \frac{[Cu(NH_3)^{2+}]}{[Cu^{2+}][NH_3]}$$

$$[Cu(NH_3)]^{2+} + NH_3 \rightleftharpoons [Cu(NH_3)_2]^{2+} \qquad K_{稳2} = \frac{[Cu(NH_3)_2^{2+}]}{[Cu(NH_3)^{2+}][NH_3]}$$

$$[Cu(NH_3)_2]^{2+} + NH_3 \rightleftharpoons [Cu(NH_3)_3]^{2+} \qquad K_{稳3} = \frac{[Cu(NH_3)_3^{2+}]}{[Cu(NH_3)_2^{2+}][NH_3]}$$

$$[Cu(NH_3)_3]^{2+} + NH_3 \rightleftharpoons [Cu(NH_3)_4]^{2+} \qquad K_{稳4} = \frac{[Cu(NH_3)_4^{2+}]}{[Cu(NH_3)_3^{2+}][NH_3]}$$

根据多重平衡的规则,逐级稳定常数的乘积等于该配离子的累积稳定常数。因此对于 $[Cu(NH_3)_4]^{2+}$ 总的稳定常数则为:

$$K_{稳} = K_{稳1} K_{稳2} K_{稳3} K_{稳4}$$

配合物的逐级稳定常数相差不大，特别是在配位体过量时，体系中主要以最高配位数的配离子存在，其他形式的配离子可以忽略不计，因此在计算时采用总的稳定常数进行计算。

三、影响配位平衡的因素

金属离子 M^{n+} 和配位体 L^- 在水溶液中存在配位和离解平衡：

$$M^{n+} + xL^- \underset{离解}{\overset{配位}{\rightleftharpoons}} ML_n^{(n-x)+}$$

上述平衡的移动同样遵循化学平衡移动原理，在体系中改变配位体或中心离子的浓度，就会导致配位平衡发生移动。

（一）配位平衡与酸碱平衡

如果配位体为弱酸根（如 F^-、CN^-、SCN^-、CO_3^{2-}、$C_2O_4^{2-}$ 等），它们能和外加的 H^+ 作用生成弱酸，使配位平衡发生移动。例如，在 $[FeF_6]^{3-}$ 溶液中存在下列平衡：

$$[FeF_6]^{3-} \rightleftharpoons Fe^{3+} + 6F^-$$

在 $[FeF_6]^{3-}$ 溶液中加入强酸，H^+ 会与弱酸根 F^- 结合生成弱酸 HF，降低了 F^- 的浓度，使配位平衡向离解的方向移动，促进 $[FeF_6]^{3-}$ 离解。在 $[FeF_6]^{3-}$ 溶液中加入强碱，OH^- 就会和 Fe^{3+} 作用生成弱碱氢氧化铁，降低了 Fe^{3+} 的浓度，使配位平衡向离解的方向移动，同样促进 $[FeF_6]^{3-}$ 离解。

溶液的酸度会影响配位平衡，要使配位离子在溶液中稳定存在，溶液的酸度必须控制在一定的范围内。

（二）配位平衡与沉淀平衡

配位平衡与沉淀反应的关系，实质上是沉淀剂与配位剂对金属离子的争夺过程。配离子的 $K_{稳}$ 越大，沉淀的 K_{sp} 越大，则沉淀越容易被溶解生成配离子；反之则配离子被沉淀。

例如，AgCl 溶于 NH_3 溶液，可以看成下列两个反应的总反应：

$$AgCl(s) \rightleftharpoons Ag^+ + Cl^- \tag{1}$$

$$Ag^+ + 2NH_3 \rightleftharpoons [Ag(NH_3)_2]^+ \tag{2}$$

总反应式为： $AgCl(s) + 2NH_3 \rightleftharpoons [Ag(NH_3)_2]^+ + Cl^-$

根据多重平衡规则，总反应的平衡常数为：

$$K = K_{稳}[Ag(NH_3)_2^+] K_{sp}(AgCl) = 1.7 \times 10^7 \times 1.8 \times 10^{-10} = 3.1 \times 10^{-3}$$

K 值不算很小，只要 NH_3 浓度达到一定值时，就可以溶解 AgCl。

如果 $[Ag(NH_3)_2]^+$ 转化成 AgI，则发生反应：

$$[Ag(NH_3)_2]^+ + I^- \rightleftharpoons AgI(s) + 2NH_3$$

同理可以求：

$$K = \frac{1}{K_{稳}[Ag(NH_3)_2^+] K_{sp}(AgI)} = \frac{1}{8.5 \times 10^{-17} \times 1.7 \times 10^7}$$
$$= 6.9 \times 10^9$$

K 值很大，说明转化反应很完全。

以上计算数据表明，配离子与沉淀间的转化，取决于沉淀的 K_{sp} 和配离子的 $K_{稳}$ 的大小。

（三）配位平衡与氧化还原平衡

配位反应的发生可以降低溶液中金属离子的浓度，从而改变金属离子的氧化还原能力，使一些通常不能发生的氧化还原反应得以进行。例如，Fe^{3+} 离子可以氧化 I^- 离子，其反应式为：

$$2Fe^{3+} + 2I^- \longrightarrow 2Fe^{2+} + I_2$$

但如果在该溶液中加入 F^- 离子，Fe^{3+} 离子就会和 F^- 离子生成较稳定的 $[FeF_6]^{3-}$ 配离子，这样就大大降低了溶液中的 Fe^{3+} 离子浓度，使电对 Fe^{3+}/Fe^{2+} 的电极电势大大降低，从而使 Fe^{3+} 的氧化能力减弱，Fe^{2+} 的还原能力增强，Fe^{2+} 离子能够还原 I_2，其反应式为：

$$2Fe^{2+} + I_2 + 12F^- \longrightarrow 2[FeF_6]^{3-} + 2I^-$$

（四）配合物之间的转化

若在配合物的溶液中，加入另一种能与中心离子形成更稳定的配离子的配位剂，那么配合物之间就会发生转化。例如，在含有血红色 $[Fe(SCN)_6]^{3-}$ 的溶液中加入足量的 NaF，血红色就会消失，其转化反应式为：

$$[Fe(SCN)_6]^{3-} + 6F^- \rightleftharpoons [FeF_6]^{3-} + 6SCN^-$$

上述反应可以看成以下两个反应的总反应：

$$[Fe(SCN)_6]^{3-} \rightleftharpoons Fe^{3+} + 6SCN^- \qquad (1)$$

$$Fe^{3+} + 6F^- \rightleftharpoons [FeF_6]^{3-} \qquad (2)$$

$$K = K_1 K_2 = \frac{K_{稳}[FeF_6^{3-}]}{K_{稳}[Fe(SCN)_6^{3-}]} = \frac{2 \times 10^{15}}{1.3 \times 10^9} = 1.5 \times 10^6$$

K 值很大，说明转化反应相当完全。配合物之间的转化，总是向着生成更稳定的配离子方向进行。

第三节 螯 合 物

一、螯合物的组成

多齿配位体以两个或两个以上的配位原子同时与一个中心离子形成的具有环状结构的配合物称为螯合物（"螯"原意指螃蟹的钳）。能和中心离子形成螯合物并含有多齿配位体的配位剂称为螯合剂。一般常见的螯合剂是含有 N、O、S、P 等配位原子的有机化合物。

Cu^{2+} 与双齿配位体乙二胺（en）生成 $[Cu(en)_2]^{2+}$，反应式如下：

$$Cu^{2+} + 2 \begin{array}{c} H_2N-CH_2 \\ | \\ H_2N-CH_2 \end{array} \longrightarrow \left[\begin{array}{c} H_2C-N \diagdown \diagup N-CH_2 \\ H_2 \quad Cu \quad H_2 \\ H_2C-N \diagup \diagdown N-CH_2 \\ H_2 \qquad H_2 \end{array} \right]^{2+}$$

在 $[Cu(en)_2]^{2+}$ 中，有两个五原子环，每个环皆由两个碳原子、两个氮原子和中心离子构成。

乙二胺四乙酸（EDTA）与 Ca^{2+}、Fe^{3+} 离子配位时，能形成五个五原子环，形成的螯合物其结构式如图 9-1 所示。

二、螯合物的稳定性

在中心离子、配位体都相同的情况下，生成的螯合物要比一般的配合物稳定，例如，

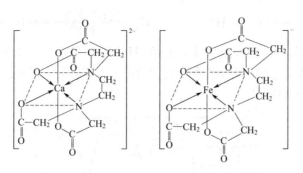

图 9-1 EDTA 与 Ca^{2+}、Fe^{3+} 配合物的结构式

$[Cu(en)_2]^{2+}$ 要比 $[Cu(NH_3)_4]^{2+}$ 稳定得多。螯合物的稳定性还与螯环的数目多少有关,螯环越多,螯合物越稳定。如 EDTA 与中心离子形成的螯合物中,有五个环,其稳定性很高,Ca^{2+} 与一般配位体不易形成配合物,但却能和 EDTA 形成很稳定的螯合物。

三、EDTA 及其配合物

乙二胺四乙酸是目前应用最广泛的一种氨羧类配合剂。

(一) EDTA 及其二钠盐

乙二胺四乙酸简称 EDTA 酸或 EDTA,其分子的结构式为:

$$\text{HOOC—CH}_2 \diagdown \text{N—CH}_2\text{—CH}_2\text{—N} \diagup \text{CH}_2\text{—COOH}$$
$$\text{HOOC—CH}_2 \diagup \qquad\qquad\qquad \diagdown \text{CH}_2\text{—COOH}$$

乙二胺四乙酸是个多元酸,无色结晶性固体,通常可以用 H_4Y 表示。由于 EDTA 在水中的溶解度小(22℃时,100mL 水能溶解 0.02g),故通常把它制成二钠盐,一般也简称 EDTA,用 $Na_2H_2Y \cdot 2H_2O$ 表示。EDTA 二钠盐的溶解度较大,在 22℃时,100mL 水能溶解 11.1g,其饱和溶液的浓度可达 0.3mol/L,pH 值约为 4.4。在溶液中 EDTA 以双偶极离子存在:

$$\text{HOOC—CH}_2 \diagdown \text{HN}^+\text{—CH}_2\text{—CH}_2\text{—NH}^+ \diagup \text{CH}_2\text{—COO}^-$$
$$^-\text{OOC—CH}_2 \diagup \qquad\qquad\qquad \diagdown \text{CH}_2\text{—COOH}$$

(二) EDTA 的离解平衡

H_4Y 是四元弱酸,当溶液酸度很高时,它的两个羧基可再接受 H^+,形成 H_6Y^{2+},这样,EDTA 就相当于六元酸,所以,EDTA 的水溶液中存在六级离解平衡:

$$H_6Y^{2+} \rightleftharpoons H_5Y^+ + H^+ \qquad K_{a1} = \frac{[H^+][H_5Y^+]}{[H_6Y^{2+}]} = 10^{-0.9}$$

$$H_5Y^+ \rightleftharpoons H_4Y + H^+ \qquad K_{a2} = \frac{[H^+][H_4Y]}{[H_5Y^+]} = 10^{-1.6}$$

$$H_4Y \rightleftharpoons H_3Y^- + H^+ \qquad K_{a3} = \frac{[H^+][H_3Y^-]}{[H_4Y]} = 10^{-2.0}$$

$$H_3Y^- \rightleftharpoons H_2Y^{2-} + H^+ \qquad K_{a4} = \frac{[H^+][H_2Y^{2-}]}{[H_3Y^-]} = 10^{-2.67}$$

$$H_2Y^{2-} \rightleftharpoons HY^{3-} + H^+ \qquad K_{a5} = \frac{[H^+][HY^{3-}]}{[H_2Y^{2-}]} = 10^{-6.16}$$

$$HY^{3-} \rightleftharpoons Y^{4-} + H^+ \qquad K_{a6} = \frac{[H^+][Y^{4-}]}{[HY^{3-}]} = 10^{-10.26}$$

由此可见，在 EDTA 的水溶液中，存在 H_6Y^{2+}、H_5Y^+、H_4Y、H_3Y^-、H_2Y^{2-}、HY^{3-}、Y^{4-} 七种形式。它们的分布分数 δ 与溶液的 pH 值有关，图 9-2 为 EDTA 在不同 pH 值时各种存在形式的分布情况。

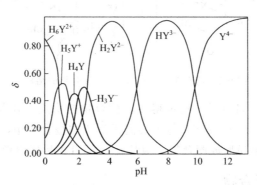

图 9-2　EDTA 各种存在形式的分布图

可以看出，不论 H_4Y 还是 Na_2H_2Y，在 pH<1 的强酸溶液中，主要以 H_6Y^{2+} 形式存在；在 pH=1～1.6 的溶液中，主要以 H_5Y^+ 形式存在；在 pH=1.6～2.0 的溶液中，主要以 H_4Y 形式存在；在 pH=2.0～2.67 的溶液中，主要以 H_3Y^- 形式存在；在 pH=2.67～6.16 的溶液中，主要以 H_2Y^{2-} 形式存在；在 pH=6.16～10.26 的溶液中，主要以 HY^{3-} 形式存在；只有在 pH>10.26 碱性溶液中，主要以 Y^{4-} 形式存在；在 pH 值很大（≥12）时才几乎完全以 Y^{4-} 形式存在。

（三）EDTA 与金属离子形成螯合物的特点

EDTA 是一个六齿配位剂，与金属离子形成螯合物时，它的 N 原子和 O 原子与金属离子结合形成稳定的螯合物。它的螯合物具有以下特点。

① 计量关系简单。EDTA 与多数金属离子形成 1∶1 配合物。
② 稳定性高。EDTA 与金属离子配位时形成五个五元环的稳定螯合物。
③ 生成的配合物易溶于水，且大多数配位反应快，瞬间就可完成。
④ EDTA 与无色的金属离子形成无色的配合物，与有色的金属离子则形成颜色更深的螯合物，若螯合物的颜色太深，会使目测终点发生困难，因此滴定这些离子时，试液的浓度不能过大。
⑤ EDTA 几乎可以与所有金属离子形成配合物，因此，其应用非常广泛，但其选择性较差。

（四）EDTA 的配位平衡

1. 配合物的稳定常数

EDTA 与金属离子 M 形成 1∶1 配合物 MY，其主反应如下（反应式中略去离子电荷）：

$$M + Y \rightleftharpoons MY$$

反应达到平衡时配合物的稳定常数为：

$$K_{MY} = \frac{[MY]}{[M][Y]} \tag{9-1}$$

EDTA 与常见金属离子的配合物的稳定常数见表 9-1。

表 9-1　EDTA 与一些常见金属离子的配合物的稳定常数（20℃）

金属离子	$\lg K_{MY}$	金属离子	$\lg K_{MY}$	金属离子	$\lg K_{MY}$	金属离子	$\lg K_{MY}$
Na^+	1.66	Mn^{2+}	13.87	Zn^{2+}	16.50	Ti^{3+}	21.3
Li^+	2.79	Fe^{2+}	14.33	Pb^{2+}	18.04	Hg^{2+}	21.8
Ag^+	7.32	La^{3+}	15.50	Y^{3+}	18.09	Sn^{2+}	22.1
Ba^{2+}	7.86	Ce^{4+}	15.98	VO_2^+	18.1	Th^{4+}	23.2
Mg^{2+}	8.69	Al^{3+}	16.3	Ni^{2+}	18.60	Cr^{3+}	23.4
Sr^{2+}	8.73	Co^{2+}	16.31	VO^{2+}	18.8	Fe^{3+}	25.1
Be^{2+}	9.20	Pt^{2+}	16.31	Cu^{2+}	18.80	Bi^{3+}	27.94
Ca^{2+}	10.69	Cd^{2+}	16.46	Ga^{2+}	20.3	Co^{3+}	36.0

2. 副反应和副反应系数

在配位滴定中，主反应是被测金属离子 M 和配位剂 Y 配位生成配合物 MY，同时，溶液中还可能存在以下副反应：

$$\text{主反应}\quad M + Y \rightleftharpoons MY$$

副反应：
- M 侧：L（辅助配位效应）→ ML ⋯ ML_n；OH（羟基配位效应）→ M(OH) ⋯ $M(OH)_n$
- Y 侧：H（酸效应）→ HY ⋯ H_6Y；N（干扰离子效应）→ NY
- MY 侧：H → MHY；OH → M(OH)Y（混合配位效应）

反应物 M 与 H^+ 或干扰离子、金属离子与 OH^- 或辅助配位剂 L 发生的副反应，均不利于主反应的进行，而反应产物 MY 发生的各种副反应，有利于主反应的进行。M、Y 及 MY 各种副反应进行的程度，可由其副反应系数显示出来。下面对酸效应和配位效应分别加以讨论。

(1) EDTA 的酸效应与酸效应系数 $\alpha_{Y(H)}$　由于 H^+ 与 Y 之间发生副反应，从而使 EDTA 参与主反应的配位能力下降，这种现象称为酸效应。在水溶液中，EDTA 有七种存在形式，因此未与 M 配位的 EDTA 浓度应等于以上七种形式浓度的总和，以 $[Y']$ 表示：

$$[Y']=[Y^{4-}]+[HY^{3-}]+[H_2Y^{2-}]+[H_3Y^-]+[H_4Y]+[H_5Y^+]+[H_6Y^{2+}]$$

当 H^+ 与 Y 之间发生酸效应，其影响程度的大小，用酸效应系数 $\alpha_{Y(H)}$ 来衡量。

$$\alpha_{Y(H)}=\frac{[Y']}{[Y]} \tag{9-2}$$

$$\begin{aligned}\alpha_{Y(H)}&=\frac{[Y']}{[Y]}=\frac{[Y]+[HY]+[H_2Y]+[H_3Y]+[H_4Y]+[H_5Y]+[H_6Y]}{[Y]}\\&=1+\frac{[H^+]}{K_6}+\frac{[H^+]^2}{K_6K_5}+\frac{[H^+]^3}{K_6K_5K_4}+\frac{[H^+]^4}{K_6K_5K_4K_3}+\\&\quad\frac{[H^+]^5}{K_6K_5K_4K_3K_2}+\frac{[H^+]^6}{K_6K_5K_4K_3K_2K_1}\end{aligned} \tag{9-3}$$

在温度一定时，$\alpha_{Y(H)}$ 是 $[H^+]$ 的函数，酸度越大，$\alpha_{Y(H)}$ 值越大，表示 Y 参加配位反应的浓度越小，酸效应引起的副反应越严重。当 pH≥12 时，$[Y]≈[Y']$，$\alpha_{Y(H)}≈1$，几乎无副反应发生。表 9-2 为不同 pH 下对应的 $\lg\alpha_{Y(H)}$ 值。

表 9-2 不同 pH 时的 $\lg\alpha_{Y(H)}$

pH	$\lg\alpha_{Y(H)}$	pH	$\lg\alpha_{Y(H)}$	pH	$\lg\alpha_{Y(H)}$	pH	$\lg\alpha_{Y(H)}$	pH	$\lg\alpha_{Y(H)}$
0.0	23.64	2.4	12.19	4.8	6.84	7.0	3.32	9.4	0.92
0.4	21.32	2.8	11.09	5.0	6.45	7.4	2.88	9.8	0.59
0.8	19.08	3.0	10.60	5.4	5.69	7.8	2.47	10.0	0.45
1.0	18.01	3.4	9.70	5.8	4.98	8.0	2.27	10.5	0.20
1.4	16.02	3.8	8.85	6.0	4.65	8.4	1.87	11.0	0.07
1.8	14.27	4.0	8.44	6.4	4.06	8.8	1.48	12.0	0.01
2.0	13.51	4.4	7.64	6.8	3.55	9.0	1.28	13.0	0.00

(2) 金属离子的配位效应与配位效应系数 $\alpha_{M(L)}$ 如果溶液中存在其他配位剂 L 时，M 与 L 发生副反应，使 M 参加主反应能力降低的现象称为配位效应，其影响程度的大小可用配位效应系数 $\alpha_{M(L)}$ 来衡量。设 [M] 为游离金属离子的浓度，[M′] 为 M 未与 Y 配位的 M 各种存在形式的总浓度：

$$\alpha_{M(L)} = \frac{[M']}{[M]} = \frac{[M]+[ML]+[ML_2]+\cdots+[ML_n]}{[M]}$$

$$= 1 + [L]K_1 + [L]^2 K_1 K_2 + \cdots + [L]^n K_1 K_2 \cdots K_n \tag{9-4}$$

式中，K_1，K_2，$\cdots$，K_n 为配合物 ML_n 的各级稳定常数，当其他配位体的浓度越大，或其配合物 ML_n 稳定常数越大，$\alpha_{M(L)}$ 越大，配位效应越严重，越不利于主反应进行。只有 $\alpha_{M(L)}=1$ 时，[M′]=[M]，金属离子才没副反应发生。

3. 条件稳定常数

金属离子 M 与滴定剂 Y 反应时，如果没有副反应发生，M 与 Y 反应进行的程度可用稳定常数 K_{MY} 表示，它不受溶液的浓度、酸度等外界条件的影响，K_{MY} 值越大，配合物越稳定。

$$K_{MY} = \frac{[MY]}{[M][Y]} \tag{9-5}$$

但在实际工作中，副反应是不可避免的，从而影响主反应的进行，因此稳定常数 K_{MY} 不能客观地反映主反应进行的程度，因此引入条件稳定常数 K'_{MY}。

$$K'_{MY} = \frac{[MY']}{[M'][Y']} \tag{9-6}$$

将 $\alpha_{Y(H)} = \frac{[Y']}{[Y]}$，$\alpha_{M(L)} = \frac{[M']}{[M]}$，$\alpha_{MY} = \frac{[MY']}{[MY]}$ 代入得：

$$K'_{MY} = \frac{\alpha_{MY}[MY]}{\alpha_M [M] \alpha_Y [Y]} = K_{MY} \frac{\alpha_{MY}}{\alpha_M \alpha_Y}$$

即

$$\lg K'_{MY} = \lg K_{MY} - \lg\alpha_M - \lg\alpha_Y + \lg\alpha_{MY} \tag{9-7}$$

在一定条件下，α_M、α_Y 和 α_{MY} 均为定值，因此 K'_{MY} 是个常数，它是用副反应系数校正后的实际稳定常数。虽然影响配合滴定主反应完全程度的因素很多，而最严重的往往是 EDTA 的酸效应，若忽略其他副反应的影响，则：

$$\lg K'_{MY} = \lg K_{MY} - \lg\alpha_Y \tag{9-8}$$

上式表明了条件稳定常数随酸度的不同而改变，其大小反映了在相应的 pH 条件下形成的配合物的实际稳定程度，也是判断滴定可能性的重要依据。

【例 9-1】 若只考虑酸效应，计算 pH=2.0 和 pH=5.0 时 ZnY 的 $\lg K'_{MY}$。

解： 在 pH=2.0 时，查表得 $\lg \alpha_{Y(H)}=13.51$，$\lg K_{ZnY}=16.50$，代入式(9-8)得：
$$\lg K'_{MY}=\lg K_{MY}-\lg \alpha_Y=16.50-13.51=2.99$$

在 pH=5.0 时，查表得 $\lg \alpha_{Y(H)}=6.45$，$\lg K_{ZnY}=16.50$，代入式(9-8)得：
$$\lg K'_{MY}=\lg K_{MY}-\lg \alpha_Y=16.50-6.45=10.05$$

由以上计算可知，在 pH=5.0 时生成的配合物 ZnY 比在 pH=2.0 时生成的稳定得多，因此要使滴定反应趋于完全，必须控制适宜的 pH 条件。

第四节　配位滴定法

一、配位滴定法概述

配位滴定法是以配位反应为基础的滴定分析方法。能够用于配位滴定的反应必须具备以下条件。

① 形成的配位化合物要足够稳定，即 $K_稳$ 要大，一般要求 $K_稳 \geqslant 10^8$。
② 配位数必须恒定，即中心离子与配位剂应严格按照一定比例结合。
③ 反应要完全，反应速率要快。
④ 有适当的指示剂或其他方法确定化学计量点的到达。

在配位滴定中，目前应用最多的滴定剂是 EDTA 等氨羧类配位剂。

二、配位滴定原理

（一）配位滴定曲线

在配位滴定中，以 EDTA 的加入量为横坐标，金属离子浓度的负对数 pM 为纵坐标作图，反映滴定过程中金属离子的浓度随着滴定剂的加入量而变化的曲线，称为配位滴定曲线。表 9-3 是 0.01000mol/L EDTA 滴定 20.00mL 0.01000mol/L Ca^{2+} 过程中溶液中 $[Ca^{2+}]$ 和 pCa 的计算结果。

表 9-3　0.01000mol/L EDTA 滴定 20.00mL 0.01000mol/L Ca^{2+} 计算数据

加入 EDTA 量		被滴定 Ca^{2+} /%	过量 EDTA /%	$[Ca^{2+}]$ /(mol/L)	pCa
体积/mL	相当于 Ca^{2+}/%				
0.00	0.0			0.01	2.0
18.00	90.0	90.0		5.3×10^{-4}	3.3
19.80	99.0	99.0		5.0×10^{-5}	4.3
19.98	99.9	99.9		5.0×10^{-6}	5.3
20.00	100.0	100.0		5.3×10^{-7}	6.3
20.02	100.1		0.1	5.6×10^{-8}	7.3
20.20	101.0		1.0	5.6×10^{-9}	8.3
22.00	110.0		10.0	5.6×10^{-10}	9.3
40.00	200.0		100.0	5.6×10^{-11}	10.3

由图 9-3 可见，当加入 EDTA 的量为 99.9%~100.1% 时，滴定曲线 pCa 值由 5.3 变为

7.3，pCa 值产生突跃，突跃范围为 2.0 个 pM 单位。在配位滴定中，同酸碱滴定一样，都希望滴定曲线有较大的突跃，以利于提高滴定的准确度。影响配位滴定的突跃的大小取决于配合物的条件稳定常数和金属离子的起始浓度。配合物的条件稳定常数越大，滴定的突跃范围越大；当条件稳定常数一定时，金属离子的起始浓度越大，滴定的突跃范围越大。

(二) 配位滴定中酸度的控制

一种金属离子能否被滴定取决于滴定时突跃范围的大小，而突跃范围取决于 c_M 和 K'_{MY}，实验证明，只有当 $\lg c_M K'_{MY} \geqslant 6$，金属离子才能被准确滴定。

如果不考虑其他配位剂所引起的副反应，条件稳定常数 $\lg K'_{MY}$ 主要取决于溶液的酸度，当溶液的酸度高于某一限度时，金属离子就不能被准确滴定，这一限度就是配位滴定允许的最低 pH 值 (最高酸度)。根据条件稳定常数关系式，则有：

$$\lg K'_{MY} = \lg K_{MY} - \lg \alpha_{Y(H)}$$
$$\lg c_M + \lg K_{MY} - \lg \alpha_{Y(H)} \geqslant 6 \tag{9-9}$$

一般 c_M 在 0.01 mol/L 左右，可得：

$$\lg \alpha_{Y(H)} \leqslant \lg K_{MY} - 8 \tag{9-10}$$

由上式可计算出 $\lg \alpha_{Y(H)}$，从表 9-2 查得对应 pH 值，即为最低 pH 值 (最高酸度)。

若以金属离子的稳定常数的对数值为横坐标，滴定允许的最低 pH 值为纵坐标，绘制的曲线称为酸效应曲线，如图 9-4 所示。

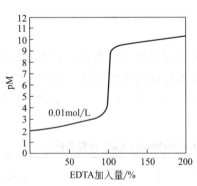

图 9-3 0.01000mol/L EDTA 滴定
0.01000mol/L Ca^{2+} 滴定曲线

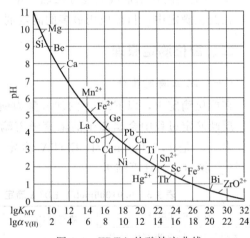

图 9-4 EDTA 的酸效应曲线

在配位滴定过程中 pH 值越大，EDTA 的酸效应越弱，$\lg K'_{MY}$ 增大，配合物越稳定，EDTA 与被测离子反应越完全，滴定的突跃范围也越大。但随着 pH 值的增大，金属离子可能会发生水解，生成多羟基配合物，甚至生成氢氧化物沉淀，影响滴定反应的进行，因此应控制 pH 值使金属离子不发生水解，即为最低酸度 (最大 pH 值)。在没有辅助配位剂存在时，准确滴定某一金属离子的最低酸度 (最大 pH 值) 通常由金属离子氢氧化物的溶度积常数粗略求得。因此实际测定某金属离子时，应有一个最适宜酸度的范围。

【例 9-2】 计算用 0.01 mol/L EDTA 滴定 0.01 mol/L Fe^{3+} 离子溶液时的适宜酸度。

解：查表 9-1 得：

$$\lg K_{FeY} = 25.1$$

由式(9-9) 得：
$$\lg c_M + \lg K_{MY} - \lg \alpha_{Y(H)} \geqslant 6$$
$$\lg \alpha_{Y(H)} \leqslant \lg c_M + \lg K_{MY} - 6 = \lg 0.01 + 25.1 - 6 = 17.1$$

查表 9-2，用内插法求得滴定 0.01mol/L Fe^{3+} 溶液允许的最高酸度，即：
$$pH > 1.2$$

由金属离子氢氧化物的溶度积常数求得 Fe^{3+} 溶液允许的最低酸度，查表得：
$$K_{sp} = 3.5 \times 10^{-38}$$
$$[OH^-] = \sqrt[3]{\frac{K_{sp}}{[Fe^{3+}]}} = \sqrt[3]{\frac{3.5 \times 10^{-38}}{0.01}} = 1.5 \times 10^{-12}$$
$$pH = 14 - pOH = 14 - 11.8 = 2.2$$

滴定 Fe^{3+} 离子溶液时的适宜酸度范围为 pH=1.2~2.2。

三、金属指示剂

在配位滴定中，广泛使用金属指示剂来确定滴定终点。

(一) 金属指示剂的作用原理

金属指示剂（In）是一些有机的配位剂，在一定的 pH 值下，能和金属离子生成有色的配合物（MIn），其颜色与游离指示剂本身颜色有显著差别，从而指示滴定的终点。

$$\text{In} + \text{M} \rightleftharpoons \text{MIn}$$
$$\quad\text{甲色}\qquad\quad\text{乙色}$$

在滴定开始时，少量的金属离子 M 和金属指示剂 In 结合生成 MIn，溶液呈乙色，随着 EDTA 的加入，游离的金属离子逐渐被 EDTA 配位生成 MY。到终点时，金属离子 M 几乎全部被配位，此时继续加入 EDTA，由于配合物 MY 的稳定性大于 MIn，稍过量的 EDTA 就夺取 MIn 中金属离子 M，使指示剂游离出来，溶液颜色突变为甲色，指示到达终点。

$$\text{MIn} + \text{Y} \rightleftharpoons \text{In} + \text{MY}$$
$$\quad\text{乙色}\qquad\qquad\text{甲色}$$

(二) 金属指示剂应具备的条件

金属指示剂大多数是水溶性的有机染料，它应具备下列条件。

① 金属指示剂与金属离子形成的配合物 MIn 的颜色应与金属指示剂 In 本身的颜色显著不同，这样到达终点时的颜色变化才明显。

② 金属指示剂与金属离子之间的反应要灵敏、迅速，变色的可逆性好。

③ 金属指示剂与金属离子形成的配合物要有适当的稳定性。如果 MIn 稳定性太差，则在化学计量点前，MIn 就会分解，使终点会提前出现。MIn 的稳定性又不能太强，以免到达化学计量点时 EDTA 仍不能将指示剂取代出来，不发生颜色变化，终点延后。因此 MIn 稳定性必须小于该金属离子与 EDTA 形成配合物的稳定性，一般要求二者稳定性应相差 100 倍以上。

④ 金属指示剂还应具有一定的选择性。

此外金属指示剂还应易溶于水，性质比较稳定，便于贮存和使用。如铬黑 T、钙指示剂的水溶液均易氧化变质，所以常配成固体混合物或用具有还原性的溶液来配制溶液。在配制铬黑 T 时，常加入盐酸羟胺等还原剂。

(三) 使用金属指示剂应注意的问题

1. 指示剂使用的pH范围

金属指示剂为有机弱酸（或弱碱），其颜色的变化随着溶液pH的不同而不同，因此金属指示剂有各自使用的pH范围。例如，常用金属指示剂铬黑T（EBT）在水溶液中，当pH<6时，其游离态为红色；当pH>12时，游离态呈橙色；当pH=8～11时，游离指示剂的颜色显蓝色。而铬黑T与金属离子形成的配合物（M-EBT）的颜色为酒红色。所以铬黑T适宜在pH为8～11范围内使用。

2. 指示剂的封闭现象

某些金属指示剂与金属离子形成配合物（MIn）比其与EDTA形成配合物（MY）稳定，以致到达化学计量点时，过量的EDTA不能夺取MIn中的金属离子，使溶液一直呈现MIn的颜色，无法指示终点，这种现象称为指示剂的封闭现象。例如，在pH=10时，以铬黑T为指示剂用EDTA测定Ca^{2+}、Mg^{2+}含量时，Al^{3+}、Fe^{3+}、Cu^{2+}等对铬黑T封闭作用，致使终点无法确定，可以加入掩蔽剂三乙醇胺，消除Al^{3+}、Fe^{3+}对铬黑T封闭作用，加入沉淀剂Na_2S可以消除Cu^{2+}对铬黑T封闭作用。

3. 指示剂的僵化现象

有些金属指示剂或金属指示剂配合物在水中的溶解度太小，使得滴定剂EDTA与金属指示剂配合物MIn交换缓慢，终点拖长，这种现象称为指示剂僵化。可以通过加入有机溶剂或加热以增大其溶解度。

4. 指示剂的氧化变质现象

金属指示剂大多为具有双键的有色化合物，易被日光、氧化剂、空气所分解。有些在水溶液中不稳定，日久会变质。

常用的金属指示剂见表9-4。

表9-4 常用的金属指示剂

金属指示剂	适宜pH范围	颜色变化 In	颜色变化 MIn	直接滴定的离子
铬黑T(EBT)	8～10	蓝	红	Mg^{2+}、Zn^{2+}、Cd^{2+}、Pb^{2+}、稀土离子
二甲酚橙(XO)	<6	亮黄	红	pH<1，ZrO^{2+} pH=1～3.5，Bi^{3+}、Th^{4+} pH=5～6，Tl^{3+}、Zn^{2+}、Pb^{2+}、Cd^{2+}、Hg^{2+}等离子
钙指示剂(NN)	12～13	蓝	红	Ca^{2+}
酸性铬蓝K	8～13	蓝	红	Ca^{2+}、Mg^{2+}、Zn^{2+}、Mn^{2+}
磺基水杨酸	1.5～2.5	无色	紫红	Fe^{3+}
PAN	2～12	黄	紫红	pH=2～3，Bi^{3+}、Th^{4+} pH=4～5，Cu^{2+}、Ni^{2+}、Pb^{2+}、Cd^{2+}、Zn^{2+}、Mn^{2+}、Fe^{2+}

四、提高配位滴定选择性的方法

由于EDTA能和大多数金属离子形成稳定的配合物，因此得到广泛应用，而在实际分析过程中，测定的试液中往往同时存在多种金属离子，在滴定时可能相互干扰。因此如何减少或消除共存离子的干扰，是配位滴定要解决的重要问题。

（一）混合离子准确滴定的条件

在配位滴定中一种离子被准确滴定必须满足 $\lg c_M K'_{MY} \geqslant 6$ 的条件，若溶液中存在两种以上的金属离子 M、N 共存时，相互是否干扰取决于两者（M、N）与 EDTA 形成配合物的稳定常数 K 及浓度 c。一般情况下，离子 N 不干扰离子 M 的测定，还必须满足：

$$\frac{c_M K'_{MY}}{c_N K'_{NY}} \geqslant 10^5 \tag{9-11}$$

或

$$\lg c_M K'_{MY} - \lg c_N K'_{NY} \geqslant 5 \tag{9-12}$$

因此，在含有金属离子 M、N 两种离子的溶液中，要准确滴定 M 同时 N 不产生干扰，必须同时满足下列条件：

$$\lg c_M K'_{MY} - \lg c_N K'_{NY} \geqslant 5 \quad 且 \quad \lg c_N K'_{NY} \leqslant 1$$

由此可见，提高配位滴定选择性的主要途径是降低干扰离子的浓度或降低 NY 的稳定性，可以通过控制溶液的酸度或掩蔽离子等手段来实现。

（二）控制溶液酸度

不同的金属离子和 EDTA 形成的配合物的稳定常数不同，因此滴定时所允许的最小 pH 值不同，当溶液中有两种以上的金属离子共存时，这时可通过控制酸度，满足上述条件，使 M 准确滴定，不受 N 的干扰，或可以依次测出各组分的含量。

在连续滴定中，首先被测定的应是 K_{MY} 最大的那种金属离子。可通过计算确定 M 的 pH 范围（在此 pH 范围，只有该种金属离子与 EDTA 形成配合物，其他金属离子与 EDTA 不配位）。选择指示剂，按照与单组分测定相同的方式进行测定。

（三）掩蔽干扰离子

如果金属离子和干扰离子与 EDTA 形成配合物的稳定性相近，就无法利用控制酸度进行准确滴定。通常通过加入掩蔽剂使其和干扰离子反应，降低干扰离子的浓度，从而消除干扰影响。

1. 配位掩蔽法

利用掩蔽剂和干扰离子生成更稳定的配合物。例如，用 EDTA 测定水中的 Ca^{2+}、Mg^{2+} 含量时，Al^{3+}、Fe^{3+} 对测定有干扰，可先在水样中加入掩蔽剂三乙醇胺，使其和 Al^{3+}、Fe^{3+} 生成更稳定的配合物，从而消除 Al^{3+}、Fe^{3+} 的干扰，然后再调节溶液 pH=10，测定水的总硬度。

又如，在 Al^{3+} 和 Zn^{2+} 共存时，可用 NH_4F 掩蔽 Al^{3+}，使其生成稳定的 AlF_6^{3-} 配离子，调节 pH=5~6，用 EDTA 滴定 Zn^{2+}。

2. 沉淀掩蔽法

利用掩蔽剂与干扰离子形成沉淀，降低干扰离子的浓度，消除干扰。例如，用 EDTA 测定水中的 Ca^{2+} 硬度时，加入 NaOH 溶液调节溶液 pH>12，Mg^{2+} 生成 $Mg(OH)_2$ 沉淀，从而不干扰 EDTA 滴定 Ca^{2+}。

3. 氧化还原掩蔽法

利用氧化还原反应改变干扰离子的价态，以消除其干扰。例如，测定 Fe^{3+}、Bi^{3+} 混合液中 Bi^{3+} 的含量时，Bi^{3+} 和 EDTA 生成的配合物的稳定常数与 Fe^{3+} 和 EDTA 生成的配合物的稳定常数相差不大。此时可加入抗坏血酸或羟胺，将 Fe^{3+} 还原为 Fe^{2+}。由于 Fe^{2+} 和

EDTA 生成的配合物的稳定常数比 Fe^{3+} 和 EDTA 生成的配合物的稳定常数小得多,因而能消除干扰。

4. 化学分离法

如果控制酸度、掩蔽等方法仍不能消除干扰,那么就需要对样品进行预处理,将干扰组分分离,或者更换滴定剂,或者改用其他分析方法。

除 EDTA 外,还有其他许多配位剂与金属离子形成稳定性不同的配合物,因此可以选择不同配位剂进行滴定,从而提高滴定的选择性。如 EGTA 可以在 Ca^{2+}、Mg^{2+} 共存时,直接滴定 Ca^{2+}。EDTP 可以在 Zn^{2+}、Cd^{2+}、Mn^{2+} 及 Mg^{2+} 离子存在下,直接滴定 Cu^{2+} 等。

五、配位滴定法的应用

(一) EDTA 标准溶液的配制与标定

乙二胺四乙酸难溶于水,在分析中通常使用其二钠盐配制标准溶液。而乙二胺四乙酸二钠盐提纯方法较为复杂,在实验室中常采用间接法配制。

标定 EDTA 溶液常用的基准物质有 Zn、ZnO、$CaCO_3$、Bi、Cu、MgO、Ni、Pb 等。实验室多采用金属 Zn 为基准物质,先用稀盐酸洗涤金属 Zn 2~3 次。除去表面氧化层,然后用蒸馏水洗净,再用丙酮漂洗 2 次,烘干备用。

标定时可选用二甲酚橙(XO)为指示剂,在 pH=5~6 的条件下标定,终点由红色突变为亮黄色。若选用铬黑 T(EBT)为指示剂,在 pH=10 的 $NH_3 \cdot H_2O$-NH_4Cl 缓冲溶液中进行滴定,终点由酒红色突变为纯蓝色。

(二) 水的硬度的测定

水的硬度是指水中除碱金属外的全部金属离子浓度的总和。通常以水中 Ca^{2+}、Mg^{2+} 的总量表示,把水中 Ca^{2+}、Mg^{2+} 的总量折算成 CaO 或 $CaCO_3$ 来计算水的硬度。水的硬度通常有两种表示方法:一种以每升水中含 CaO 或 $CaCO_3$ 的质量来表示,单位是 mg/L;另一种用"度"来表示,以每升水中含 10mg CaO 为 1°(1 度)。国家标准规定饮用水硬度以 $CaCO_3$ 计,不能超过 450mg/L。

1. 总硬度的测定

以铬黑 T(EBT)为指示剂,在 pH=10 的 $NH_3 \cdot H_2O$-NH_4Cl 缓冲溶液中进行直接滴定。根据所消耗 EDTA 标准溶液的体积及其浓度,可计算出:

$$\text{总硬度(以 } CaCO_3 \text{ 计,mg/L)} = \frac{V_1 c(\text{EDTA}) M(CaCO_3)}{V_\text{水}} \times 1000$$

式中　　c——EDTA 标准溶液的浓度,mol/L;

　　　　V_1——测定总硬度时消耗 EDTA 标准溶液的体积,L;

　　　　$V_\text{水}$——测定时水样的体积,L;

　　　　$M(CaCO_3)$——$CaCO_3$ 的摩尔质量,g/mol。

2. 钙、镁硬度的测定

用 10% 的 NaOH 溶液,调节溶液 pH=12,使 Mg^{2+} 生成 $Mg(OH)_2$ 沉淀,然后加钙指示剂,用 EDTA 标准溶液直接滴定,EDTA 首先和游离的 Ca^{2+} 结合,然后夺取和钙指示剂结合的 Ca^{2+},释放出指示剂,溶液由酒红色变为纯蓝色,即为终点。

$$钙硬度(\text{mg/L}) = \frac{V_2 c(\text{EDTA}) M(\text{Ca})}{V_{水}} \times 1000$$

$$镁硬度(\text{mg/L}) = \frac{(V_1 - V_2) c(\text{EDTA}) M(\text{Mg})}{V_{水}} \times 1000$$

式中　$c(\text{EDTA})$——EDTA 标准溶液的浓度，mol/L；

$\quad\quad V_1$——滴定 Ca^{2+}、Mg^{2+} 总含量时消耗 EDTA 的体积，L；

$\quad\quad V_2$——滴定 Ca^{2+} 的含量时消耗 EDTA 的体积，L；

$\quad\quad V_{水}$——测定时水样的体积，L；

$\quad M(\text{Ca})$——Ca 的摩尔质量，g/mol；

$\quad M(\text{Mg})$——Mg 的摩尔质量，g/mol。

（三）铝盐中 Al^{3+} 含量的测定

由于 Al^{3+} 与 EDTA 配位反应速率太慢，需要加热才能配合完全，且 Al^{3+} 对二甲酚橙、铬黑 T 等指示剂有封闭作用，在 pH 值不高时，Al^{3+} 易水解，因此 Al^{3+} 不能用 EDTA 直接滴定进行测定，通常采用返滴定法进行测定。

在含 Al^{3+} 的试液中，定量、过量加入 EDTA 标准溶液，在 pH=3.5 时煮沸溶液数分钟，促使 Al^{3+} 和 EDTA 完全反应，将溶液冷却后，用缓冲溶液 HAc-NaAc 调节 pH=5~6，加入二甲酚橙指示剂，用 Zn^{2+} 标准溶液返滴过量的 EDTA。终点时溶液颜色由亮黄色变为微红色。根据加入的 EDTA 的物质的量和返滴剩余的 EDTA 用去的 Zn^{2+} 的物质的量，即可求出试样中 Al^{3+} 的含量。

本章要点

一、配合物的基本概念

① 配合物：由中心离子（或原子）与配位体以配位键结合形成的复杂化合物。

② 配位体：在配合物中提供孤对电子的分子或离子。

③ 中心离子（原子）：在配合物中接受孤对电子的离子或原子。

④ 配位数：配合物中直接与中心离子（原子）配位的原子总数。

⑤ 配合物的命名：配合物的命名一般遵循无机化合物的命名原则，阴离子在前，阳离子在后，称为某化某、某酸某和某某酸等。

二、配位平衡

1. 配位平衡及平衡移动

在一定的条件下，配离子与中心离子、配位体之间在溶液中能建立起一个配位平衡。配位平衡的移动遵循化学平衡移动的原理。

2. 配离子的稳定常数

$K_{稳}$ 值越大，说明配位反应进行得越完全，配离子离解的倾向越小，即配离子越稳定。

三、EDTA 的配位平衡

1. EDTA 的离解平衡

EDTA 在水溶液中有七种形式，只有 Y^{4-} 是有效存在方式，只有在 pH 值很大（≥12）时，EDTA 才几乎完全以 Y^{4-} 形式存在。

2. 酸效应及酸效应系数 $\alpha_{Y(H)}$

$\alpha_{Y(H)}$是[H^+]的函数,酸度越大,$\alpha_{Y(H)}$值越大,表示参加配位反应的 Y 浓度越小,酸效应引起的副反应越严重。

3. 条件稳定常数 K'_{MY}

$$\lg K'_{MY} = \lg K_{MY} - \lg \alpha_Y$$

四、配位滴定

1. 配位滴定的突跃范围

配位滴定的突跃的大小取决于配合物的条件稳定常数和金属离子的起始浓度。配合物的条件稳定常数越大,滴定的突跃范围越大;当条件稳定常数一定时,金属离子的起始浓度越大,滴定的突跃范围越大。

2. 单一离子被准确滴定的条件

$$\lg c_M K'_{MY} \geqslant 6$$

3. 配位滴定中酸度的控制

① 最高允许酸度:$\lg \alpha_{Y(H)} \leqslant \lg K_{MY} - \lg c_M - 6$。

② 最低允许酸度:由金属离子氢氧化物的溶度积常数粗略求得。

五、金属指示剂

1. 金属指示剂的作用原理

金属指示剂(In)是一些有机的配位剂,在一定的 pH 值下,能和金属离子生成有色的配合物(MIn),其颜色与游离指示剂本身颜色有显著差别,从而指示滴定的终点。

2. 金属指示剂应具备的条件

In 和 MIn 的颜色要有显著差别;显色反应要灵敏、迅速、变色的可逆性好;金属指示剂与金属离子形成的配合物要有适当的稳定性。

3. 常用金属指示剂

① 铬黑 T(EBT):pH=8~10,常测定 Mg^{2+}、Zn^{2+}、水中钙、镁离子的总量等。

② 钙指示剂(NN):pH=12~13,常测定 Ca^{2+}。

③ 二甲酚橙(XO):pH<6,常测定 Zn^{2+}、Pb^{2+}。

习 题

1. EDTA 和金属离子形成的配合物有何特点?
2. 在配位滴定中应如何全面考虑滴定时溶液的酸度?
3. 试比较酸碱滴定和配位滴定,说明它们的相同点和不同点?
4. 完成下表

配合物	命名	中心离子	配位数	配位体	配位原子
[$Ag(NH_3)_2$]OH					
K_3[$Fe(CN)_6$]					
H_2[$PtCl_6$]					
[$Co(en)_3$]Cl_2					
[$CrCl(NH_3)_5$]Cl_2					
[$Fe(CO)_5$]					
K_2[HgI_4]					

5. 完成下表

配合物名称	化学式	中心离子	配位数
氯化六氨合镍(Ⅱ)			
氯化二氯·四水合铬(Ⅲ)			
硫酸二乙二胺合铜(Ⅱ)			
氢氧化二羟·四水合铝(Ⅲ)			
氯化二氯·三氨·一水合钴(Ⅲ)			
四羰基合镍			

6. 组成相同的三种配合物化学式为 $CrCl_3·6H_2O$，其颜色各不相同。分别加入足量的 $AgNO_3$ 后，亮绿色者有 2/3 的氯沉淀析出；暗绿色者有 1/3 的氯沉淀析出；紫色者能沉淀出全部的氯。请分别写出它们的结构式。

7. 有一配合物，其元素组成的质量分数为硫 11.6%，氢 5.4%，氧 23.2%，氮 25.4%，钴 21.4%，氯 13.0%。该配合物的水溶液与硝酸银溶液不生成沉淀，但与氯化钡溶液生成沉淀。若其化学式量为 275.5，试写出其化学式。

8. 在 $0.1mol/L[Ag(NH_3)_2]^+$ 溶液中含有浓度为 1.0mol/L 的氨水，试计算溶液中 Ag^+ 的浓度。

9. (1) 求 0.01000mol/L EDTA 标准溶液滴定同浓度的 Zn^{2+} 离子溶液时的最高允许酸度。
(2) 试计算用 0.01000mol/L EDTA 标准溶液滴定同浓度的 Pb^{2+} 离子溶液时的适宜酸度范围。

10. 用纯的 $CaCO_3$ 标定 EDTA 溶液。称取 0.1005g 纯的 $CaCO_3$ 溶解后，用容量瓶配成 100mL 溶液，吸取 25.00mL，在 pH=12 时，用钙指示剂指示终点，用待标定的 EDTA 滴定，消耗 24.50mL。
(1) 计算 EDTA 的物质的量浓度。
(2) 计算 EDTA 对 ZnO 和 Fe_2O_3 的滴定度。

11. 某印染厂购进一批氯化锌原料，用 EDTA 法测定 $ZnCl_2$ 含量。称取 0.2500g 试样，溶于水后稀释到 250.00mL，吸取 25.00mL，在 pH=5~6 时，用二甲酚橙作指示剂，用 0.01024mol/L EDTA 滴定，消耗 17.61mL。计算试样中 $ZnCl_2$ 的质量分数。

12. 用 0.01860mol/L EDTA 标准溶液测定水中的钙和镁的含量，取 100.0mL 水样，以铬黑 T 为指示剂，在 pH=10 时滴定，消耗 EDTA 20.30mL。另取一份 100.0mL 水样，加 NaOH 调节溶液呈强碱性 (pH=12)，使 Mg^{2+} 转化为 $Mg(OH)_2$ 沉淀，加入钙指示剂，用 EDTA 滴定，消耗 13.20mL。计算：
(1) 水的总硬度（以 $CaCO_3$ mg/L 表示）。
(2) 水中钙和镁的含量（以 $CaCO_3$ mg/L 和 $MgCO_3$ mg/L 表示）。

13. 欲测定有机试样中的磷含量，取含磷试样 0.1084g，处理溶解后，使磷氧化成 PO_4^{3-}，加镁混合试剂，使其转变成 $MgNH_4PO_4$ 沉淀。沉淀经过滤、洗涤后再溶解，在 pH=10 时滴定，用铬黑 T 作指示剂，以 0.01004mol/L EDTA 标准溶液滴定，用去 21.04mL，求试样中磷的质量分数。

14. 称取 1.2500g 含铝试样，溶解后加入 0.05000mol/L 的 EDTA 标准溶液 25.00mL，调节溶液 pH=5~6，以二甲酚橙为指示剂，用 0.02000mol/L Zn^{2+} 标准溶液进行返滴定，至紫红色终点，消耗 Zn^{2+} 标准溶液 21.50mL。求试样中 Al 的含量，分别以 Al、Al_2O_3 的质量分数表示。

15. 欲测定煤中硫的含量，称取试样 0.5000g，用燃烧法把硫转化为 SO_4^{2-}。除去其他干扰离子后，加入 20mL 0.05000mol/L $BaCl_2$ 溶液，使其生成 $BaSO_4$ 沉淀。再加 10mL pH=10 的氨缓冲溶液和几滴铬黑 T 指示剂，用 0.02500mol/L 的 EDTA 标准溶液滴定过量的 Ba^{2+}，用去 20.00mL，试计算 S 的质量分数。

知识链接　　配位学说的创立

早在 1852 年，科学家们就提出了化合价理论，从而使有机化学中许多重大难题得到了解决，化学结构学说得以形成。在无机化学中，一些最简单的无机物的结构可以很容易地用组成它的原子形成的化合物来解释。然而，对一些复杂的化合物，其结构却难以确定。

对这些复杂的无机化合物，特别是许多分子化合物，无法用原子化合价来解释其结构，如氨合物、复盐、水化物等。从 1889 年开始，这类复杂的无机化合物引起科学工作者的注意，人们把它们统称为络合物。早在 19 世纪初，就已经发现亚铁酸和氰铁酸盐。在 1822 年，盖墨林制得了$[Co(NH_3)_6]_2 \cdot (C_2O_4)_3$，随后弗雷米又成功分离出了$[Co(NH_3)_5Cl]Cl_2$，同时发现这种化合物中的氯只能被硝酸沉淀出一部分，其余的氯只能在长时间沸腾的情况下析出。在 19 世纪，人们已经知道了许多含铂的络合物以及其他多种金属的络合物。

面对诸多的络合物，科学家们为了解释其化学结构，提出了各种各样的观点。当时，格雷阿姆、克劳斯、霍夫曼等人都对此提出过不同的看法。更值得一提的是勃朗斯特兰，他在 1869 年提出了链式结构理论，虽然未能很好地解释络合物的结构问题，但是为以后科学家的工作提供了可贵的资料。

分子化合物结构问题的解决应主要归功于瑞典化学家维尔纳。他在总结了前人研究成果的基础上，于 1893 年提出了一个称为配位（coordination）理论的学说，终于找到了问题症结。在 1893 年后的 25 年中，他不断发展了从配位理论中得出的重要原理和结论。在此期间，他设计了特别的实验，并取得了极为丰富的成果来证明配位理论的正确性，从中得出重要原理和结论。因此，维尔纳成为少数几个幸运的科学家之一，他的理论很快得到了普遍认可，并且很快被认作是发展无机化学重要因素之一。

根据经典的化合价理论，分子中所有的原子"化合能力"已全部用尽。但这些分子仍然具有进一步构成更复杂分子的能力，这一事实无法否认。维尔纳认为，在形成复杂化合物时，除了有称为主价的化学键以外，还有另一种称为副价的化学键。这是配位理论的要点。

在配位理论中，维尔纳认为络合物是分子的复合体，它由中心原子或离子直接和几个中性分子或者阴离子结合形成。这种中性分子或阴离子称为配位体，也称给予体；中心原子或离子称为接受体。配位体与接受体在一起，构成了络合物的内界。中心离子所具有配位的最大数目，称为配位数。

1905 年，维尔纳在其著作《无机化学领域的新见解》中，系统地阐述了自己的配位理论，并且列举了他通过实验得来的诸多成果作为该理论的证明。他指出，四价铂、三价钴、三价铬和三价铱的配位数都是 6；而二价铂、二价铅表现为 4 个副价，其配位数为 4。除此之外，人们还发现了配位数分别为 2、3、7、8 的络合物。

配位理论认为，络合物的主价只能由阴离子来填满，但是副价却可以由负离子或中性分子来填满。其原因是，在含氯的化合物中，只有氯离子能被硝酸银沉淀出来，而直接与络合离子结合的氯原子，则不能与硝酸银作用。维尔纳测定了许多化合物的电导率值，通过这些资料来确定该化合物的离子数目，由此确定了配位内界的组成。

维尔纳配位理论中关于络合物的主体化学部分也是同样重要的，其基本原理是，以副价同中心离子相结合的分子或离子在晶体状态溶液中都以空间位置存在于中心离子周围。他利用了范特霍夫和勒贝尔的立体化学概念，发现配位数为 6 的络合物的副价指向正八面体的六个顶点，而中心离子位于正八面体的中心。按照维尔纳的理论，配位数为 4 的络合物或是相当于指向四面体模型的底基，或是呈现平面四边形。根据这些普遍原理，维尔纳研究了各种络合物可能出现的同分异构体。因而，他指出，如果配位体在同一平面上，则应该存在顺式和反式两种异构体。

维尔纳用专门设计的实验成功地制出了这样的异构体并将其分离出来。因此，可以确定这类化合物具有平面结构。维尔纳关于立体化学的研究工作能够用来解释一些未知的异构体现象，并能预见络合物的各种异构体。在 20 世纪的几十年内，人们已经合成和研究了维尔纳理论所预测到的大量异构体。

维尔纳的配位理论使无机化学中复杂化合物的结构问题得以很好的解释，也使得无机化学的理论得到了极大的丰富，推动了无机化学的发展。

第十章 吸光光度法

> **知识目标**
>
> 了解吸光光度法的特点，熟悉溶液对光的选择性吸收；理解吸收光谱曲线、工作曲线的意义；掌握光吸收定律及其适用条件，掌握吸收曲线、标准曲线的制作和应用；了解显色反应条件的选择，了解吸光光度法测量条件的选择。
>
> **能力目标**
>
> 能熟练地操作分光光度计；能制作吸收光谱曲线，选择最大吸收波长；能正确选择测量条件，制作工作曲线，并能正确使用工作曲线对样品进行定量分析。

吸光光度法是一种广泛应用于微量组分测定的仪器分析法，它是基于物质对光的选择性吸收而建立起来的分析方法。根据物质对不同波长范围的光的吸收，吸光光度法可分为比色分析法、紫外分光光度法、可见分光光度法、红外分光光度法（又称红外光谱法）。与容量分析法相比有如下特点。

① 灵敏度高。吸光光度法是测定物质微量组分的常用方法，测定下限为 $10^{-7} \sim 10^{-5}$ mol/L，甚至更低的微量组分。

② 准确度高。吸光光度法测定的相对误差为 2%～5%，可以满足微量组分的测定要求。若使用较精密的仪器，相对误差可减少至 1%～2%。

③ 操作快速简便。吸光光度法的仪器设备简单，操作方便。试样处理成溶液后，如果采用灵敏度高、选择性好的显色剂，必要时加入适宜的掩蔽剂消除干扰，常可不经分离直接进行测定。

④ 应用广泛。几乎所有的无机离子和有机化合物都可直接或间接地用吸光光度法进行测定。吸光光度法已经成为生产、科研、材料、化工、医药卫生、环境监测等部门的一种不可缺少的测试手段。

第一节 吸光光度法的基本原理

一、光的基本性质

实验证明，光是一种电磁辐射或电磁波，是一种不需要任何物质作传播媒介的能量（E），具有波粒二象性，二者的关系可用下式说明：

$$E = h\nu = \frac{hc}{\lambda} \tag{10-1}$$

式中 h——普朗克（Planck）常数，6.626×10^{-34} J·s；

c——光的传播速度，3×10^8 m/s；
ν——光的频率，Hz；
E——光子的能量（电子伏特），eV；
λ——光的波长，nm，$1\text{nm}=10^{-9}$ m。

此关系式把光的波粒二象性很好地联系起来。从中可以得知光的波长与其能量或频率成反比关系。光的波长越短，频率或能量越高；反之，波长越长，其频率或能量就越低。

习惯上常用波长来表示各种不同的电磁辐射。按照波长大小顺序把电磁波划分成的几个区域称为光谱区域，由各光谱区域按顺序排成的系列称为电磁波谱，见表10-1。

表10-1 电磁波谱

光谱区域	γ射线	X射线	紫外线	可见光	红外线	微波	无线电波
波长范围	$10^{-3}\sim0.1$nm	$0.1\sim10$nm	$10\sim400$nm	$400\sim760$nm	$760\text{nm}\sim10^{-3}$m	$10^{-3}\sim1$m	$1\sim1000$m

二、光的选择性吸收

（一）单色光、复合光、互补色光

人们日常所看到的日光、白炽灯光只是电磁波中的一个很小的波段。人的眼睛能觉察到的那一小部分波段称为可见光，波长范围在 $400\sim760$nm。在可见光谱区内不同波长的光有着不同的颜色。从波长较短的紫色光到波长较长的红色光。但各种有色光之间并没有严格的界限，而是由一种颜色逐渐过渡为另一种颜色，各种色光的近似波长范围见表10-2。

表10-2 各种色光的近似波长范围　　　　　　　　　　　单位：nm

光的颜色	红色	橙色	黄色	绿色	青色	蓝色	紫色
波长范围	610~760	595~610	560~595	500~560	480~500	435~480	400~435

人们把红、橙、黄、绿、青、蓝、紫等只具有一种颜色即同一波长的光称为单色光，每种颜色的单色光都有一定的波长范围。通常把由不同波长的光组成的光称为复合光。日光、白炽灯光等可见光都是复合光。如果让一束白光通过棱镜，便可分解为红、橙、黄、绿、青、蓝、紫七种颜色的光，这种现象称为色散，白光即为复合光。实验证明，不仅上面所说的七种颜色的光可以混合成白光，如果把适当颜色的两种单色光按一定强度比例混合，也可以成为白光，这两种单色光称为互补色光。图10-1中直线相连的两种色光都为互补色光。如绿光和紫光互补、黄光和蓝光互补等。

图10-1 光的互补色示意图

（二）溶液颜色与光的选择性吸收

物质呈现何种颜色跟光源有关，也跟该物质本身的属性有关。物质分子的结构不同，物质对光的吸收特性就会不同，物质的颜色也就不一样。

当光束照射到物体上时，如果物质对各种波长的光完全吸收，则呈现黑色；如果完全反射，则呈现白色；如果完全透过，则呈现无色透明。如果选择性地吸收某些波长的光，那么该物质的颜色就由它所透过光的颜色来决定，也就是由物质选择性吸收的那种色光的补色光来决定。物质的颜色实质上是被吸收掉的光的互补色。例如，硫酸铜溶液吸收黄色光，则透过光中除黄色光的互补色光——蓝光能被人的眼睛所感受外，其他颜色的透过光仍然两两互补为白光,所以硫酸铜溶液呈蓝色。高锰酸钾溶液因吸收了白光中的绿色光而呈现紫色。当一束白光通过某种溶液时,如果它对白光中的任何颜色的光都没有吸收和反射,则溶液呈现无色(透明),为无色溶液。

三、吸收光谱曲线

物质对不同波长的光之所以选择性吸收,其原因就在于物质本身的分子以及组成分子的原子都处在一定能级的运动状态。物质的结构不同,它们所处的能级运动状态不同,发生能级运动(跃迁)所需要的能量也不同。物质在吸收了特定频率的光能后,会发生能级的跃迁,产生吸收光谱。吸收光谱又称吸收光谱曲线或光吸收曲线。

将不同波长的单色光依次通过一定浓度的溶液,测量每一波长下溶液对各种单色光的吸收程度(吸光度 A),然后以波长(λ)为横坐标,以吸光度(A)为纵坐标作图,即得吸收光谱曲线(图 10-2)。曲线显示了物质对不同波长光的吸收情况。吸收曲线上,一般都有一些特征值。曲线上吸收最大的地方称为吸收峰,其最大吸收峰对应的波长称为最大吸收波长(λ_{max})。

不同浓度的同一物质,其最大吸收波长 λ_{max} 位置不变,吸收光谱的形状相似,但吸光度值在 λ_{max} 处最大,所以通常选择在 λ_{max} 进行物质含量的测定,以获得较高的灵敏度。但不同物质的 λ_{max} 不同,它可以作为物质定性鉴定的基础。同一物质,由于浓度不同,吸收峰(吸光度 A)的高度也不同,即浓度越大,吸

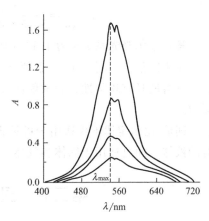

图 10-2 KMnO₄ 溶液的光吸收曲线

收峰就越高。在吸光光度法中,利用吸收峰的高度与溶液浓度的正比关系进行定量分析。

四、光吸收定律

光吸收定律又称朗伯-比尔定律,1760 年朗伯研究了光的吸收与有色溶液的厚度之间的定量关系,1852 年比尔研究了光的吸收与有色溶液的浓度之间的定量关系。将两条定律结合在一起即为朗伯-比尔定律,是吸光光度法的理论依据。

光吸收示意图如图 10-3 所示,实验证明,有色溶液对光的吸收程度,与该溶液的浓度、液层的厚度及入射光的强度有关。如果保持入射光强度、溶液温度等条件不变的情况下,溶液对光的吸收程度与溶液的浓度和液层的厚度的乘积成正比。这就是朗伯-比尔定律,可表

示为:
$$A=\lg\frac{I_0}{I}=kbc \tag{10-2}$$

或
$$A=\varepsilon bc \tag{10-3}$$

式中,A 为吸光度;k 为质量吸光系数,L/(g·cm);ε 为摩尔吸光系数,L/(mol·cm);c 为溶液质量浓度或物质的量浓度,g/L 或 mol/L;b 为液层厚度,cm。

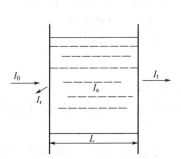

图 10-3 光吸收示意图

朗伯-比尔定律的内容可表述为:在一定温度下,一束平行的单色光通过均匀非散射的溶液时,溶液对光的吸收程度与溶液的浓度及液层的厚度的乘积成正比。

k 和 ε 均表示物质对某特定波长单色光的吸收能力的大小，与物质的性质、入射光的波长和溶液的温度等因素有关，而与物质的浓度 c 和液层的厚度 b 无关。ε 比 k 更常用。ε 值越大，表明有色溶液对光越容易吸收，测定的灵敏度就越高。一般 ε 值在 10^3 以上，即可进行吸光光度测定。因此，摩尔吸光系数是定性和定量的重要依据。

摩尔吸光系数 ε 的物理意义是：当吸光物质的浓度为 1mol/L，吸收层厚度为 1cm 时，吸光物质对某波长光的吸光度。

【例 10-1】 已知含 Fe^{3+} 为 $500\mu g/L$ 溶液用 KSCN 显色，在波长 480nm 处用 2cm 吸收池测得 $A=0.197$，计算摩尔吸光系数 ε。

解：

$$c_{Fe^{3+}} = \frac{\rho_{Fe^{3+}}}{M_{Fe^{3+}}} = \frac{500 \times 10^{-6}}{55.85} = 8.95 \times 10^{-6} (mol/L)$$

$$\varepsilon = \frac{A}{cb} = \frac{0.197}{8.95 \times 10^{-6} \times 2} = 1.1 \times 10^4 [L/(mol \cdot cm)]$$

答： 摩尔吸光系数 ε 为 $1.1 \times 10^4 L/(mol \cdot cm)$。

应用朗伯-比尔定律时，必须掌握好以下条件：①入射光波长应为 λ_{max}，且单色性好；②被测溶液具有均匀性、非散射性（不浑浊，也不呈胶体）；③被测物质的浓度应在一定范围内。

朗伯-比尔定律不仅适用于可见光，而且适用于红外线和紫外线；不仅适用于均匀非散射的液体，而且适用于固体和气体。因此，它是各类吸光光度法定量的依据，用途很广。

第二节 显色反应与测量条件的选择

一、对显色反应的要求

在进行吸光光度分析中，被测溶液必须是有颜色的，也就是对可见光有吸收。有些物质本身有明显的颜色，如 $KMnO_4$ 溶液，可以直接用于吸光光度分析。但大多数被测物质，本身颜色很浅或者没有颜色，这就必须事先通过加入一种适当的试剂，使之生成有色物质，然后再进行测定。例如，测定微量 Fe^{3+} 时，加入试剂 NH_4SCN 生成血红色配合物，然后进行分析测定。显色反应一般可表示为：

$$\underset{\text{被测组分}}{M} + \underset{\text{显色剂}}{R} \rightleftharpoons \underset{\text{有色化合物}}{MR}$$

这种加入某种试剂使无色或浅色的被测组分变成有色化合物的反应称为显色反应，与待测组分形成有色化合物的试剂称为显色剂。常用显色剂为有机显色剂。显色反应种类很多，可以是配位反应、氧化还原反应等，其中配位反应最多。为了获得一个灵敏度高、选择性好的显色反应，选择合适的显色反应，并严格控制反应条件是十分重要的。

应用于光度分析的显色反应必须符合下列要求。

① 显色反应的灵敏度要高。一般应选择摩尔吸光系数大于 $10^4 L/(mol \cdot cm)$ 的显色反应。

② 有色化合物组成要固定、化学性质要稳定。这样被测物质与有色化合物之间才有定量关系，否则测定的重现性较差。

③ 反应的选择性要好。一种显色剂最好只与一种被测组分起显色反应，一般选择干扰较少或者干扰易消除的显色剂来显色。

④ 有色化合物与显色剂之间的颜色差别要大。一般要求两者的最大吸收波长之差大于 60nm，显色时颜色变化明显，试剂空白较小。

⑤ 显色反应的条件要易于控制。显色反应受温度、pH 值、试剂加入量的变化影响小。

二、显色反应条件的选择

用吸光光度法测定物质的含量要求严格控制显色反应条件，以取得最佳的显色效果，这些显色条件一般都是通过实验来确定的，主要包括以下几方面。

(1) 显色剂的用量　根据化学平衡移动的原理，为使显色反应趋于完全，应加入过量的显色剂。但显色剂不是越多越好，否则会引起副反应，对测定反而不利。在实际应用中，显色剂的合适用量由实验确定，方法是：固定待测组分浓度及其他条件，仅改变显色剂的用量，作 A-c 曲线，求出有色化合物吸光度最大且稳定时所对应的显色剂用量范围。如果显色剂用量在某个范围内，测得的吸光度不变（曲线上的平台部分），如图 10-4(a) 所示，即可在此范围内确定显色剂的加入量；否则就必须严格控制显色剂的用量（无平台出现时），如图 10-4(b)、(c) 所示。

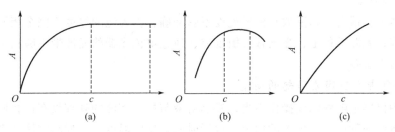

图 10-4　吸光度与显色剂浓度的关系

(2) 溶液的酸度　溶液的酸度影响显色剂的有效浓度和颜色，也影响被测离子的有效浓度，影响有色化合物的组成。显色反应的适宜酸度可通过实验绘制 A-pH 曲线来确定。

(3) 显色温度　多数显色反应在室温下即可进行，有些反应需要加热，较高温度时某些有色化合物会分解。显色反应的适宜温度也可通过实验作 A-T 曲线来确定。

(4) 显色时间　显色反应的速率有快有慢。显色反应速率快的，几乎是瞬间即可完成，颜色很快达到稳定状态，并且能保持较长时间。大多数显色反应速率较慢，需要一定时间溶液的颜色才能达到稳定程度。有些有色化合物放置一段时间后，由于空气的氧化、试剂的分解或挥发、光的照射等原因，使颜色减退。最佳的显色时间可通过实验作 A-t 曲线来确定。

三、吸光光度法的误差

（一）溶液偏离朗伯-比尔定律引起的误差

吸光光度分析中常用标准曲线（工作曲线）来进行定量分析，即在固定入射光波长、强度及液层厚度的条件下，测定一系列不同浓度标准溶液的吸光度，并将吸光度对浓度作图。根据朗伯-比尔定律，这样得到的工作曲线应是一条通过原点的直线，如图 10-5 所示。但在实际工作中，常会出现工作曲线不是直线，出现弯曲，如图 10-6 所示，这种现象称为偏离朗伯-比尔定律。产生这种现象的原因如下。

① 溶液中吸光物质性质不稳。在测定过程中，被测物质逐渐发生离解、缔合，使被测物质组成改变，因而产生误差。

② 溶液的浓度过大。朗伯-比尔定律只适用于一定范围的低浓度溶液，当溶液的浓度超出一定的范围时，溶液对光的吸收就不符合朗伯-比尔定律，产生偏离。

③ 单色光纯度低。朗伯-比尔定律只适用于较纯的单色光，而纯粹的单色光是不容易得到的，分光光度计通过单色光器获得狭小光带作为单色光光源，被测物质对光带中各波长光的吸光度不同，引起溶液对朗伯-比尔定律的偏离，使工作曲线上部发生弯曲，产生误差。

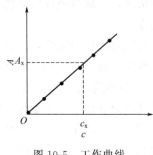 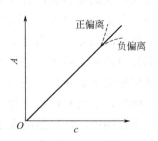

图 10-5　工作曲线　　　　　　　图 10-6　工作曲线弯曲现象

（二）仪器误差

由于仪器不够精密，如读数盘标尺刻度不够准确、吸收池的厚度不完全相同以及器壁的厚薄不均匀等；光源不稳定、光电管灵敏度差、通过单色光器的光波带不够狭窄、杂散光的影响等都会引入误差。

（三）操作者主观因素引起的误差

由于使用仪器不够熟练或操作不当；样品溶液与标准溶液的处理没有按相同的条件和步骤进行，如溶液的稀释、显色剂的用量、放置时间、反应温度等；样品溶液和系列标准溶液在准备过程中，没有充分摇匀，显色不充分；操作者操作马虎，吸收池没有清洗、吸收池光学面不干净、吸收池没有用待测溶液荡洗等。

四、测量条件的选择

为使测定结果有较高的灵敏度和准确度，必须注意选择最适宜的测量条件，主要包括以下几点。

（一）入射光波长的选择

为了使测定结果有较高的灵敏度，需要选择合适的入射波长。选择原则是：吸收最大，干扰最小，即选择最大吸收波长的光作为入射光。这称为"最大吸收原则"。选用这种波长的光进行分析，不仅灵敏度较高，而且测定时对朗伯-比尔定律的偏离较小，其准确度较好。但是如果在最大吸收波长处，共存的其他组分（显色剂、共存离子等）也有吸收，就会产生干扰。这时，选用灵敏度低些，但能减少或避开干扰组分的入射光波长作为测量波长。

（二）吸光度范围的选择

为了减少相对误差，提高测定结果的准确度，一般应控制被测溶液的吸光度在 0.2～0.8 范围内。在此范围内，仪器的测量误差较小。通常在测定过程中，可以通过控制溶液的浓度（改变称样量或改变溶液的稀释倍数等）、选择不同厚度的吸收池、适当的显色反应和参比溶液来实现。

（三）参比溶液的选择

在分光光度测定中，参比溶液的作用是调节仪器的零点，消除由于吸收池器壁及溶液中其他成分对入射光的反射和吸收带来的误差。在测定时应根据不同的情况选择不同的参比溶液。选择原则如下。

① 当试液及显色剂均无色时，可用纯溶剂如蒸馏水作参比溶液，即溶剂参比。

② 若显色剂无色，而被测试液中存在其他有色离子，可选择不加显色剂的试液作参比溶液，即试样参比。

③ 若显色剂有色，而试液本身无色，可用溶剂加显色剂和其他试剂作参比溶液，即试剂参比。这是最常用的一种参比溶液。

④ 若显色剂和试液均有颜色，可将一份试液加入适当掩蔽剂，将被测组分掩蔽起来，使之不再与显色剂作用，而显色剂及其他试剂均按试液测定方法加入，以此作为参比溶液，可消除显色剂和一些共存组分的干扰。

第三节　吸光光度法的方法和仪器

吸光光度法的方法主要有比色法和分光光度法。比色法就是以比较有色物质溶液颜色深浅来测定物质含量的分析方法。比色法包括目视比色法和光电比色法。分光光度法主要是利用分光光度计来测定物质含量的方法。

一、目视比色法

用眼睛观察、比较溶液颜色深浅以确定物质含量的方法称为目视比色法。常用的目视比色法是标准系列法，又称色阶法。

用一套由相同质料制成的、形状和大小相同的比色管（容积有 10mL、25mL、50mL 及 100mL 等），将一系列不同量的标准溶液依次加入各比色管中，再分别加入等量的显色剂及其他试剂，并控制其他实验条件相同，最后稀释至同样的体积。这样就形成颜色由浅到深的标准色阶。将一定量待测试液置于另一相同规格的比色管中，在同样条件下显色，并稀释至同样体积。然后从管口垂直向下观察，也可以从比色管侧面观察，若待测试液与标准系列中某一标准溶液的颜色深度相同，则说明两者浓度相等；若试液颜色介于两标准溶液之间，则其浓度介于两者之间。

目视比色法的优点是仪器简单、操作方便、快速，适用于测定低浓度的溶液，应用较广。主要缺点是标准色阶不易保存，方法粗糙，主观误差较大而影响分析结果的准确度。因而它广泛用于准确度要求不高的常规分析中，特别是野外分析。

二、光电比色法

光电比色法是利用光电效应测量有色溶液透过光的强度以确定被测物质含量的方法。该法与目视比色法原理相同，只是测量透过光强度的方法不同，前者用眼睛，后者用光电池。用于光电比色法的仪器称为光电比色计。

光电比色法的基本原理是比较有色溶液对某一波长的单色光的吸收程度，其依据是光电效应。由光源发出的白光，通过滤光片（单色光器）后，得到一定波长范围的单色光，让单色光通过有色溶液，单色光一部分被溶液吸收，另一部分透过溶液，透过光照射到光电池上，产生电流，光电流的大小与透过光的强度成正比。光电流的大小用灵敏检流计测量，在检流计的标尺上，可读出相应的吸光度（A）或透光率（T）。

三、分光光度法

分光光度法的基本原理是测定时从光源射出的光经过单色光器获得适宜的单色光，然后照射到比色皿上，入射光一部分被溶液吸收，另一部分透过溶液照射到光电管（光电池）上，产生光电流，光电流的大小用检测器测定，在显示器上直接读出透光率或吸光度。在实际测定时，先将空白溶液置于光路，调节透光率使其恰好为100%，然后分别将标准比色液和样品比色液推入光路测其吸光度A，再根据A值计算样品的含量。分光光度法的基本原理和光电比色法类似，唯一不同的是获取单色光的方法不同。

分光光度法用棱镜或光栅作分光器所获得的单色光约在5nm以下，因此灵敏度、选择性和准确性都比较高；另外，此方法的使用范围较广，不仅可以测定可见光区的有色物质，还可以测定在紫外区和红外区有吸收的无色物质。

四、分光光度计

（一）分光光度计的主要部件

分光光度法的测定仪器是分光光度计。分光光度计型号多样，但其基本构成大致一样，由光源、单色光器（包括光学系统）、吸收池、检测器、显示系统五部分组成（图10-7）。

光源 → 单色光器 → 吸收池 → 检测器 → 显示系统

图10-7 分光光度计示意图

1. 光源

光源的作用是发射一定强度的光。对光源的要求是能够在广泛的光谱区内发射出足够强度的连续光谱，稳定性好，使用寿命长。

可见光区的光源一般用钨灯，其发射光谱的波长范围在320~1000nm，使用波长360~1000nm，特点是强度高、稳定性好、使用寿命长。紫外区的光源一般用氢灯或氘灯，发射波长范围约在150~400nm，使用波长200~360nm。

2. 单色光器

单色光器的作用是从光源发出的连续光谱中分离出所需要的单色光，它是分光光度计的关键部件。对单色光器的要求是色散率高、分辨率高及集光本领强。

3. 吸收池

吸收池（比色皿）的作用是盛装待测溶液和参比溶液，对吸收池的要求是透光面（光学面）应有良好的透光性，表面光洁，结构牢固，耐酸、碱、氧化剂和还原剂。同一规格的吸收池，其透光误差应小于0.5%。可见光区可用玻璃比色皿，紫外区用石英比色皿。比色皿的规格常用其厚度来表示，大多数仪器中配有厚度为0.5cm、1cm、2cm、3cm等一套长方形或方形吸收池以供选用。使用时应注意保护透光面的光洁，避免沾上指纹、油腻及其他物质，防止磨损产生划痕而影响其透光特性，造成误差。

4. 检测器

将透过吸收池的光转换成光电流并测量出其大小的装置称为检测器。检测器的作用是将接收的光辐射信号转换为相应的电信号，以便于测量。分光光度计常使用光电管或光电倍增管。由于光电倍增管灵敏度高、响应速度快，应用正日益增多。

5. 显示系统

显示系统的作用是将有关分析数据显示或记录下来。一些简易的可见分光光度计常用灵敏检流计或微安表作为指示仪表，中高档分光光度计多采用数字显示器作为读数装置，并利用记录仪或由电脑控制的绘图打印机，记录吸收光谱曲线，打印数据。

（二）分光光度计

根据仪器适用的波长范围，分光光度计分为可见分光光度计和紫外-可见分光光度计两类。根据仪器的结构可分为单光束、双光束和双波长三种基本类型。

1. 单光束分光光度计

它的特点是结构简单，价格较便宜，主要适用于做定量分析。常用的单光束可见分光光度计有72型、721型、751型等。这类仪器是让同一单色光束分别通过参比吸收池与试样吸收池。调节参比溶液的吸光度为零，便可测出试样溶液的吸光度。若光源的辐射发生了变化，或检测系统的灵敏度有变化，则影响测定结果。因此，单光束仪器要求光源和检测系统有很高的稳定度。

721型分光光度计是单光束的可见分光光度计，其光学系统示意图如图10-8所示。由光源发出可见光，通过聚光透镜、半反射半透射镜和准光镜反射到棱镜。由棱镜色散后的光再经准光镜反射和半反射半透射镜、狭缝进入吸收池。被溶液吸收后的单色光进入光电管。光电管把光信号转变成电流信号，经过放大电路放大后由微安表显示出溶液的透光率或吸光度。

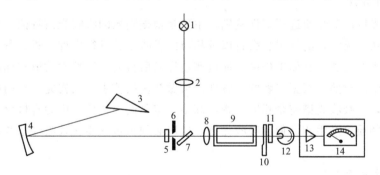

图10-8　721型分光光度计光学系统示意图

1—光源灯；2,8—聚光透镜；3—色散棱镜；4—准光镜；5,11—保护玻璃；6—狭缝；7—半反射半透射镜；
9—吸收池；10—光门；12—光电管；13—放大器；14—微安表

751型分光光度计（图10-9）是单光束的紫外-可见分光光度计，它可以用于紫外区、可见光区、近红外区的吸收光谱。仪器中有两种光源：氢灯提供紫外线，钨灯提供可见光。751型分光光度计的适用波长范围为200～1000nm。吸收池分为石英和玻璃两种。检测器的光电管有两种，即蓝敏光电管和红敏光电管，使用时根据所用光的波长进行选择。

2. 双光束分光光度计

它的两束光几乎同时通过参比溶液和样品溶液，因此可以消除光源强度的变化以及检测系统波动的影响，测量准确度高。双光束型仪器一般都采用自动记录仪直接扫描出组分的吸收光谱，操作方便，但仪器结构复杂，价格昂贵。常用的双光束紫外-可见分光光度计有国产的710型、730型、760MC型、760CRT型，日本岛津的UV-210型等。

3. 双波长分光光度计

它的特点是不需要参比溶液，只用一个待测溶液，因此完全消除了背景吸收的干扰（包

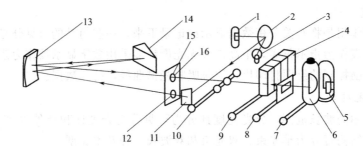

图 10-9　751 型分光光度计光学线路图

1—氢弧灯；2—凹面聚光镜；3—钨丝灯；4—吸收池；5—紫敏光电管；6—红敏光电管；7—光电管调动架推杆；8—暗电流控制闸门拉杆；9—比色皿架拉杆；10—滤光片架拉杆；11—平面反光镜；12—入射狭缝及石英窗；13—球面准直镜；14—石英棱镜；15—出射狭缝；16—石英透镜

括样品溶液与参比溶液组成的不同及吸收池厚度差异的影响），提高了测定的准确度。但仪器价格昂贵。常用的双波长紫外-可见分光光度计有国产的 WFZ800S 型，日本岛津的 UV-300 型、UV-365 型等。

五、分析方法

（一）定性方法

利用吸光光度法对物质进行定性鉴别，主要是根据物质的吸收光谱特征，即根据物质的吸收光谱的形状、吸收峰的位置、数目以及相应的吸收系数进行定性分析。其中 λ_{max} 和 ε_{max} 是定性鉴别的主要参数。具体工作中，通过测定样品所得的特征性常数值与标准品的特征性常数值进行严格的对照，根据二者的一致性，可做初步的鉴别。结构完全相同的物质吸收光谱应完全相同，但吸收光谱完全相同的物质却不一定是同一物质。因为有机分子的主要官能团相同的两种物质可产生相类似的吸收光谱，所以必须再进一步比较吸收系数才能得出较为肯定的结论。

（二）定量分析

无论是光电比色法还是分光光度法，都可用下述分析方法对组分进行定量分析。

1. 比较法

比较法又称对照法或对比法。在同样条件下配制标准溶液和试样溶液，在最大吸收波长处分别测定标准溶液和试样溶液的吸光度 A_s 及 A_x，根据朗伯-比尔定律：

$$A_x = k_x c_x b_x \tag{10-4}$$

$$A_s = k_s c_s b_s \tag{10-5}$$

因为是同种物质，又是在同一波长下，用的是同一厚度的比色皿，在同一仪器上进行的测定，所以吸收系数 k 相同，液层厚度 b 也相同。则：

$$\frac{A_x}{A_s} = \frac{c_x}{c_s} \quad 即 \quad c_x = \frac{c_s A_x}{A_s} \tag{10-6}$$

根据试样的体积和稀释倍数，即可求得试样中组分的含量。当测定不纯试样中某组分含量时，常常采用配制相同浓度的试样溶液与标准溶液，在最大吸收波长处分别测定它们的吸光度，用公式 $w = (A_x/A_s) \times 100\%$ 即可直接计算其含量。

【例 10-2】 准确称取不纯的高锰酸钾样品与基准高锰酸钾（标准品）各 0.1000g 溶于

水，分别转移到 500mL 容量瓶中，加蒸馏水稀释到刻度线，摇匀。再分别移取 10.00mL 加水稀释到 50.00mL，在 525nm 处各测得吸光度分别为 0.310 和 0.325，求样品中高锰酸钾的质量分数。

解：$w_{KMnO_4} = \dfrac{A_x}{A_s} \times 100\% = \dfrac{0.310}{0.325} \times 100\% = 95.38\%$

答：样品中高锰酸钾的质量分数为 95.38%。

2. 工作曲线法

工作曲线法又称标准曲线法。即先取与被测物质含有相同组分的标准品，配制成一系列不同浓度的标准溶液，在被测组分的最大吸收波长处，测定系列标准溶液的吸光度，然后以系列标准溶液浓度为横坐标，相应的吸光度为纵坐标绘制 A-c 曲线，如图 10-10 所示。随后在完全相同的条件下测定样品溶液的吸光度 A_x，就可以从工作曲线上查出与此吸光度相对应的样品溶液的浓度 c_x。如果要求精确测定时，可用回归直线方程直接计算样品溶液的浓度。最后，根据配制时的稀释倍数求出原样品溶液的浓度。

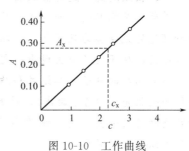

图 10-10　工作曲线

工作曲线法适用于常规分析。此法在大量样品分析时显得尤其方便。在测定条件固定的情况下，工作曲线可以反复使用。但是，一旦条件有所改变，如仪器搬动，试剂重新配制，测定时温度改变较大，工作曲线就必须进行校正或重新绘制。需要注意的是待测样品的测定结果应在工作曲线范围内，绝对不能延长工作曲线。

第四节　吸光光度法的应用

一、磷的测定

测定微量磷的方法较多，磷钼蓝法是较常用的一种，测定原理是在酸性条件下，将样品中微量的磷转变成磷酸，磷酸与钼酸铵试剂作用生成磷钼杂多酸，磷钼杂多酸再和还原剂（$SnCl_2$-甘油）作用生成磷钼杂多蓝（钼蓝），钼蓝使溶液呈蓝色，蓝色的深浅与磷的含量成正比，在 $\lambda_{max} = 690nm$ 处用吸光光度法测定。

二、铁的测定

化工产品、食品、饮用水和工业污水等试样中都有微量的铁，可用吸光光度法加以测定。测定微量铁的方法有多种，目前广泛应用测定微量铁的方法是邻二氮菲法，此法选择性较高。邻二氮菲是测定微量铁的一种较好的显色剂，它又称邻菲咯啉，与 Fe^{2+} 在 pH = 2.0~9.0 溶液中形成橙红色配合物，其溶液在 510nm 有最大吸收峰，这种配合物的 $\varepsilon = 1.1 \times 10^4 L/(mol \cdot cm)$，在还原剂存在下，颜色可保持几个月不变。

三、铬的测定

铬的毒性与其存在的价态有关，六价铬比三价铬毒性强，易被人体吸收且在体内蓄积，三价铬和六价铬可以相互转化。含铬矿石的加工、金属表面处理、皮革鞣制、印染等排放的污水中均产生铬污染。铬的测定方法有多种，较为常用的是以二苯碳酰二肼（DPC）分光光度法测定。在酸性介质中，六价铬与二苯碳酰二肼反应，生成紫红色配合物，于540nm波长处测定吸光度，求出六价铬含量。若要测定总铬的含量，则在酸性溶液中，水样中的三价铬用高锰酸钾氧化成六价铬，再用二苯碳酰二肼分光光度法测定。

本章要点

吸光光度分析法是基于物质对光的选择性吸收而建立起来的分析方法。

一、物质对光的选择性吸收

单色光是指其波长处于某一范围的光，而复合光则由不同单色光组成。能够形成白光的两种颜色的光互称为互补色光。物质选择性地吸收白光中某种颜色的光，人们就会看到它的互补色光，从而使物质呈现出一定的颜色。

不同物质的分子因其组成和结构不同，对不同波长的光具有选择性吸收，从而具有各自特征的吸收光谱（A-λ曲线），最大吸收峰对应的波长称为最大吸收波长λ_{max}，由此可以进行物质的定性分析；同一物质由于含量不同而对同一波长光的吸收程度不同（A-c曲线），由此可以进行定量分析。

二、光吸收定律（朗伯-比尔定律）

当一束平行单色光照射某一均匀非散射的吸光物质时，其吸光度A与吸光物质的浓度c及吸收层厚度b成正比。即：

$$A = \lg \frac{I_0}{I_t} = \lg \frac{1}{T} = kbc （或 \varepsilon bc）$$

朗伯-比尔定律适用于可见光、红外线及紫外线，也适用于均匀非散射的液体、固体和气体，它是各类吸光光度法定量的依据。

三、吸光光度分析法及其仪器

1. 主要方法

目视比色法是用肉眼观察，比较被测溶液和标准溶液的颜色异同，确定被测物质含量的方法。

光电比色法是通过滤光片获取单色光后，利用光电效应测量有色溶液透过光的强度以确定被测物质含量的方法。光电比色法的测定仪器是光电比色计。

分光光度法是运用棱镜或光栅作分光器（单色光器），用光电管和检流计测量溶液透射光的强度，从而求得被测溶液浓度或含量的方法。分光光度法的测定仪器是分光光度计。分光光度法与光电比色法的测定原理相似，其不同点在于获得单色光的方法不同。

2. 分光光度计

主要部件有光源、单色光器、吸收池、检测器和显示系统。

四、吸光光度法分析条件的选择

1. 显色反应条件的选择

将无色或浅色的被测物质转化成有色化合物的反应称为显色反应，与待测组分形成有色化合物的试剂称为显色剂。显色剂用量、酸度、显色时间、温度等因素对显色反应有很大影响，可以通过实验确定最佳条件。

2. 测量条件的选择

① 测量波长的选择："最大吸收"或"吸收最大，干扰最小"的原则。

② 吸光度范围的选择：一般应控制在 $A=0.2\sim0.8$ 范围内。

③ 参比溶液的选择：一般有溶剂参比、试剂参比及试样参比三种。

五、吸光光度分析方法

吸光光度法应用广泛，不仅可测定绝大多数无机离子，也可测定许多有机化合物；不仅可用于定量分析，而且也可用于某些有机化合物的定性分析。

1. 比较法

$$c_x = c_s \frac{A_x}{A_s}$$

2. 工作曲线法

配制一系列不同浓度的标准溶液，并和被测溶液同时进行处理、显色，在相同的条件下分别测定每个溶液的吸光度。以标准溶液的浓度为横坐标，以相应的吸光度为纵坐标，得到一条通过原点的直线。然后用被测溶液的吸光度从工作曲线上找出对应的被测溶液的浓度。

习　　题

1. 解释下列名词：
(1) 光吸收曲线　　(2) 最大吸收波长　　(3) 摩尔吸光系数
2. 朗伯-比尔定律的内容是什么？它的适用条件是什么？
3. 什么是透光率？什么是吸光度？二者之间的关系是什么？
4. 简述分光光度计的仪器组成及各部件的作用。
5. 如何选择参比溶液？如何制作工作曲线？
6. 将下列透光率换算成吸光度：
(1) 0.0%　　(2) 10.0%　　(3) 60.0%　　(4) 100.0%
7. 将下列吸光度换算成透光率：
(1) 0.050　　(2) 0.150　　(3) 0.375　　(4) 0.680
8. 有一 $KMnO_4$ 溶液，盛于 1.0cm 厚的比色皿中，测得透光率为 60%，如果将其浓度增大一倍，其他条件不变，透光率和吸光度各是多少？
9. 某试液用 2.0cm 的吸收池测定时 $T=60\%$。若用 1.0cm 和 3.0cm 的吸收池测定，则其透光率和吸光度分别为多少？
10. 某有色化合物的水溶液在 525nm 处的摩尔吸光系数为 3200L/(mol·cm)，当浓度为 3.4×10^{-4} mol/L 时，比色皿厚度为 0.5cm，其吸光度和透光率各是多少？
11. 将 0.1mg 的 Fe^{3+} 在酸性溶液中用 KSCN 显色后稀释至 500mL，盛于 1cm 的吸收池中，在波长为 480nm 处测得吸光度为 0.240。计算吸光系数和摩尔吸光系数。
12. 已知一化合物在其最大吸收波长处的摩尔吸光系数 $\varepsilon=1.1\times10^4$ L/(mol·cm)，现在用 1cm 的吸收池测得该物质的吸光度为 0.785，计算溶液的浓度。
13. 以分光光度法测定某电镀废水中的铬（Ⅵ），取 500mL 水样，经浓缩和预处理后转入 100mL 容量瓶中定容，取出 20mL 试液，调整酸度，加入二苯碳酰二肼溶液显色，定容为 25.00mL，以 5.0cm 吸收池于 540nm 波长下测得吸光度为 0.540。已知 $\varepsilon_{540}=4.2\times10^4$ L/(mol·cm)，求铬（Ⅵ）的质量浓度 ρ (mg/L)。
14. K_2CrO_4 的碱性溶液在 372nm 有最大吸收。已知浓度为 3.00×10^{-5} mol/L 的碱性溶液，用 1cm 的吸收池，在 372nm 波长处测得的透光率为 71.6%。求：
(1) 该溶液的吸光度；
(2) K_2CrO_4 溶液的摩尔吸光系数和吸光系数；
(3) 当吸收池改用 3cm 时，该溶液的吸光度和透光率分别为多少？
15. 5.00×10^{-5} mol/L $KMnO_4$ 溶液在 520nm 波长处用 2.0cm 比色皿测得吸光度 $A=0.224$。称取钢样

0.500g，溶于酸后，将其中的 Mn 氧化成 MnO_4^-，定容 100.00mL 后，在上述相同条件下测得吸光度为 0.314，求钢样中锰的质量分数。

16. 有一标准的 Fe^{3+} 离子溶液，浓度为 $6.0\mu g/mL$，其吸光度为 0.310，而样品溶液在同一条件下测得的吸光度为 0.504，求样品中 Fe^{3+} 离子的浓度（mg/L）。

知识链接 导数分光光度法与流动注射光度分析法

根据光吸收定律，吸光度是波长的函数，即 $A=kcb$，将吸光度对波长求导，所形成的光谱称为导数光谱（derivative specrta）。导数光谱可以进行定性或定量分析，其特点是灵敏度，尤其是选择性获得显著提高，能有效地消除基体的干扰，并适用于浑浊试样。高阶导数能分辨重叠光谱甚至提供"指纹"特征，而特别适用于消除干扰或多组分同时测定，在药物、生物化学及食品分析中的应用研究十分活跃。如用于复合维生素、消炎药、感冒药及扑尔敏、磷酸可待因和盐酸麻黄素复合制剂中的各组分的测定而不需预先分离。又如用于生物体液中同时测定血红蛋白和胆红素、血红蛋白和羧络血红蛋白，测定羊水中胆红素、白蛋白及氧络血红蛋白等。在无机分析方面应用也很广，如用一阶导数法最多可同时测定五个金属元素；用二阶导数法同时测定性质十分相近的稀土混合物中单个稀土元素等。

在导数光度法的基础上，提出的比光谱-导数光度法，因其选择性好及操作简单，目前已用于环境物质、药物和染料的 2～3 组分同时测定。将导数光度法与化学计量学方法结合，可进一步提高方法的选择性而被关注。

流动注射分析（flow injection analysis，FIA）是一种新型微量液体试样快速自动分析技术。流动注射分析系统一般由载流驱动系统、进样系统、混合反应系统、流动池、检测器放大及记录系统五大部分组成。一定体积的液体试样间歇、迅速地注入流速恒定的连续载流中，形成一个"试样塞"。随后"试样塞"在反应盘中随载流一起往前移动，一方面受到对流和扩散的作用被分散成一个具有浓度梯度的试样带，另一方面与载液中的某些组分发生化学反应形成某种可以检测的物质，随载流流过流动池时被检测器检测，得到随时间连续变化的信号，如吸光度、电极电势或其他物理常数。

FIA 具有分析速度快、精度高、试样和试剂消耗量少、设备简单、操作方便，并可与多种检测手段（如分光光度法、浊度法、化学发光法、荧光光度法、电感耦等离子发射光谱法、原子吸收光谱法、离子选择电极法、电导法、极谱法等）及分离富集样品处理技术（如溶剂萃取、离子交换、气体扩散、渗析、等温蒸馏、微波溶样等）相结合，且易于实现自动化等优点。不但能进行定量分析，还能测定基本化学常数，如扩散系数、反应速率常数、溶度积常数、配合物稳定常数等。该法已广泛应用于农业、临床医药、生物化学、食品、冶金、地质、化工、工业过程监测、环境保护等方面。

附　录

附录一　常见弱酸、弱碱的离解常数

1. 常见弱酸的离解常数

名　称	温度/℃	离解常数 K_a	pK_a
砷酸 H_3AsO_4	18	$K_{a1}=5.6\times10^{-3}$	2.25
		$K_{a2}=1.7\times10^{-7}$	6.77
		$K_{a3}=3.0\times10^{-12}$	11.50
硼酸 H_3BO_3	20	$K_a=5.7\times10^{-10}$	9.24
氢氰酸 HCN	25	$K_a=6.2\times10^{-10}$	9.21
碳酸 H_2CO_3	25	$K_{a1}=4.2\times10^{-7}$	6.38
		$K_{a2}=5.6\times10^{-11}$	10.25
铬酸 H_2CrO_4	25	$K_{a1}=1.8\times10^{-1}$	0.74
		$K_{a2}=3.2\times10^{-7}$	6.49
氢氟酸 HF	25	$K_a=3.5\times10^{-4}$	3.46
亚硝酸 HNO_2	25	$K_a=4.6\times10^{-4}$	3.37
磷酸 H_3PO_4	25	$K_{a1}=7.6\times10^{-3}$	2.12
		$K_{a2}=6.3\times10^{-8}$	7.20
		$K_{a3}=4.4\times10^{-13}$	12.36
硫化氢 H_2S	25	$K_{a1}=1.3\times10^{-7}$	6.89
		$K_{a2}=7.1\times10^{-15}$	14.15
亚硫酸 H_2SO_3	18	$K_{a1}=1.5\times10^{-2}$	1.82
		$K_{a2}=1.0\times10^{-7}$	7.00
硫酸 H_2SO_4	25	$K_a=1.0\times10^{-2}$	1.99
甲酸 HCOOH	20	$K_a=1.8\times10^{-4}$	3.74
醋酸 CH_3COOH	20	$K_a=1.8\times10^{-5}$	4.74
一氯乙酸 $CH_2ClCOOH$	25	$K_a=1.4\times10^{-3}$	2.86
二氯乙酸 $CHCl_2COOH$	25	$K_a=5.0\times10^{-2}$	1.30
三氯乙酸 CCl_3COOH	25	$K_a=0.23$	0.64
草酸 $H_2C_2O_4$	25	$K_{a1}=5.9\times10^{-2}$	1.23
		$K_{a2}=6.4\times10^{-5}$	4.19
琥珀酸 $(CH_2COOH)_2$	25	$K_{a1}=6.4\times10^{-5}$	4.19
		$K_{a2}=2.7\times10^{-6}$	5.57
酒石酸 CH(OH)COOH 　　　| 　　　CH(OH)COOH	25	$K_{a1}=9.1\times10^{-4}$	3.04
		$K_{a2}=4.3\times10^{-5}$	4.37
柠檬酸 CH_2COOH 　　　| 　　　C(OH)COOH 　　　| 　　　CH_2COOH	18	$K_{a1}=7.4\times10^{-4}$	3.13
		$K_{a2}=1.7\times10^{-5}$	4.76
		$K_{a3}=4.0\times10^{-7}$	6.40
苯酚 C_6H_5OH	20	$K_a=1.1\times10^{-10}$	9.95
苯甲酸 C_6H_5COOH	25	$K_a=6.2\times10^{-5}$	4.21
水杨酸 $C_6H_4(OH)COOH$	18	$K_{a1}=1.07\times10^{-3}$	2.97
		$K_{a2}=4\times10^{-14}$	13.40
邻苯二甲酸 $C_6H_4(COOH)_2$	25	$K_{a1}=1.1\times10^{-3}$	2.95
		$K_{a2}=2.9\times10^{-6}$	5.54

2. 常见弱碱的离解常数

名　称	温度/℃	离解常数 K_b	pK_b
氨水 $NH_3 \cdot H_2O$	25	$K_b = 1.8 \times 10^{-5}$	4.74
羟胺 NH_2OH	20	$K_b = 9.1 \times 10^{-9}$	8.04
苯胺 $C_6H_5NH_2$	25	$K_b = 4.6 \times 10^{-10}$	9.34
乙二胺 $H_2NCH_2CH_2NH_2$	25	$K_{b1} = 8.5 \times 10^{-5}$	4.07
		$K_{b2} = 7.1 \times 10^{-8}$	7.15
六亚甲基四胺 $(CH_2)_6N_4$	25	$K_b = 1.4 \times 10^{-9}$	8.85
吡啶	25	$K_b = 1.7 \times 10^{-9}$	8.77

附录二　难溶化合物的溶度积常数（18℃）

难溶化合物	化学式	K_{sp}	备注
氢氧化铝	$Al(OH)_3$	2×10^{-32}	
溴酸银	$AgBrO_3$	5.77×10^{-5}	25℃
溴化银	$AgBr$	4.1×10^{-13}	
碳酸银	Ag_2CO_3	6.15×10^{-12}	25℃
氯化银	$AgCl$	1.56×10^{-10}	25℃
铬酸银	Ag_2CrO_4	9×10^{-12}	25℃
氢氧化银	$AgOH$	1.52×10^{-8}	20℃
碘化银	AgI	1.5×10^{-16}	25℃
硫化银	Ag_2S	1.6×10^{-49}	
硫氰酸银	$AgSCN$	4.9×10^{-13}	
碳酸钡	$BaCO_3$	8.1×10^{-9}	25℃
铬酸钡	$BaCrO_4$	1.6×10^{-10}	
草酸钡	$BaC_2O_4 \cdot 1/2H_2O$	1.62×10^{-7}	
硫酸钡	$BaSO_4$	8.7×10^{-11}	
氢氧化铋	$Bi(OH)_3$	4×10^{-31}	
氢氧化铬	$Cr(OH)_3$	5.4×10^{-31}	
硫化镉	CdS	3.6×10^{-29}	
碳酸钙	$CaCO_3$	8.7×10^{-9}	25℃
氟化钙	CaF_2	3.4×10^{-11}	
草酸钙	$CaC_2O_4 \cdot H_2O$	1.78×10^{-9}	
硫酸钙	$CaSO_4$	2.45×10^{-5}	25℃
硫化钴	$CoS(\alpha)$	4×10^{-21}	
	$CoS(\beta)$	2×10^{-25}	
碘酸铜	$CuIO_3$	1.4×10^{-7}	25℃
草酸铜	CuC_2O_4	2.87×10^{-8}	25℃
硫化铜	CuS	8.5×10^{-45}	
溴化亚铜	$CuBr$	4.15×10^{-9}	(18~20℃)
氯化亚铜	$CuCl$	1.02×10^{-6}	(18~20℃)
碘化亚铜	CuI	1.1×10^{-12}	(18~20℃)
硫化亚铜	Cu_2S	2×10^{-47}	(16~18℃)
硫氰酸亚铜	$CuSCN$	4.8×10^{-15}	
氢氧化铁	$Fe(OH)_3$	3.5×10^{-38}	
氢氧化亚铁	$Fe(OH)_2$	1×10^{-15}	
草酸亚铁	FeC_2O_4	2.1×10^{-7}	25℃
硫化亚铁	FeS	3.7×10^{-19}	
硫化汞	HgS	$4 \times 10^{-53} \sim 2 \times 10^{-49}$	

续表

难溶化合物	化学式	K_{sp}	备注
溴化亚汞	Hg_2Br_2	5.8×10^{-23}	
氯化亚汞	Hg_2Cl_2	1.3×10^{-18}	
碘化亚汞	Hg_2I_2	4.5×10^{-29}	
磷酸铵镁	$MgNH_4PO_4$	2.5×10^{-13}	25℃
碳酸镁	$MgCO_3$	2.6×10^{-5}	12℃
氟化镁	MgF_2	7.1×10^{-9}	
氢氧化镁	$Mg(OH)_2$	1.8×10^{-11}	
草酸镁	MgC_2O_4	8.57×10^{-5}	
氢氧化锰	$Mn(OH)_2$	4.5×10^{-13}	
硫化锰	MnS	1.4×10^{-15}	
氢氧化镍	$Ni(OH)_2$	6.5×10^{-18}	
碳酸铅	$PbCO_3$	3.3×10^{-14}	
铬酸铅	$PbCrO_4$	1.77×10^{-14}	
氟化铅	PbF_2	3.2×10^{-8}	
草酸铅	PbC_2O_4	2.74×10^{-11}	
氢氧化铅	$Pb(OH)_2$	1.2×10^{-15}	
硫酸铅	$PbSO_4$	1.06×10^{-8}	
硫化铅	PbS	3.4×10^{-28}	
碳酸锶	$SrCO_3$	1.6×10^{-9}	25℃
氟化锶	SrF_2	2.8×10^{-9}	
草酸锶	SrC_2O_4	5.61×10^{-8}	
硫酸锶	$SrSO_4$	3.81×10^{-7}	17.4℃
氢氧化锡	$Sn(OH)_4$	1×10^{-57}	
氢氧化亚锡	$Sn(OH)_2$	3×10^{-27}	
氢氧化钛	$TiO(OH)_2$	1×10^{-29}	
氢氧化锌	$Zn(OH)_2$	1.2×10^{-17}	18~20℃
草酸锌	ZnC_2O_4	1.35×10^{-9}	
硫化锌	ZnS	1.2×10^{-23}	

附录三 标准电极电势（25℃）

半反应	$E^{\ominus}/V$	半反应	$E^{\ominus}/V$
$F_2(气) + 2H^+ + 2e^- \rightleftharpoons 2HF$	3.06	$ClO_3^- + 6H^+ + 5e^- \rightleftharpoons 1/2Cl_2 + 3H_2O$	1.47
$O_3 + 2H^+ + 2e^- \rightleftharpoons O_2 + H_2O$	2.07	$PbO_2(固) + 4H^+ + 2e^- \rightleftharpoons Pb^{2+} + 2H_2O$	1.455
$S_2O_8^{2-} + 2e^- \rightleftharpoons 2SO_4^{2-}$	2.01	$HIO + H^+ + e^- \rightleftharpoons 1/2I_2 + H_2O$	1.45
$H_2O_2 + 2H^+ + 2e^- \rightleftharpoons 2H_2O$	1.77	$ClO_3^- + 6H^+ + 6e^- \rightleftharpoons Cl^- + 3H_2O$	1.45
$MnO_4^- + 4H^+ + 3e^- \rightleftharpoons MnO_2(固) + 2H_2O$	1.695	$BrO_3^- + 6H^+ + 6e^- \rightleftharpoons Br^- + 3H_2O$	1.44
$PbO_2(固) + SO_4^{2-} + 4H^+ + 2e^- \rightleftharpoons PbSO_4(固) + 2H_2O$	1.685	$Au(Ⅲ) + 2e^- \rightleftharpoons Au(Ⅰ)$	1.41
$HClO_2 + 2H^+ + 2e^- \rightleftharpoons HClO + H_2O$	1.64	$Cl_2(气) + 2e^- \rightleftharpoons 2Cl^-$	1.3595
$HClO + H^+ + e^- \rightleftharpoons 1/2Cl_2 + H_2O$	1.63	$ClO_4^- + 8H^+ + 7e^- \rightleftharpoons 1/2Cl_2 + 4H_2O$	1.34
$Ce^{4+} + e^- \rightleftharpoons Ce^{3+}$	1.61	$Cr_2O_7^{2-} + 14H^+ + 6e^- \rightleftharpoons 2Cr^{3+} + 7H_2O$	1.33
$H_5IO_6 + H^+ + 2e^- \rightleftharpoons IO_3^- + 3H_2O$	1.60	$MnO_2(固) + 4H^+ + 2e^- \rightleftharpoons Mn^{2+} + 2H_2O$	1.23
$HBrO + H^+ + e^- \rightleftharpoons 1/2Br_2 + H_2O$	1.59	$O_2(气) + 4H^+ + 4e^- \rightleftharpoons 2H_2O$	1.229
$BrO_3^- + 6H^+ + 5e^- \rightleftharpoons 1/2Br_2 + 3H_2O$	1.52	$IO_3^- + 6H^+ + 5e^- \rightleftharpoons 1/2I_2 + 3H_2O$	1.20
$MnO_4^- + 8H^+ + 5e^- \rightleftharpoons Mn^{2+} + 4H_2O$	1.51	$ClO_3^- + 2H^+ + 2e^- \rightleftharpoons ClO_2^- + H_2O$	1.19
$Au(Ⅲ) + 3e^- \rightleftharpoons Au$	1.50	$Br_2(液) + 2e^- \rightleftharpoons 2Br^-$	1.087
$HClO + H^+ + 2e^- \rightleftharpoons Cl^- + H_2O$	1.49	$NO_2 + H^+ + e^- \rightleftharpoons HNO_2$	1.07

续表

半反应	$E^{\ominus}/V$	半反应	$E^{\ominus}/V$
$Br_3^- + 2e^- \rightleftharpoons 3Br^-$	1.05	$TiOCl^+ + 2H^+ + 3Cl^- + e^- \rightleftharpoons TiCl_4^- + H_2O$	−0.09
$HNO_2 + H^+ + e^- \rightleftharpoons NO(气) + H_2O$	1.00	$Pb^{2+} + 2e^- \rightleftharpoons Pb$	−0.126
$VO_2^+ + 2H^+ + e^- \rightleftharpoons VO^{2+} + H_2O$	1.00	$Sn^{2+} + 2e^- \rightleftharpoons Sn$	−0.136
$HIO + H^+ + 2e^- \rightleftharpoons I^- + H_2O$	0.99	$AgI(固) + e^- \rightleftharpoons Ag + I^-$	−0.152
$NO_3^- + 3H^+ + 2e^- \rightleftharpoons HNO_2 + H_2O$	0.94	$Ni^{2+} + 2e^- \rightleftharpoons Ni$	−0.246
$ClO^- + H_2O + 2e^- \rightleftharpoons Cl^- + 2OH^-$	0.89	$H_3PO_4 + 2H^+ + 2e^- \rightleftharpoons H_3PO_3 + H_2O$	−0.276
$H_2O_2 + 2e^- \rightleftharpoons 2OH^-$	0.88	$Co^{2+} + 2e^- \rightleftharpoons Co$	−0.277
$Cu^{2+} + I^- + e^- \rightleftharpoons CuI(固)$	0.86	$Tl^+ + e^- \rightleftharpoons Tl$	−0.3360
$Hg^{2+} + 2e^- \rightleftharpoons Hg$	0.845	$In^{3+} + 3e^- \rightleftharpoons In$	−0.345
$NO_3^- + 2H^+ + e^- \rightleftharpoons NO_2 + H_2O$	0.80	$PbSO_4(固) + 2e^- \rightleftharpoons Pb + SO_4^{2-}$	−0.3553
$Ag^+ + e^- \rightleftharpoons Ag$	0.7995	$SeO_3^{2-} + 3H_2O + 4e^- \rightleftharpoons Se + 6OH^-$	−0.366
$2Hg^{2+} + 2e^- \rightleftharpoons 2Hg$	0.793	$As + 3H^+ + 3e^- \rightleftharpoons AsH_3$	−0.38
$Fe^{3+} + e^- \rightleftharpoons Fe^{2+}$	0.771	$Se + 2H^+ + 2e^- \rightleftharpoons H_2Se$	−0.40
$BrO^- + H_2O + 2e^- \rightleftharpoons Br^- + 2OH^-$	0.76	$Cd^{2+} + 2e^- \rightleftharpoons Cd$	−0.403
$O_2(气) + 2H^+ + 2e^- \rightleftharpoons H_2O_2$	0.682	$Cr^{3+} + e^- \rightleftharpoons Cr^{2+}$	−0.41
$AsO_2^- + 2H_2O + 3e^- \rightleftharpoons As + 4OH^-$	0.68	$Fe^{2+} + 2e^- \rightleftharpoons Fe$	−0.440
$2HgCl_2 + 2e^- \rightleftharpoons Hg_2Cl_2(固) + 2Cl^-$	0.63	$S + 2e^- \rightleftharpoons S^{2-}$	−0.48
$Hg_2SO_4(固) + 2e^- \rightleftharpoons 2Hg + SO_4^{2-}$	0.6151	$2CO_2 + 2H^+ + 2e^- \rightleftharpoons H_2C_2O_4$	−0.49
$MnO_4^- + 2H_2O + 3e^- \rightleftharpoons MnO_2(固) + 4OH^-$	0.588	$H_3PO_3 + 2H^+ + 2e^- \rightleftharpoons H_3PO_2 + H_2O$	−0.50
$MnO_4^- + e^- \rightleftharpoons MnO_4^{2-}$	0.564	$Sb + 3H^+ + 3e^- \rightleftharpoons SbH_3$	−0.51
$H_3AsO_4 + 2H^+ + 2e^- \rightleftharpoons HAsO_2 + 2H_2O$	0.559	$HPbO_2^- + H_2O + 2e^- \rightleftharpoons Pb + 3OH^-$	−0.54
$I_3^- + 2e^- \rightleftharpoons 3I^-$	0.545	$Ga^{3+} + 3e^- \rightleftharpoons Ga$	−0.56
$I_2(固) + 2e^- \rightleftharpoons 2I^-$	0.5345	$TeO_3^{2-} + 3H_2O + 4e^- \rightleftharpoons Te + 6OH^-$	−0.57
$Mo(Ⅵ) + e^- \rightleftharpoons Mo(Ⅴ)$	0.53	$2SO_3^{2-} + 3H_2O + 4e^- \rightleftharpoons S_2O_3^{2-} + 6OH^-$	−0.58
$Cu^+ + e^- \rightleftharpoons Cu$	0.52	$SO_3^{2-} + 3H_2O + 4e^- \rightleftharpoons S + 6OH^-$	−0.66
$4SO_2(液) + 4H^+ + 6e^- \rightleftharpoons S_4O_6^{2-} + 2H_2O$	0.51	$AsO_4^{3-} + 2H_2O + 2e^- \rightleftharpoons AsO_2^- + 4OH^-$	−0.67
$HgCl_4^{2-} + 2e^- \rightleftharpoons Hg + 4Cl^-$	0.48	$Ag_2S(s) + 2e^- \rightleftharpoons 2Ag + S^{2-}$	−0.69
$2SO_2(液) + 2H^+ + 4e^- \rightleftharpoons S_2O_3^{2-} + H_2O$	0.40	$Zn^{2+} + 2e^- \rightleftharpoons Zn$	−0.763
$Fe(CN)_6^{3-} + e^- \rightleftharpoons Fe(CN)_6^{4-}$	0.36	$2H_2O + 2e^- \rightleftharpoons H_2 + 2OH^-$	−0.828
$Cu^{2+} + 2e^- \rightleftharpoons Cu$	0.337	$Cr^{2+} + 2e^- \rightleftharpoons Cr$	−0.91
$VO^{2+} + 2H^+ + e^- \rightleftharpoons V^{3+} + H_2O$	0.337	$HSnO_2^- + H_2O + 2e^- \rightleftharpoons Sn + 3OH^-$	−0.91
$BiO^+ + 2H^+ + 3e^- \rightleftharpoons Bi + H_2O$	0.32	$Se + 2e^- \rightleftharpoons Se^{2-}$	−0.92
$Hg_2Cl_2(固) + 2e^- \rightleftharpoons 2Hg + 2Cl^-$	0.2676	$Sn(OH)_6^{2-} + 2e^- \rightleftharpoons HSnO_2^- + H_2O + 3OH^-$	−0.93
$HAsO_2 + 3H^+ + 3e^- \rightleftharpoons As + 2H_2O$	0.248	$CNO^- + H_2O + 2e^- \rightleftharpoons CN^- + 2OH^-$	−0.97
$AgCl(固) + e^- \rightleftharpoons Ag + Cl^-$	0.2223	$Mn^{2+} + 2e^- \rightleftharpoons Mn$	−1.182
$SbO^+ + 2H^+ + 3e^- \rightleftharpoons Sb + H_2O$	0.212	$ZnO_2^{2-} + 2H_2O + 2e^- \rightleftharpoons Zn + 4OH^-$	−1.216
$SO_4^{2-} + 4H^+ + 2e^- \rightleftharpoons SO_2(液) + 2H_2O$	0.17	$Al^{3+} + 3e^- \rightleftharpoons Al$	−1.66
$Cu^{2+} + e^- \rightleftharpoons Cu^+$	0.159	$H_2AlO_3^- + H_2O + 3e^- \rightleftharpoons Al + 4OH^-$	−2.35
$Sn^{4+} + 2e^- \rightleftharpoons Sn^{2+}$	0.154	$Mg^{2+} + 2e^- \rightleftharpoons Mg$	−2.37
$S + 2H^+ + 2e^- \rightleftharpoons H_2S(气)$	0.141	$Na^+ + e^- \rightleftharpoons Na$	−2.714
$Hg_2Br_2 + 2e^- \rightleftharpoons 2Hg + 2Br^-$	0.1395	$Ca^{2+} + 2e^- \rightleftharpoons Ca$	−2.87
$TiO^{2+} + 2H^+ + e^- \rightleftharpoons Ti^{3+} + H_2O$	0.1	$Sr^{2+} + 2e^- \rightleftharpoons Sr$	−2.89
$S_4O_6^{2-} + 2e^- \rightleftharpoons 2S_2O_3^{2-}$	0.08	$Ba^{2+} + 2e^- \rightleftharpoons Ba$	−2.90
$AgBr(固) + e^- \rightleftharpoons Ag + Br^-$	0.071	$K^+ + e^- \rightleftharpoons K$	−2.925
$2H^+ + 2e^- \rightleftharpoons H_2$	0.000	$Li^+ + e^- \rightleftharpoons Li$	−3.042
$O_2 + H_2O + 2e^- \rightleftharpoons HO_2^- + OH^-$	−0.067		

附录四 金属配合物的稳定常数（25℃）

金属离子	离子强度	n	$\lg\beta_n$
氨配合物			
Ag^+	0.1	1,2	3.40,7.40
Cd^{2+}	0.1	1,$\cdots$,6	2.60,4.65,6.04,6.92,6.60,4.90
Co^{2+}	0.1	1,$\cdots$,6	2.05,3.62,4.61,5.31,5.43,4.75
Cu^{2+}	2	1,$\cdots$,4	4.13,7.61,10.48,12.59
Ni^{2+}	0.1	1,$\cdots$,6	2.75,4.95,6.64,7.79,8.50,8.49
Zn^{2+}	0.1	1,$\cdots$,4	2.27,4.61,7.01,9.06
氟配合物			
Al^{3+}	0.53	1,$\cdots$,6	6.10,11.15,15.00,17.70,19.40,19.70
Fe^{3+}	0.5	1,2,3	5.2,9.2,11.9
Th^{4+}	0.5	1,2,3	7.7,13.5,18.0
TiO^{2+}	3	1,$\cdots$,4	5.4,9.8,13.7,17.4
Sn^{4+}	①	6	25
Zr^{4+}	2	1,2,3	8.8,16.1,21.9
氯配合物			
Ag^+	0.2	1,$\cdots$,4	2.9,4.7,5.0,5.9
Hg^{2+}	0.5	1,$\cdots$,4	6.7,13.2,14.1,15.1
碘配合物			
Cd^{2+}	①	1,$\cdots$,4	2.40,3.40,5.00,6.15
Hg^{2+}	0.5	1,$\cdots$,4	12.9,23.8,27.6,29.8
氰配合物			
Ag^+	0~0.3	1,$\cdots$,4	—,21.1,21.8,20.7
Cd^{2+}	3	1,$\cdots$,4	5.5,10.6,15.3,18.9
Cu^+	0	1,$\cdots$,4	—,24.0,28.6,30.3
Fe^{2+}	0	6	35.4
Fe^{3+}	0	6	43.6
Hg^{2+}	0.1	1,$\cdots$,4	18.0,34.7,38.5,41.5
Ni^{2+}	0.1	4	31.3
Zn^{2+}	0.1	4	16.7
硫氰酸配合物			
Fe^{3+}	①	1,$\cdots$,5	2.3,4.2,5.6,6.4,6.4
Hg^{2+}	1	1,$\cdots$,4	—,16.1,19.0,20.9
硫代硫酸配合物			
Ag^+	0	1,2	8.82,13.50
Hg^{2+}	0	1,2	29.86,32.26
柠檬酸配合物			
Al^{3+}	0.5	1	20.0
Cu^{2+}	0.5	1	18
Fe^{3+}	0.5	1	25
Ni^{2+}	0.5	1	14.3
Pb^{2+}	0.5	1	12.3
Zn^{2+}	0.5	1	11.4
磺基水杨酸配合物			
Al^{3+}	0.1	1,2,3	12.9,22.9,29.0
Fe^{3+}	3	1,2,3	14.4,25.2,32.2
乙酰丙酮配合物			
Al^{3+}	0.1	1,2,3	8.1,15.7,21.2
Cu^{2+}	0.1	1,2	7.8,14.3
Fe^{3+}	0.1	1,2,3	9.3,17.9,25.1
邻二氮菲配合物			
Ag^+	0.1	1,2	5.02,12.07
Cd^{2+}	0.1	1,2,3	6.4,11.6,15.8
Co^{2+}	0.1	1,2,3	7.0,13.7,20.1
Cu^{2+}	0.1	1,2,3	9.1,15.8,21.0
Fe^{2+}	0.1	1,2,3	5.9,11.1,21.3
Hg^{2+}	0.1	1,2,3	—,19.65,23.35

续表

金属离子	离子强度	n	$\lg\beta_n$
Ni^{2+}	0.1	1,2,3	8.8,17.1,24.8
Zn^{2+}	0.1	1,2,3	6.40,12.15,17.00
乙二胺配合物			
Ag^+	0.1	1,2	4.7,7.7
Cd^{2+}	0.1	1,2	5.47,10.02
Cu^{2+}	0.1	1,2	10.55,19.60
Co^{2+}	0.1	1,2,3	5.86,10.72,13.82
Hg^{2+}	0.1	2	23.42
Ni^{2+}	0.1	1,2,3	7.66,14.06,18.59
Zn^{2+}	0.1	1,2,3	5.71,10.37,12.08

① 离子强度不定。

附录五 国际原子量表

元素符号	名称	原子量	元素符号	名称	原子量	元素符号	名称	原子量
Ag	银	107.8682	Hf	铪	178.49	Rb	铷	85.4678
Al	铝	26.981539	Hg	汞	200.59	Re	铼	186.207
Ar	氩	39.948	Ho	钬	164.93032	Rh	铑	102.9055
As	砷	74.92159	I	碘	126.904447	Ru	钌	101.07
Au	金	196.96654	In	铟	114.82	S	硫	32.066
B	硼	10.811	Ir	铱	192.22	Sb	锑	121.757
Ba	钡	137.327	K	钾	39.0983	Sc	钪	44.955910
Be	铍	9.012182	Kr	氪	83.80	Se	硒	78.96
C	碳	12.011	Lu	镥	174.967	Sn	锡	118.710
Ca	钙	40.078	Mg	镁	24.3050	Sr	锶	87.62
Cd	镉	112.411	Mn	锰	54.93805	Ta	钽	180.9479
Ce	铈	140.115	Mo	钼	95.94	Tb	铽	158.92534
Cl	氯	35.4527	N	氮	14.00674	Te	碲	127.60
Co	钴	58.93320	Na	钠	22.989768	Th	钍	232.0381
Cr	铬	51.9961	Nb	铌	92.90638	Ti	钛	47.88
Cs	铯	132.90543	Nd	钕	144.24	Tl	铊	204.3833
Cu	铜	63.546	Ne	氖	20.1797	Tm	铥	168.93421
Dy	镝	162.50	Ni	镍	58.6934	U	铀	238.0289
Er	铒	167.26	Np	镎	237.0482	V	钒	50.9415
Eu	铕	151.965	O	氧	15.9994	W	钨	183.85
F	氟	18.9984032	Os	锇	190.2	Xe	氙	131.29
Fe	铁	55.847	P	磷	30.973762	Y	钇	88.90585
Ga	镓	69.723	Pb	铅	207.2	Yb	镱	173.04
Gd	钆	157.25	Pd	钯	106.42	Zn	锌	65.39
Ge	锗	72.61	Pr	镨	140.90765	Zr	锆	91.224
H	氢	1.00794	Pt	铂	195.08			
He	氦	4.002602	Ra	镭	226.0254			

附录六 常见化合物的分子量

化 合 物	分子量	化 合 物	分子量
$AgBr$	187.78	$FeSO_4 \cdot (NH_4)_2SO_4 \cdot 6H_2O$	392.14
$AgCl$	143.32	H_3BO_3	61.83
AgI	234.77	HBr	80.91
$AgNO_3$	169.87	H_2CO_3	62.03
Al_2O_3	101.96	HCl	36.46
$Al_2(SO_4)_3$	342.15	$HClO_4$	100.46
As_2O_3	197.84	$H_2C_2O_4$	90.04
As_2O_5	229.84	$H_2C_2O_4 \cdot 2H_2O$	126.07
$BaCO_3$	197.34	$HCOOH$	46.03
BaC_2O_4	225.35	HF	20.01
$BaCl_2$	208.24	HI	127.91
$BaCl_2 \cdot 2H_2O$	244.27	HNO_2	47.01
$BaCrO_4$	253.32	HNO_3	63.01
$BaSO_4$	233.39	H_2O	18.02
$CaCO_3$	100.09	H_2O_2	34.02
CaC_2O_4	128.10	H_3PO_4	98.00
$CaCl_2$	110.99	H_2S	34.08
$CaCl_2 \cdot H_2O$	129.00	H_2SO_3	82.08
CaO	56.08	H_2SO_4	98.08
$Ca(OH)_2$	74.09	$HgCl_2$	271.50
$CaSO_4$	136.14	Hg_2Cl_2	472.09
$Ca_3(PO_4)_2$	310.18	$KAl(SO_4)_2 \cdot 12H_2O$	474.39
$Ce(SO_4)_2 \cdot 2(NH_4)_2SO_4 \cdot 2H_2O$	632.54	$KB(C_6H_5)_4$	358.33
CH_3COOH	60.05	KBr	119.01
CH_3OH	32.04	$KBrO_3$	167.01
CH_3COCH_3	58.08	K_2CO_3	138.21
C_6H_5COOH	122.12	KCl	74.56
$C_6H_4COOHCOOK$	204.23	$KClO_3$	122.55
（苯二甲酸氢钾）		$KClO_4$	138.55
CH_3COONa	82.03	K_2CrO_4	194.20
C_6H_5OH	94.11	$K_2Cr_2O_7$	294.19
$(C_9H_7N)_3H_3(PO_4 \cdot 12MoO_3)$	2212.74	$KHC_2O_4 \cdot H_2C_2O_4 \cdot 2H_2O$	254.19
（磷钼酸喹啉）		KI	166.01
CCl_4	153.81	KIO_3	214.00
CO_2	44.01	$KIO_3 \cdot HIO_3$	389.92
CuO	79.54	$KMnO_4$	158.04
Cu_2O	143.09	KNO_2	85.10
$CuSO_4$	159.61	KOH	56.11
$CuSO_4 \cdot 5H_2O$	249.69	$KSCN$	97.18
$FeCl_3$	162.21	K_2SO_4	174.26
$FeCl_3 \cdot 6H_2O$	270.30	$MgCO_3$	84.32
FeO	71.85	$MgCl_2$	95.21
Fe_2O_3	159.69	$MgNH_4PO_4$	137.33
Fe_3O_4	231.54	MgO	40.31
$FeSO_4 \cdot H_2O$	169.93	$Mg_2P_2O_7$	222.60
$FeSO_4 \cdot 7H_2O$	278.02	MnO_2	86.94
$Fe_2(SO_4)_3$	399.89	$Na_2B_4O_7 \cdot 10H_2O$	381.37

续表

化 合 物	分子量	化 合 物	分子量
$NaBiO_3$	279.97	$(NH_4)_2C_2O_4 \cdot H_2O$	142.11
$NaBr$	102.90	$NH_3 \cdot H_2O$	35.05
Na_2CO_3	105.99	$NH_4Fe(SO_4)_2 \cdot 12H_2O$	482.20
$Na_2C_2O_4$	134.00	$(NH_4)_2HPO_4$	132.05
$NaCl$	58.44	$(NH_4)_3PO_4 \cdot 12MoO_3$	1876.35
NaF	41.99	NH_4SCN	76.12
$NaHCO_3$	84.01	$(NH_4)_2SO_4$	132.14
NaH_2PO_4	119.98	$NiC_8H_{14}O_4N_4$	288.91
Na_2HPO_4	141.96	（丁二酮肟镍）	
$Na_2H_2Y \cdot 2H_2O$ （EDTA 二钠盐）	372.26	P_2O_5	141.95
		$PbCrO_4$	323.19
NaI	149.89	PbO	223.19
$NaNO_2$	69.00	PbO_2	239.19
Na_2O	61.98	Pb_3O_4	685.57
$NaOH$	40.01	$PbSO_4$	303.26
Na_3PO_4	163.94	SO_2	64.06
Na_2S	78.05	SO_3	80.06
$Na_2S \cdot 9H_2O$	240.18	Sb_2O_3	291.52
Na_2SO_3	126.04	Sb_2S_3	339.72
Na_2SO_4	142.04	SiF_4	104.08
$Na_2SO_4 \cdot 10H_2O$	322.20	SiO_2	60.08
$Na_2S_2O_3$	158.11	$SnCl_2$	189.62
$Na_2S_2O_3 \cdot 5H_2O$	248.19	TiO_2	79.88
$NH_2OH \cdot HCl$	69.49	$ZnCl_2$	136.30
NH_3	17.03	ZnO	81.39
NH_4Cl	53.49	$ZnSO_4$	161.45

参 考 文 献

[1] 高职高专化学教材编写组．无机化学．第 2 版．北京：高等教育出版社，2000．
[2] 武汉大学，吉林大学等校．无机化学．第 3 版．北京：高等教育出版社，1994．
[3] 孙成．无机化学．北京：中国环境出版社，2007．
[4] 钟国清，赵明宪．大学基础化学．北京：科学出版社，2003．
[5] 蒋云霞．分析化学．北京：中国环境出版社，2007．
[6] 钟国清，朱云云．无机及分析化学．北京：科学出版社，2006．
[7] 刘彬．基础化学．北京：环境科学出版社，2006．
[8] 武汉大学．分析化学．第 3 版．北京：高等教育出版社，1995．
[9] 高职高专化学教材编写组．分析化学．第 2 版．北京：高等教育出版社，2000．
[10] 四川大学工科基础化学教学中心，四川大学分析测试中心．分析化学．北京：科学出版社，2001．
[11] 司文会．现代仪器分析．北京：中国农业出版社，2005．
[12] 张正兢．基础化学．北京：化学工业出版社，2007．
[13] 王泽云等．无机及分析化学．北京：化学工业出版社．2005．
[14] 徐英岚．无机与分析化学．北京：中国农业出版社，2001．
[15] 李淑华．基础化学．北京：化学工业出版社，2007．
[16] 大连理工大学无机化学教研室．无机化学．第 4 版，北京：高等教育出版社，2001．
[17] 叶芬霞．无机及分析化学．北京：高等教育出版社，2004．
[18] 呼世斌．无机及分析化学．北京：高等教育出版社，2005．
[19] 董元彦．无机及分析化学．第 2 版．北京：科学出版社，2005．
[20] 王强．无机及分析化学．北京：中国环境出版社，2007．
[21] 赵晓华．无机及分析化学．北京：化学工业出版社，2008．
[22] 张星海．基础化学．北京：化学工业出版社，2007．
[23] 关小变，张桂臣．基础化学．北京：化学工业出版社，2009．
[24] 周晓莉．无机化学．北京：化学工业出版社，2009．
[25] 符明淳．分析化学．北京：化学工业出版社，2008．
[26] 丁明洁．仪器分析．北京：化学工业出版社，2008．
[27] 李晓燕．现代仪器分析．北京：化学工业出版社，2008．